云计算工程师系列

Docker 容器与虚拟化技术

主　编　肖　睿
副主编　付　伟　田　军

中国水利水电出版社
www.waterpub.com.cn
·北京·

内 容 提 要

本书针对具备Linux基础的人群，主要介绍了虚拟化、Docker企业级应用、监控的相关知识与应用，以企业级的实战项目案例，使读者能够掌握应用运维的工作内容。项目案例包括KVM动态迁移、性能优化、Docker企业级应用、Mesos部署、ELK部署、桌面虚拟化、Nagios与Zabbix部署，通过以上项目案例的训练，读者能够部署虚拟化与容器云，使自己的运维水平达到一个新的高度。

本书通过通俗易懂的原理及深入浅出的案例，并配以完善的学习资源和支持服务，为读者带来全方位的学习体验，包括视频教程、案例素材下载、学习交流社区、讨论组等终身学习内容，更多技术支持请访问课工场www.kgc.cn。

图书在版编目（CIP）数据

Docker容器与虚拟化技术 / 肖睿主编. -- 北京 : 中国水利水电出版社, 2017.6（2023.2重印）
（云计算工程师系列）
ISBN 978-7-5170-5376-7

Ⅰ. ①D… Ⅱ. ①肖… Ⅲ. ①Linux操作系统－程序设计 Ⅳ. ①TP316.85

中国版本图书馆CIP数据核字(2017)第099120号

策划编辑：祝智敏　　责任编辑：赵佳琦　　封面设计：梁　燕

书　　名	云计算工程师系列 Docker容器与虚拟化技术 Docker RONGQI YU XUNIHUA JISHU
作　　者	主　编　肖　睿　副主编　付　伟　田　军
出版发行	中国水利水电出版社 （北京市海淀区玉渊潭南路1号D座 100038） 网址：www.waterpub.com.cn E-mail：mchannel@263.net（答疑） sales@mwr.gov.cn 电话：（010）68545888（营销中心）、82562819（组稿）
经　　售	北京科水图书销售有限公司 电话：（010）68545874、63202643 全国各地新华书店和相关出版物销售网点
排　　版	北京万水电子信息有限公司
印　　刷	三河市德贤弘印务有限公司
规　　格	184mm×260mm　16开本　13.75印张　297千字
版　　次	2017年6月第1版　2023年2月第3次印刷
印　　数	6001—7000册
定　　价	39.00元

丛书编委会

前　　言

“互联网 + 人工智能”时代，新技术的发展可谓是一日千里，云计算、大数据、物联网、区块链、虚拟现实、机器学习、深度学习等等，已经形成一波新的科技浪潮。以云计算为例，国内云计算市场的蛋糕正变得越来越诱人，以下列举了 2016 年以来发生的部分大事。

1．中国联通发布云计算策略，并同步发起成立“中国联通沃云 + 云生态联盟”，全面开启云服务新时代。

2．内蒙古斥资 500 亿元欲打造亚洲最大云计算数据中心。

3．腾讯云升级为平台级战略，旨在探索云上生态，实现全面开放，构建可信赖的云生态体系。

4．百度正式发布“云计算 + 大数据 + 人工智能”三位一体的云战略。

5．亚马逊 AWS 和北京光环新网科技股份有限公司联合宣布：由光环新网负责运营的 AWS 中国（北京）区域在中国正式商用。

6．来自 Forrester 的报告认为，AWS 和 OpenStack 是公有云和私有云事实上的标准。

7．网易正式推出“网易云”。网易将先行投入数十亿人民币，发力云计算领域。

8．金山云重磅发布“大米”云主机，这是一款专为创业者而生的性能王云主机，采用自建 11 线 BGP 全覆盖以及 VPC 私有网络，全方位保障数据安全。

DT 时代，企业对传统 IT 架构的需求减弱，不少传统 IT 企业的技术人员，面临失业风险。全球最知名的职业社交平台 LinkedIn 发布报告，最受雇主青睐的十大职业技能中“云计算”名列前茅。2016 年，中国企业云服务整体市场规模超 500 亿元，预计未来几年仍将保持约 30% 的年复合增长率。未来 5 年，整个社会对云计算人才的需求缺口将高达 130 万。从传统的 IT 工程师转型为云计算与大数据专家，已经成为一种趋势。

基于云计算这样的大环境，课工场（kgc.cn）的教研团队几年前开始策划的“云计算工程师系列”教材应运而生，它旨在帮助读者朋友快速成长为符合企业需求的、优秀的云计算工程师。这套教材是目前业界最全面、专业的云计算课程体系，能够满足企业对高级复合型人才的要求。参与编写的院校老师还有付伟、田军、范巍、张坦通等。

课工场是北京大学下属企业北京课工场教育科技有限公司推出的互联网教育平台，专注于互联网企业各岗位人才的培养。平台汇聚了数百位来自知名培训机构、高校的顶级名师和互联网企业的行业专家，面向大学生以及需要“充电”的在职人员，针对与互联网相关的产品设计、开发、运维、推广和运营等岗位，提供在线的直播和录播课程，并通过遍及全国的几十家线下服务中心提供现场面授以及多种形式的教学服务，并同步研发出版最新的课程教材。

除了教材之外，课工场还提供各种学习资源和支持，包括：

- 现场面授课程
- 在线直播课程
- 录播视频课程
- 授课 PPT 课件
- 案例素材下载
- 扩展资料提供
- 学习交流社区
- QQ 讨论组（技术，就业，生活）

以上资源请访问课工场网站 www.kgc.cn。

本套教材特点

（1）科学的训练模式

- 科学的课程体系。
- 创新的教学模式。
- 技能人脉，实现多方位就业。
- 随需而变，支持终身学习。

（2）企业实战项目驱动

- 覆盖企业各项业务所需的 IT 技能。
- 几十个实训项目，快速积累一线实践经验。

（3）便捷的学习体验

- 提供二维码扫描，可以观看相关视频讲解和扩展资料等知识服务。
- 课工场开辟教材配套版块，提供素材下载、学习社区等丰富的在线学习资源。

读者对象

（1）初学者：本套教材将帮助你快速进入云计算及运维开发行业，从零开始逐步成长为专业的云计算及运维开发工程师。

（2）初中级运维及运维开发者：本套教材将带你进行全面、系统的云计算及运维开发学习，逐步成长为高级云计算及运维开发工程师。

课工场出品（kgc.cn）

课程设计说明

课程目标

读者学完本书后，能够掌握 KVM 虚拟化、Docker 容器技术、企业级监控平台的部署。

训练技能

- 掌握 KVM 虚拟化技术的原理并配置。
- 了解桌面虚拟化技术的原理并配置。
- 理解 Docker 容器技术原理与核心概念。
- 能够使用 Docker 容器部署常见服务架构。
- 掌握企业常用监控软件的部署与使用。

设计思路

本书采用了教材 + 扩展知识的设计思路，扩展知识提供二维码扫描，形式可以是文档、视频等，内容可以随时更新，能够更好地服务读者。

教材分为 10 个章节、3 个阶段来设计学习，即虚拟化、Docker 容器、企业监控服务，具体安排如下：

第 1 章及第 7 章介绍 KVM 架构、安装配置 KVM 虚拟化技术、掌握 KVM 动态迁移、性能优化、实现桌面虚拟化等内容。

第 2 章～第 6 章介绍 Docker 容器，理解 Docker 镜像、容器、仓库等核心概念，掌握使用容器实现密钥 SSH 远程登录、构建 Nginx、构建 MySQL、构建 LNMP 架构、构建 Tomcat、Mesos 部署、ELK 部署等。

第 8 章～第 10 章介绍企业常用监控软件 Cacti、Nagios 和 Zabbix 的部署与使用。

章节导读

- 技能目标：学习本章所要达到的技能，可以作为检验学习效果的标准。
- 本章导读：对本章涉及的技能内容进行分析并展开讲解。
- 操作案例：对所学内容的实操训练。
- 本章总结：针对本章内容的概括和总结。
- 本章作业：针对本章内容的补充练习，用于加强对技能的理解和运用。
- 扩展知识：针对本章内容的扩展、补充，对于新知识随时可以更新。

学习资源

- 学习交流社区（课工场）
- 案例素材下载
- 相关视频教程

更多内容详见课工场 www.kgc.cn。

目　　录

第1章

部署 KVM 虚拟化平台

技能目标

- 理解 KVM 架构
- 会部署虚拟化环境
- 会创建虚拟机实例
- 会进行 KVM 动态迁移
- 会优化 KVM 性能

本章导读

KVM 是 Kernel Virtual Machine 的简写，目前 Red Hat 只支持在 64 位的 RHEL5.4 及以上的系统运行 KVM，同时硬件需要支持 VT 技术。KVM 的前身是 QEMU，2008 年被 Red Hat 公司收购并获得一项 hypervisor 技术，不过 Red Hat 的 KVM 被认为将成为未来 Linux hypervisor 的主流。准确来说，KVM 仅仅是 Linux 内核的一个模块。管理和创建完整的 KVM 虚拟机，需要更多的辅助工具。本章将介绍部署虚拟化环境、创建虚拟机实例，以及虚拟机的基本管理。

知识服务

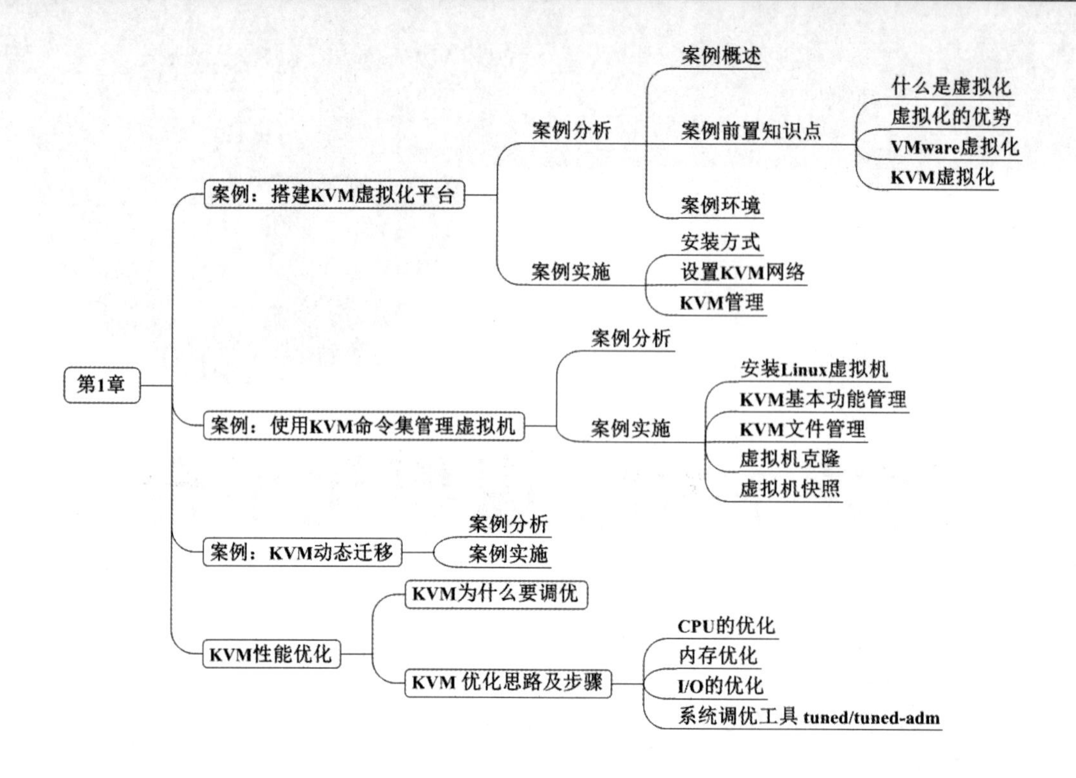

1.1 案例：搭建 KVM 虚拟化平台

1.1.1 案例分析

1. 案例概述

公司现有部分 Linux 服务器利用率不高，为充分利用这些 Linux 服务器，可以部署 KVM，在物理机上运行多个业务系统。例如，在运行 Nginx 的服务器上部署 KVM，然后在虚拟机上运行 Tomcat。

2. 案例前置知识点

（1）什么是虚拟化

虚拟化就是把硬件资源从物理方式转变为逻辑方式，打破原有物理结构，使用户可以灵活管理这些资源，并且允许 1 台物理机上同时运行多个操作系统，以实现资源利用率最大化和灵活管理的一项技术。

（2）虚拟化的优势

1）减少服务器数量，降低硬件采购成本。

2）资源利用率最大化。

3）降低机房空间、散热、用电消耗的成本。

4）硬件资源可动态调整，提高企业 IT 业务灵活性。

5）高可用性。

6）在不中断服务的情况下进行物理硬件调整。

7）降低管理成本。

8）具备更高效的灾备能力。

（3）VMware 虚拟化

vSphere 是 VMware 公司在 2001 年基于云计算推出的一套企业级虚拟化解决方案，核心组件为 ESX，现在已经被 ESXi 取代。该产品经历 5 个版本的改进，已经实现了虚拟化基础架构、高可用性、集中管理、性能监控等一体化的解决方案，目前仍在不断扩展增强，功能越来越丰富，号称是业界第一套云计算的操作系统。

ESXi 是 VMware 服务器虚拟化体系的重要成员之一，也是 VMware 服务器虚拟化的基础。其实它本身也是一个操作系统，采用 Linux 内核（VMKernel），安装方式为裸金属方式，直接安装在物理服务器上，不需要安装任何其他操作系统。为了使它尽可能小地占用系统资源，同时又可以保证其高效稳定的运行，VMware 将其进行了精简封装。

（4）KVM 虚拟化

KVM 自 Linux 2.6.20 版本后就直接整合到 Linux 内核中，它依托 CPU 虚拟化指令集（如 Intel-VT、AMD-V）实现高性能的虚拟化支持。由于与 Linux 内核高度整合，因此在性能、安全性、兼容性、稳定性上都有很好的表现。

图 1.1 简单描绘了 KVM 虚拟化架构，在 KVM 环境中运行的每一个虚拟化操作系统都将表现为单个独立的系统进程。因此它可以很方便地与 Linux 系统中的安全模块进行整合（SELinux），可以灵活地实现资源的管理及分配。

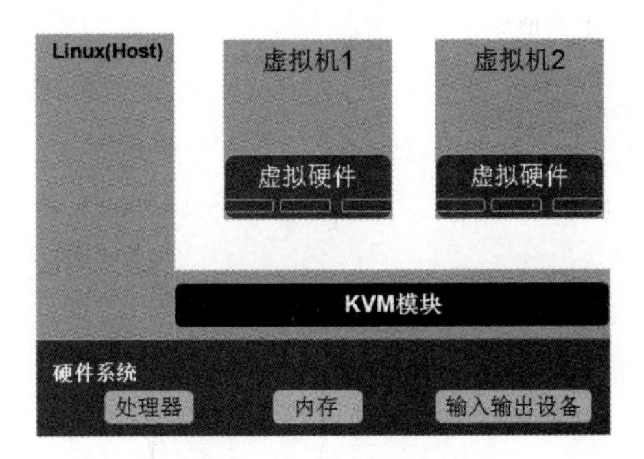

图 1.1　KVM 虚拟化架构

3. 案例环境

采用 CentOS 6.5 x86_64，开启 CPU 虚拟化支持。

1.1.2　案例实施

1. 安装方式

（1）最简单的安装方法就是在安装系统的时候，选择桌面安装，然后选择“虚拟化”选项，如图 1.2 和图 1.3 所示。

图 1.2　桌面安装

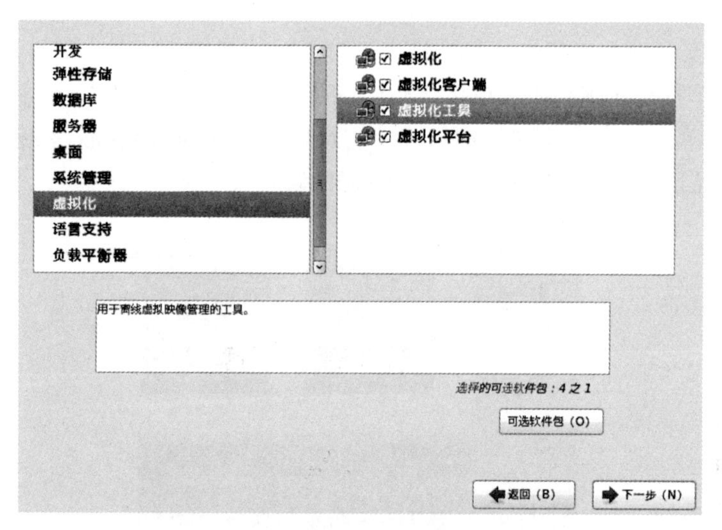

图 1.3　安装虚拟化平台

（2）在已有系统基础上，安装 KVM 所需软件。

```
yum -y groupinstall "Desktop"              // 安装 GNOME 桌面环境
yum -y install qemu-kvm.x86_64             // KVM 模块
yum -y install qemu-kvm-tools.x86_64       // KVM 调试工具，可不安装
yum -y install python-virtinst.noarch      // python 组件，记录创建 VM 时的 xml 文件
yum -y install qemu-img.x86_64             // qemu 组件，创建磁盘、启动虚拟机等
yum -y install bridge-utils.x86_64         // 网络支持工具
yum -y install libvirt                     // 虚拟机管理工具
yum -y install virt-manager                // 图形界面管理虚拟机
```

（3）验证。重启系统后，查看 CPU 是否支持虚拟化，对于 Intel 的服务器可以通过以下命令查看，只要有输出就说明 CPU 支持虚拟化；对于 AMD 的服务器可以用 cat/proc/cpuinfo | grep smv 命令查看。

```
[root@kgc ~]# cat /proc/cpuinfo | grep vmx
flags: fpu vme de pse tsc msr pae mce cx8 apic sep mtrr pge mca cmov pat
    pse36 clflush dts mmx fxsr sse sse2 ss syscall nx rdtscp lm constant_tsc up
    arch_perfmon pebs bts xtopology tsc_reliable nonstop_tsc aperfmperf unfair_
    spinlock pni pclmulqdq vmx ssse3 cx16 pcid sse4_1 sse4_2 x2apic popcnt xsave
    avx hypervisor lahf_lm ida arat epb xsaveopt pln pts dts tpr_shadow vnmi ept
    vpid fsgsbase smep
```

检查 KVM 模块是否安装：

```
[root@kgc ~]# lsmod | grep kvm
kvm_intel           54285  0
kvm                333172  1 kvm_intel
```


2. 设置 KVM 网络

宿主服务器安装完成 KVM，首先要设定网络，在 libvirt 中运行 KVM 网络有两种模式：NAT 和 Bridge，默认是 NAT。

关于两种模式的说明：

（1）用户模式，即 NAT 模式，这种模式是默认网络，数据包由 NAT 模式通过主机的接口进行传送，可以访问外网，但是无法从外部访问虚拟机网络。

（2）桥接模式，这种模式允许虚拟机像一台独立的主机那样拥有网络，外部的机器可以直接访问到虚拟机内部，但需要网卡支持，一般有线网卡都支持。

这里以 Bridge（桥接）模式为例。

```
[root@kgc ~]#vi /etc/sysconfig/network-screpts/ifcfg-eth0
DEVICE=eth0
BOOTPROTO=none
NM_CONTROLLED=no
ONBOOT=yes
TYPE=Ethernet
HWADDR=00:0c:29:0c:6b:48
BRIDGE="br0"

[root@kgc ~]#vi /etc/sysconfig/network-screpts/ifcfg-br0
DEVICE=br0
BOOTPROTO=static
NM_CONTROLLED=no
ONBOOT=yes
TYPE=Bridge
IPADDR=192.168.10.1
NETMASK=255.255.255.0
```

重启 network 服务：

```
[root@kgc ~]# service  network restart
正在关闭接口 br0：                                  [ 确定 ]
正在关闭接口 eth0：                                 [ 确定 ]
关闭环回接口：                                      [ 确定 ]
弹出环回接口：                                      [ 确定 ]
弹出界面 eth0：                                     [ 确定 ]
弹出界面 br0： Determining if ip address 192.168.10.1 is already in use for device br0……
                                          [ 确定 ]
```

确认 IP 地址信息：

```
[root@kgc ~]# ifconfig
br0     Link encap:Ethernet  HWaddr 00:0C:29:0C:6B:48
        inet addr:192.168.10.1  Bcast:192.168.10.255  Mask:255.255.255.0
        inet6 addr: fe80::20c:29ff:fe0c:6b48/64 Scope:Link
        UP BROADCAST RUNNING MULTICAST  MTU:1500  Metric:1
        RX packets:3034 errors:0 dropped:0 overruns:0 frame:0
        TX packets:331 errors:0 dropped:0 overruns:0 carrier:0
        collisions:0 txqueuelen:0
        RX bytes:235542 (230.0 KiB)  TX bytes:47392 (46.2 KiB)

eth0    Link encap:Ethernet  HWaddr 00:0C:29:0C:6B:48
        inet6 addr: fe80::20c:29ff:fe0c:6b48/64 Scope:Link
        UP BROADCAST RUNNING MULTICAST  MTU:1500  Metric:1
        RX packets:4976 errors:0 dropped:0 overruns:0 frame:0
        TX packets:365 errors:0 dropped:0 overruns:0 carrier:0
        collisions:0 txqueuelen:1000
        RX bytes:547785 (534.9 KiB)  TX bytes:50782 (49.5 KiB)

lo      Link encap:Local Loopback
        inet addr:127.0.0.1  Mask:255.0.0.0
        inet6 addr: ::1/128 Scope:Host
        UP LOOPBACK RUNNING  MTU:16436  Metric:1
        RX packets:56 errors:0 dropped:0 overruns:0 frame:0
        TX packets:56 errors:0 dropped:0 overruns:0 carrier:0
        collisions:0 txqueuelen:0
        RX bytes:3992 (3.8 KiB)  TX bytes:3992 (3.8 KiB)

virbr0  Link encap:Ethernet  HWaddr 52:54:00:B0:82:E3
        inet addr:192.168.122.1  Bcast:192.168.122.255  Mask:255.255.255.0
        UP BROADCAST RUNNING MULTICAST  MTU:1500  Metric:1
        RX packets:0 errors:0 dropped:0 overruns:0 frame:0
        TX packets:0 errors:0 dropped:0 overruns:0 carrier:0
        collisions:0 txqueuelen:0
        RX bytes:0 (0.0 b)  TX bytes:0 (0.0 b)
```

出现以上信息，就说明网卡桥接成功了。

3. KVM 管理

```
[root@kgc ~]#virt-manager
```

virt-manager 是基于 libvirt 的图形化虚拟机管理软件。请注意，不同发行版上 virt-manager 的版本可能不同，图形界面和操作方法也可能不同。本文使用了 CentOS 6 企业版。创建 KVM 虚拟机最简单的方法是通过 virt-manager 接口。从控制台窗口启动这个工具，以 root 身份输入 virt-manager 命令，出现如图 1.4 所示窗口。

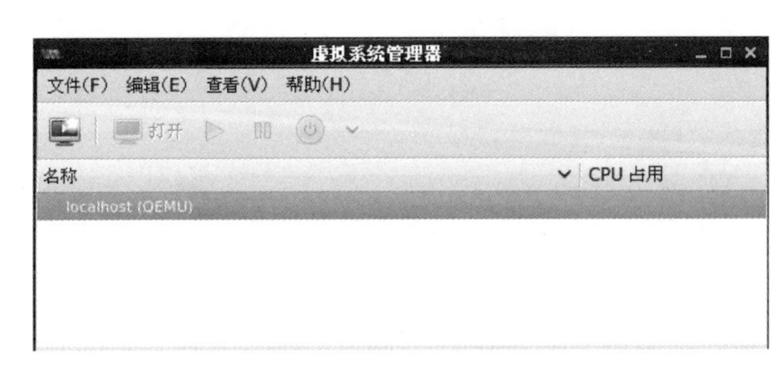

图 1.4　虚拟机管理界面

虚拟化管理步骤如下。

（1）创建存储池，双击 localhost(QEMU)，选择“存储”选项卡，然后单击“+”按钮新建存储池。如图 1.5 所示，建立一个镜像存储池，命名为 bdqn。单击“前进”按钮，根据提示输入或浏览用以设置存储目录，如 /data_kvm/store，最后单击“完成”按钮即可。

图 1.5　创建存储池

（2）以同样的操作创建一个镜像存储池，命名为 bdqn_iso，目录为 /data_kvm/iso 即可。在安装操作系统时，我们把镜像上传到服务器目录 /data_kvm/iso，如图 1.6 所示。

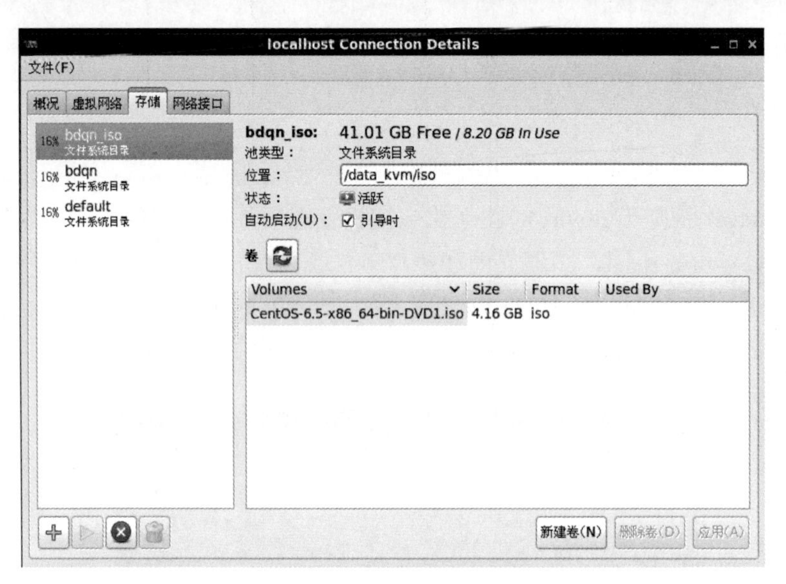

图 1.6 创建镜像存储池

（3）创建存储卷，单击刚创建好的“bdqn”，单击对话框右下角的“新建卷”按钮建立一个存储卷，并设置最大容量与分配容量，如图 1.7 所示。

图 1.7 创建存储卷

（4）单击“完成”按钮后，回到虚拟系统管理器。右击“Localhost(QEMU)”，然后选择“新建”选项，在弹出的对话框中按图 1.8 所示将虚拟机命名为“CentOS6.5”，然后单击“前进”按钮。

单击“浏览”按钮选择镜像文件，再选择操作系统类型及版本，如图 1.9 所示。

单击“前进”按钮，在图 1.10 所示的对话框中适当分配内存和 CPU 资源，如 1 核 CPU、1024MB 内存。

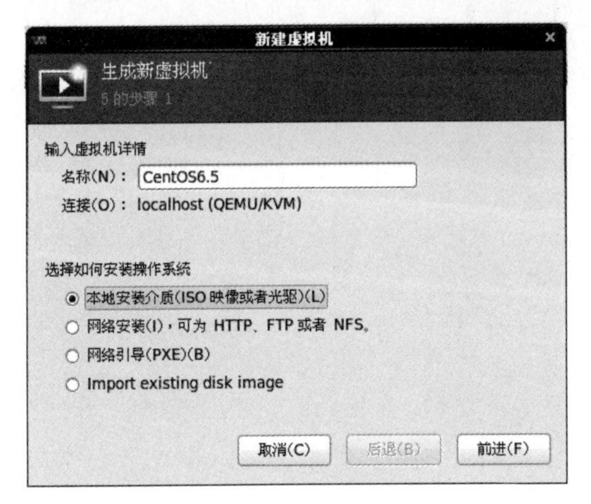

图 1.8　新建虚拟机（1）

图 1.9　新建虚拟机（2）

单击“前进”按钮，在如图 1.11 所示的对话框中勾选“立即分配整个磁盘”复选框，选择“选择管理的或者其他现有存储”单选按钮，单击“浏览”按钮选择文件，然后单击“前进”按钮。

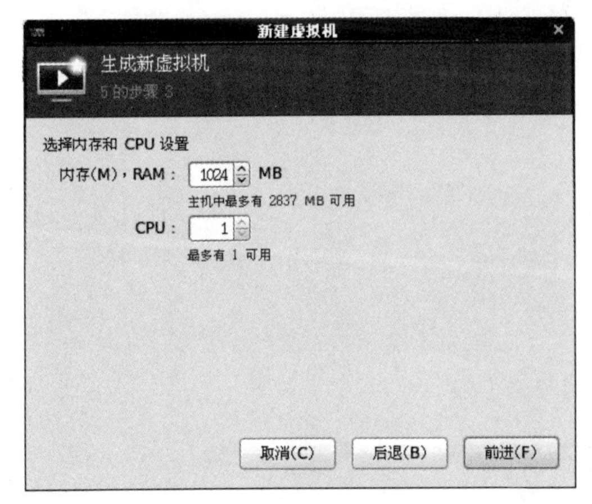

图 1.10　新建虚拟机（3）

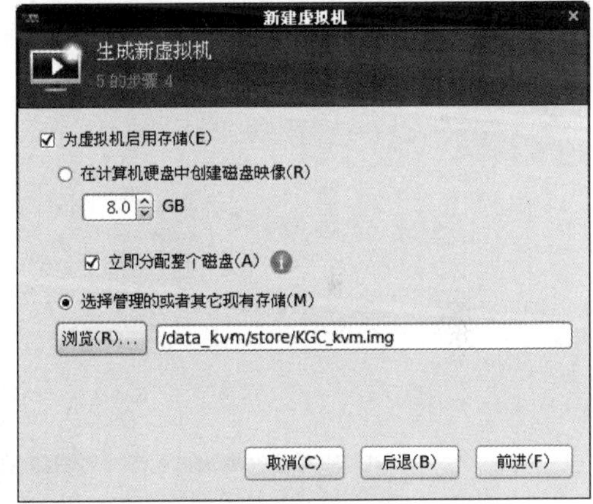

图 1.11　新建虚拟机（4）

在如图 1.12 所示的对话框中勾选“在安装前自定义配置”复选框，单击“完成”按钮，弹出如图 1.13 所示的对话框。

在“Overview”视图中，定位到“机器设置”，把“机器设置 - 时钟偏移”改为“localtime”，单击“应用”按钮即可。定位到“Boot Options”，勾选“主机引导时启动虚拟机”复选框，这样在物理宿主机启动后，这个 VM 也会启动，最后单击“应用”按钮，如图 1.14 所示。如果要远程管理，需要在“显示 VNC”中，将 Keymap 设置为“Copy Local Keymap”。

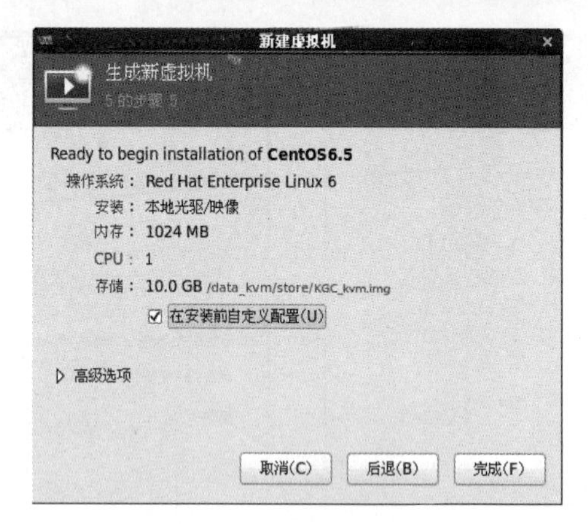

图 1.12　新建虚拟机（5）

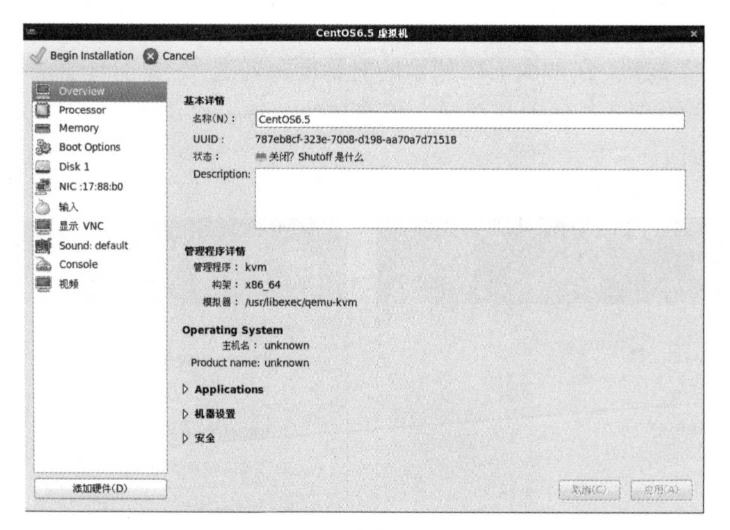

图 1.13　新建虚拟机（6）

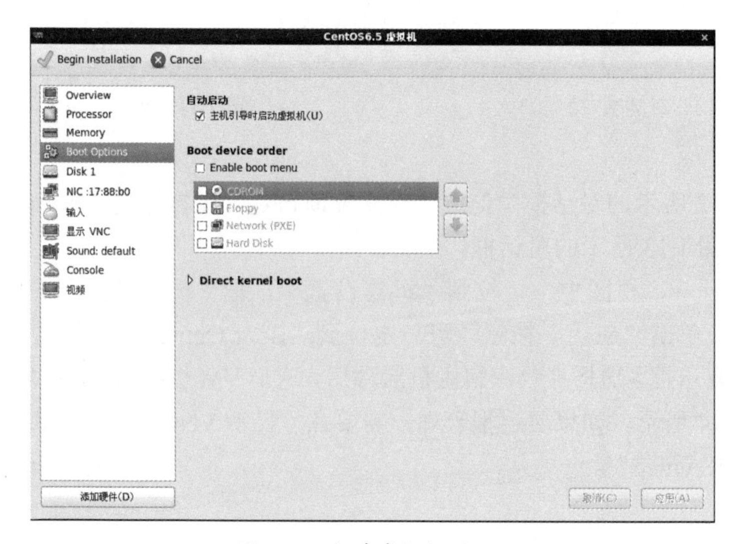

图 1.14　新建虚拟机（7）

最后单击“Begin Installation”按钮即可，整个虚拟化配置过程完成。下面就是安装操作系统的工作，和平时安装 Linux 系统一样，如图 1.15 所示。

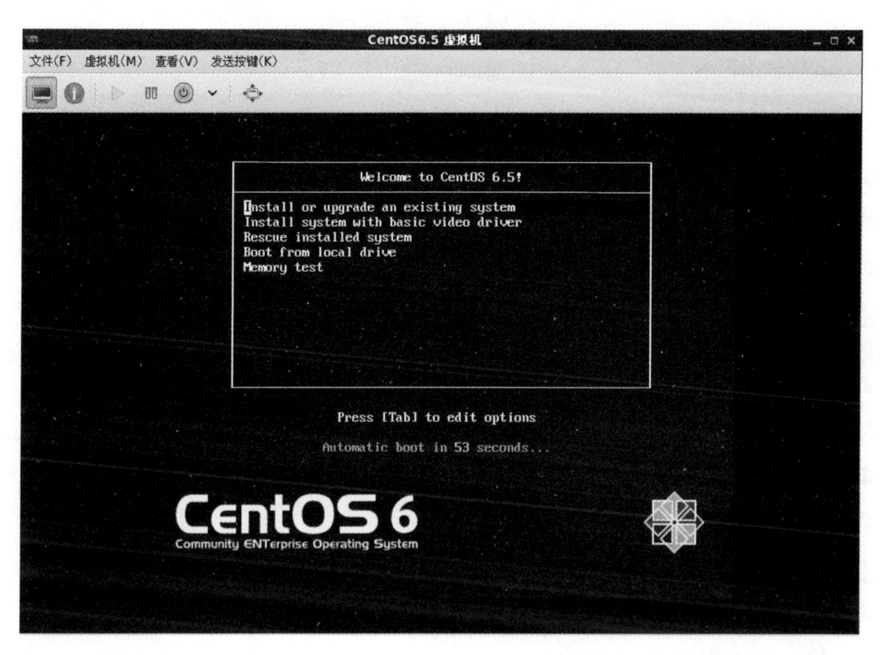

图 1.15　CentOS 安装界面

1.2　案例：使用 KVM 命令集管理虚拟机

1.2.1　案例分析

案例环境使用一台物理机器（见表 1-1），一台服务器安装 CentOS 6.5 的 64 位系统（即 kgc），test01 是在宿主机 kgc 中安装的虚拟机。

表 1-1　KVM 虚拟化

主机	操作系统	IP 地址	主要软件
kgc	CentOS 6.5 x86_64	192.168.10.1	Xshell Xmanager
test01	CentOS 6.5 x86_64	192.168.10.2	

1.2.2　案例实施

1. 安装 Linux 虚拟机

安装过程同上一案例，使用 Xshell 远程控制 kgc 主机。

2. KVM 基本功能管理

（1）查看命令帮助

```
[root@kgc ~]# virsh -h
…… // 省略输出内容
```

（2）查看 KVM 的配置文件存放目录（test01.xml 是虚拟机系统实例的配置文件）

```
[root@kgc ~]# ls /etc/libvirt/qemu/
autostart networks  test01.xml
```

（3）查看虚拟机状态

```
[root@kgc ~]# virsh list --all
 Id 名称                状态
----------------------------------
 7 test01              running
```

（4）虚拟机关机与开机

首先需要确认 acpid 服务安装并运行。

```
[root@kgc ~]# virsh shutdown test01
[root@kgc ~]# virsh start test01
```

（5）强制实例系统关闭电源

```
[root@kgc ~]# virsh destroy test01
```

（6）通过配置文件启动虚拟机系统实例

```
[root@kgc ~]# virsh create /etc/libvirt/qemu/test01.xml
[root@kgc ~]# virsh list --all
 Id 名称                状态
----------------------------------
 10 test01             running
```

（7）挂起虚拟机

```
[root@kgc ~]# virsh suspend test01
```

查看虚拟机状态：

```
[root@kgc ~]# virsh list --all
 Id 名称                状态
----------------------------------
 10 test01             暂停
```

（8）恢复虚拟机

```
[root@kgc ~]# virsh resume test01

[root@kgc ~]# virsh list --all
 Id 名称                状态
```

```
---------------------------------
 10 test01              running
```

（9）配置虚拟机实例伴随宿主机自动启动

```
[root@kgc ~]# virsh autostart test01
```

上述命令将创建 /etc/libvirt/qemu/autostart/ 目录，目录内容为开机自动启动的系统。

（10）导出虚拟机配置

```
[root@kgc ~]# virsh dumpxml test01 > /etc/libvirt/qemu/test02.xml
```

（11）虚拟机的删除与添加

删除虚拟机：

```
[root@kgc ~]# virsh shutdown test01
[root@kgc ~]# virsh undefine  test01
```

查看删除结果，test01 的配置文件被删除，但是磁盘文件不会被删除。

```
[root@kgc ~]# ls /etc/libvirt/qemu/
autostart  networks  test02.xml
```

通过 virsh list --all 查看不到 test01 的信息，说明此虚拟机被删除。

```
[root@kgc ~]# virsh list --all
 Id 名称              状态
---------------------------------
```

通过备份的配置文件重新定义虚拟机：

```
[root@kgc ~]# cd  /etc/libvirt/qemu
[root@kgc qemu]# mv test02.xml test01.xml
```

重新定义虚拟机：

```
[root@kgc qemu]# virsh define test01.xml
```

查看虚拟机信息：

```
[root@kgc qemu]# virsh list --all
 Id 名称              状态
---------------------------------
 - test01             关闭
```

（12）修改虚拟机配置信息（用来修改系统内存大小、磁盘文件等信息）

直接通过 vim 命令修改：

```
[root@kgc ~]# vim /etc/libvirt/qemu/test01.xml
```

通过 virsh 命令修改：

```
[root@kgc ~]# virsh edit test01
```

3. KVM 文件管理

通过文件管理可以直接查看、修改、复制虚拟机的内部文件。例如，当系统因为配置问题无法启动时，可以直接修改虚拟机的文件。虚拟机磁盘文件有 raw 与 qcow2 两种格式，KVM 虚拟机默认使用 raw 格式，raw 格式性能最好、速度最快，其缺点是不支持一些新的功能，如镜像、Zlib 磁盘压缩、AES 加密等。针对两种格式的文件有不同的工具可供选择。这里介绍本地 YUM 安装 libguestfs-tools 后产生的命令行工具（这个工具可以直接读取 qcow2 格式的磁盘文件，因此需要将 raw 格式的磁盘文件转换成 qcow2 的格式）。

（1）转换 raw 格式磁盘文件至 qcow2 格式。

查看当前磁盘格式：

```
[root@kgc ~]# qemu-img info /data_kvm/store/test01.img
image: /data_kvm/store/test01.img
file format: raw
virtual size: 10G (10737418240 bytes)
disk size: 10G
```


关闭虚拟机：

```
[root@kgc ~]# virsh shutdown test01
```

转换磁盘文件格式：

```
[root@kgc ~]# qemu-img convert -f raw -O qcow2 /data_kvm/store/test01.img
    /data_kvm/store/test01.qcow2
```

（2）修改 test01 的 xml 配置文件。

```
[root@kgc ~]# virsh edit test01
…… // 省略部分内容
  <disk type='file' device='disk'>
   <driver name='qemu' type='qcow2' cache='none'/>
   <source file='/data_KVM/store/test01.qcow2'/>
   <target dev='vda' bus='virtio'/>
   <address type='pci' domain='0x0000' bus='0x00' slot='0x04' function='0x0'/>
  </disk>
…… // 省略部分内容
```

（3）virt-cat 命令类似于 cat 命令。

```
[root@kgc ~]# virt-cat -a /data_KVM/store/test01.qcow2 /etc/sysconfig/network
NETWORKING=yes
HOSTNAME=test01
```

（4）virt-edit 命令用于编辑文件，用法与 vim 基本一致。

```
[root@kgc ~]# virt-edit  -a /data_KVM/store/test01.qcow2 /etc/resolv.conf
nameserver 8.8.8.8
```

（5）virt-df 命令用于查看虚拟机磁盘信息。

```
[root@kgc ~]# virt-df -h test01
Filesystem                        Size     Used  Available  Use%
test01:/dev/sda1                   484M      32M      427M    7%
test01:/dev/VolGroup/lv_root          7.4G     1.6G      5.4G   22%
```

4．虚拟机克隆

（1）查看虚拟机状态

```
[root@kgc ~]# virsh list --all
 Id 名称               状态
----------------------------------
 - test01            关闭
```

（2）从 test01 克隆 test02

```
[root@kgc ~]# virt-clone -o test01 -n test02 -f /data_kvm/store/test02.qcow2
```

（3）查看虚拟机状态

```
[root@kgc ~]# virsh list --all
 Id 名称             状态
---------------------------------
 - test01            关闭
 - test02            关闭
```

（4）启动虚拟机

```
[root@kgc ~]# virsh start test02
```

5．虚拟机快照

KVM 虚拟机要使用镜像功能，磁盘格式必须为 qcow2，之前已经将 test01 的磁盘格式转换成了 qcow2。

下面介绍 KVM 虚拟机快照备份的过程。

（1）对 test01 创建快照

```
[root@kgc ~]# virsh snapshot-create  test01
Domain snapshot 1382572463 created
```

（2）查看虚拟机快照版本信息

```
[root@kgc ~]# virsh snapshot-current test01
<domainsnapshot>
  <name>1382572463</name>                     // 快照版本号
  <state>running</state>
……                                            // 省略部分输出
```

（3）查看快照信息

```
[root@kgc ~]# virsh snapshot-list  test01
 名称              Creation Time            状态
------------------------------------------------------------
 1382572463         2013-10-24 07:54:23 +0800 running
```

（4）创建新快照

```
[root@kgc ~]# virsh snapshot-create  test01
Domain snapshot 1382572597 created
```

（5）查看快照信息

```
[root@kgc ~]# virsh snapshot-list  test01
 名称              Creation Time            状态
------------------------------------------------------------
 1382572463         2013-10-24 07:54:23 +0800 running
 1382572597         2013-10-24 07:56:37 +0800 running
```

（6）恢复虚拟机状态至 1382572463

```
[root@kgc ~]# virsh snapshot-revert test01 1382572463
```

（7）查看虚拟机快照版本信息

```
[root@kgc ~]# virsh snapshot-current test01
<domainsnapshot>
  <name>1382572463</name>                    // 快照版本号
  <state>running</state>
……                                          // 省略部分输出
```

（8）删除快照

```
[root@kgc ~]# virsh snapshot-delete test01 1382572463
Domain snapshot 1382572463 deleted
```

1.3 案例：KVM 动态迁移

1.3.1 案例分析

迁移是指将在 KVM 上运行的虚拟机系统转移到其他物理机的 KVM 上运行，可分为静态迁移和动态迁移。静态迁移是在虚拟机关机的情况下迁移，而动态迁移是在虚拟机上服务正常运行的情况下迁移，要基于共享存储。动态迁移仅有非常短暂的停机时间，不会对最终用户造成明显影响。

案例拓扑图如图 1.16 所示。

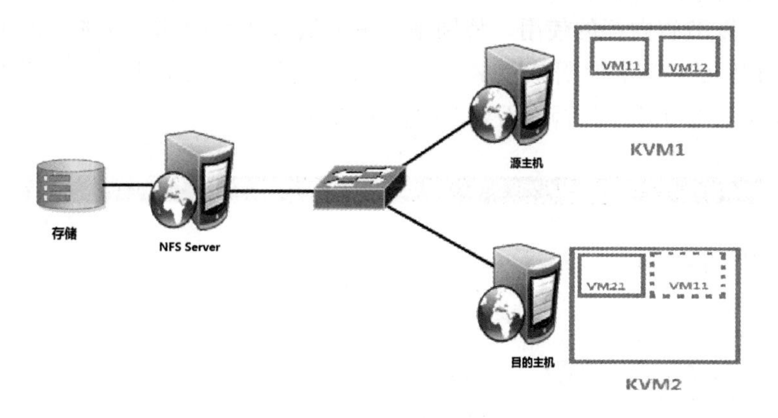

图 1.16　KVM 迁移拓扑图

1.3.2　案例实施

案例实施步骤如下：

（1）设置主机名、/etc/hosts，保证网络连接。

（2）两台主机的 KVM 连接 NFS 共享存储。

（3）在源主机的 KVM 中新建虚拟机并安装系统。

（4）连接 KVM，并进行迁移。

详细的操作请上课工场 APP 或官网 kgc.cn 观看视频。

1.4　KVM 性能优化

1. KVM 为什么要调优

性能的损耗是关键。KVM 采用全虚拟化技术，全虚拟化要由一个软件来模拟硬件层，故有一定的损耗，特别是 I/O，因此需要优化。

KVM 性能优化主要在 CPU、内存、I/O 这几方面。当然对于这几方面的优化，也是要分场景的，不同的场景其优化方向也是不同的。

2. KVM 优化思路及步骤

KVM 的性能已经很不错了，但还有一些微调措施可以进一步提高 KVM 性能。

（1）CPU 优化

要考虑 CPU 的数量问题，所有 guestcpu 的总数目不要超过物理机 CPU 的总数目。如果超过，则将对性能带来严重影响，建议选择复制主机 CPU 配置，如图 1.17 所示。

（2）内存优化

1）KSM（Kernel Samepage Merging，相同页合并）

内存分配的最小单位是 page（页面），默认大小是 4KB。可以将 host 机内容相同的内存合并，以节省内存的使用，特别是在虚拟机操作系统都一样的情况下，肯定会有很多内容相同的内存值，开启了 KSM，则会将这些内存合并为一个，当然这个过程会有性能损耗，所以开启与否，需要考虑使用场景。

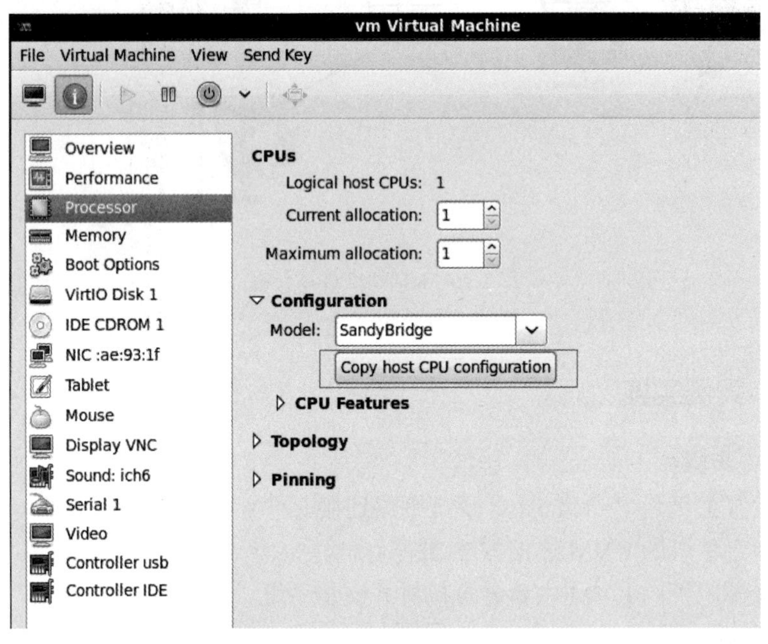

图 1.17　CPU 优化

而 KSM 对 KVM 环境有很重要的意义，当 KVM 上运行许多相同系统的客户机时，客户机之间将有许多内存页是完全相同的，特别是只读的内核代码页完全可以在客户机之间共享，从而减少客户机占用的内存资源，能同时运行更多的客户机。

通过 /sys/kernel/mm/ksm 目录下的文件可查看内存页共享的情况：

```
[root@localhostksm]# pwd
/sys/kernel/mm/ksm
[root@localhostksm]# ll
total 0
-r--r--r--. 1 root root 4096 Jan 24 19:15 full_scans
-rw-r--r--. 1 root root 4096 Jan 24 19:15 merge_across_nodes
-r--r--r--. 1 root root 4096 Jan 24 19:15 pages_shared
-r--r--r--. 1 root root 4096 Jan 24 19:15 pages_sharing
-rw-r--r--. 1 root root 4096 Jan 24 19:15 pages_to_scan
-r--r--r--. 1 root root 4096 Jan 24 19:15 pages_unshared
-r--r--r--. 1 root root 4096 Jan 24 19:15 pages_volatile
-rw-r--r--. 1 root root 4096 Jan 24 19:15 run
-rw-r--r--. 1 root root 4096 Jan 24 19:15 sleep_millisecs
```

pages_shared 文件中记录了 KSM 共享的总页面数；

pages_sharing 文件中记录了当前共享的页面数。

每个页面的大小为 4KB，可计算出共享内存为：4× 页面数 = 内存大小（KB）。

```
[root@localhostksm]# cat run  //是否开启 KSM，0 是不开启，1 是开启
0
[root@localhostksm]# echo 1 >run       //临时开启 KSM，只能使用重定向，不支持用 VI 编辑器，
                                       //可以在 /etc/rc.local 中添加 echo 1 > /sys/kernel/mm/ksm/
                                       //run 让 KSM 开机自动运行
[root@localhostksm]# cat run
1
[root@localhostksm]# cat pages_to_scan     //定期扫描相同页，sleep_millisecs 决定多长时间，
                                           //pages_to_scan 决定每次查看多少个页面，
100 //默认为 100，越大越好，超过 2000 无效，需要开启两个服务 ksmtuned 和 tuned
    //支持更多页面
```

KSM 会稍微影响系统性能，以效率换空间，如果系统的内存很宽裕，则无须开启 KSM，如果想尽可能多地并行运行 KVM 客户机，则可以打开 KSM。

2）对内存设置限制

如果我们有多个虚拟机，为了防止某个虚拟机无节制地使用内存资源，导致其他虚拟机无法正常使用，就需要对内存的使用进行限制。

```
[root@localhost ~]#virsh memtune vm        //查看当前虚拟机 vm 内存的限制，单位为 KB
Hard_limit: unlimited                      //强制最大内存
Soft_limit: unlimited                      //可用最大内存
Swap_hard_limit: unlimited                 //强制最大 swap 使用大小
```

语法：

```
[root@localhost ~]# virsh memtune --help
......
OPTIONS
  [--domain] <string>  domain name, id or uuid
  --hard-limit <number>  Max memory, as scaled integer (default KiB)
  --soft-limit <number>  Memory during contention, as scaled integer (default KiB)
  --swap-hard-limit <number>  Max memory plus swap, as scaled integer (default KiB)
  --min-guarantee <number>  Min guaranteed memory, as scaled integer (default KiB)
                                           //保证最小内存
  --config       affect next boot          //下次重启生效
  --live         affect running domain     //在线生效
  --current      affect current domain     //只在当前生效
```

例如：

```
[root@localhost ~]# virsh memtune vm  --hard-limit 1024000 --live   //设置强制最大内存 100MB，
                                                                    //在线生效
```

3）大页后端内存（Huge Page Backed Memory）

在逻辑地址向物理地址转换时，CPU 保持一个翻译后备缓冲器 TLB，用来缓存转换结果，而 TLB 容量很小，所以如果 page 很小，TLB 很容易就充满，这样就容易导致 cache miss，相反 page 变大，TLB 需要保存的缓存项就变少，就会减少 cache miss。通过为客户机提供大页后端内存，就能减少客户机消耗的内存并提高 TLB 命中率，从而提升 KVM 性能。

Intel 的 x86 CPU 通常使用 4KB 内存页，但是经过配置，也能够使用大页（huge page）：x86_32 是 4MB，x86_64 和 x86_32 PAE 是 2MB，这是 KVM 虚拟机的又一项优化技术。

使用大页，KVM 的虚拟机的页表将使用更少的内存，并且将提高 CPU 的效率。

```
[root@localhost ~]#cat /proc/meminfo // 查看内存信息，无可用大页
AnonHugePages:   346112 kB
HugePages_Total:     0
HugePages_Free:      0
HugePages_Rsvd:      0
HugePages_Surp:      0

[root@localhost ~]#echo 25000>/proc/sys/vm/nr_hugepages     // 指定大页需要的内存页面数
                                                            //（临时生效）
[root@localhost ~]#cat /proc/meminfo |grep HugePage
AnonHugePages:   100352 kB
HugePages_Total:   999
HugePages_Free:    999   // 现在没有任何软件在使用大页
HugePages_Rsvd:      0
HugePages_Surp:      0

[root@localhost ~]#sysctl -w vm.nr_hugepages=25000// 指定大页需要的内存页面数永久生效
```

或者在 /etc/sysctl.conf 中添加 vm.nr_hugepages=2500 来持久设定大页文件系统需要的内存页面数。

注意

大页文件系统需要的页面数可以由客户机需要的内存除以页面大小来大体估算。

```
[root@localhost ~]#virsh destroy vm      // 关闭虚拟机 vm
Domain vm destroyed

[root@localhost ~]#virsh edit vm        // 编辑虚拟机的 XML 配置文件使用大页来分配内存
<domain type='kvm'>
<name>vm</name>
<uuid>ba39310e-f751-5649-ac93-845c5d339b84</uuid>
<memory unit='KiB'>1048576</memory>
<currentMemory unit='KiB'>1048576</currentMemory>
<memoryBacking><hugepages/></memoryBacking>    // 添加，使用大页
```

保存退出。

```
[root@localhost ~]#mount -t hugetlbfshugetlbfs /dev/hugepages// 挂载 hugetlbfs 文件系统

[root@localhost ~]#service libvirtd restart
[root@localhost ~]#virsh start vm
Domain vm started

[root@localhost ~]#cat /proc/meminfo |grep HugePage
AnonHugePages:    59392 kB
HugePages_Total:    999
HugePages_Free:     873
HugePages_Rsvd:     394
HugePages_Surp:       0

[root@localhost ~]#virsh destroy vm
Domain vm destroyed

 [root@localhost ~]#cat /proc/meminfo |grep HugePage   // 被释放
AnonHugePages:    26624 kB
HugePages_Total:    999
HugePages_Free:     999
HugePages_Rsvd:       0
HugePages_Surp:       0
```

让系统开机自动挂载 hugetlbfs 文件系统，在 /etc/fstab 中添加：

```
hugetlbfs/hugepages hugetlbfs defaults 0 0
```

（3）I/O 的优化

在实际的生产环境中，为了避免过度消耗磁盘资源而对其他的虚拟机造成影响，我们希望每台虚拟机对磁盘资源的消耗是可以控制的。比如多个虚拟机往硬盘中写数据，谁可以优先写，就可以调整 I/O 的权重 weight，权重越高写入磁盘的优先级越高。

对磁盘 I/O 控制有两种方式：

1）在整体中的权重，范围在 100 ～ 1000。

2）限制具体的 I/O。

```
[root@localhost ~]#virsh blkiotune vm
weight         : 0
device_weight  :

[root@localhost ~]#virsh blkiotune vm --weight 500  // 设置权重为 500
[root@localhost ~]#virsh blkiotune vm
weight         : 500
device_weight  :
```

编辑虚拟机的 XML 配置文件：

```
<blkiotune><weight>500</weight></blkiotune>
```

还可以使用 blkdeviotune 设置虚拟机的读写速度，语法如下：

```
[root@localhost ~]# virsh blkdeviotune --help
......
--total-bytes-sec <number>  total throughput limit in bytes per second
   --read-bytes-sec <number>  read throughput limit in bytes per second
   --write-bytes-sec <number>  write throughput limit in bytes per second
   --total-iops-sec <number>  total I/O operations limit per second
   --read-iops-sec <number>  read I/O operations limit per second
   --write-iops-sec <number>  write I/O operations limit per second
   --config        affect next boot
   --live          affect running domain
--current       affect current domain
```

（4）系统调优工具 tuned/tuned-adm

CentOS 在 6.3 版本以后引入了一套新的系统调优工具 tuned/tuned-adm，其中，tuned 是服务端程序，用来监控和收集系统各个组件的数据，并依据数据提供的信息动态调整系统设置，达到动态优化系统的目的；tuned-adm 是客户端程序，用来和 tuned 打交道，用命令行的方式管理和配置 tuned/tuned-adm，提供了一些预先配置的优化方案可供直接使用。当然不同的系统和应用场景有不同的优化方案，tuned-adm 预先配置的优化策略不是总能满足要求，这时候就需要定制，tuned-adm 允许用户自己创建和定制新的调优方案。

```
[root@localhost ~]# yum install tuned        // 安装和启动 tuned 工具
[root@localhost ~]# service tuned start
[root@localhost ~]# chkconfig tuned on
[root@localhost ~]# service ktune start
[root@localhost ~]# chkconfig ktune on
[root@localhost ~]# tuned-adm active         // 查看当前优化方案
Current active profile: default
Service tuned: enabled, running
Service ktune: enabled, running


[root@localhost ~]# tuned-adm list           // 查看预先设定好的优化方案
Available profiles:
- sap
- desktop-powersave
- virtual-guest          // 企业级服务器配置中使用这个 profile，其中包括电池备份控制程序、
                         // 缓存保护以及管理磁盘缓存
- spindown-disk
- latency-performance    // 延迟性能调试的服务器配置
- enterprise-storage     // 企业存储服务器优化方案
- laptop-ac-powersave
- default                // 默认节电配置，是最基本的节点配置，只启用磁盘和 CPU 插件
- laptop-battery-powersave
```

```
- virtual-host                // 根据 enterprise-storage 配置，virtual-host 还可减少可置换的虚拟内存，
                              // 并启用更多集合脏页写回。同时推荐在虚拟化主机中使用这个配置，
                              // 包括 KVM 和红帽企业版 Linux 虚拟化主机
- throughput-performance              // 吞吐性能调整的服务器 profile。如果系统没有企业级存储，
                                      // 则建议使用这个 profile
- server-powersave
Current active profile: default       // 使用某种 profile

[root@localhost ~]# tuned-adm profile virtual-guest   // 修改优化方案为 virtual-guest
Stopping tuned:                                  [  OK  ]
Switching to profile 'virtual-guest'
Applying deadline elevator: dm-0 dm-1 sda[  OK  ]
Applying ktunesysctl settings:
/etc/ktune.d/tunedadm.conf:                          [  OK  ]
Calling '/etc/ktune.d/tunedadm.sh start':               [  OK  ]
Applying sysctl settings from /etc/sysctl.d/libvirtd
Applying sysctl settings from /etc/sysctl.conf
Starting tuned:                                  [  OK  ]

[root@localhost ~]#tuned-adm active
Current active profile: virtual-guest
Service tuned: enabled, running
Service ktune: enabled, running
```

如果预定的方案不是总能满足要求，用户可以为自己的需求定制自己的优化方案。自己定制很容易，只需切换到优化方案的配置目录：/etc/tune-profiles/，不同的 profile 以目录的形式存在，拷贝其中一个例子，然后编辑里面的相关参数就可以了，使用 tuned-adm list 命令就能看到新创建的方案。

```
[root@localhost ~]# cd /etc/tune-profiles/
[root@localhost tune-profiles]# ls
active-profilelaptop-ac-powersavespindown-disk
default          laptop-battery-powersavethroughput-performance
desktop-powersave  latency-performance       virtual-guest
enterprise-storage sap                  virtual-host
functions          server-powersave
[root@localhost tune-profiles]# cp -r virtual-host my-server
```

编辑 my-server 目录中文件添加调优参数即可：

```
[root@localhost virtual-host]# tuned-adm list
Available profiles:
- my-server
- sap
- desktop-powersave
- virtual-guest
- spindown-disk
```

```
- latency-performance
- enterprise-storage
- laptop-ac-powersave
- default
- laptop-battery-powersave
- virtual-host
- throughput-performance
- server-powersave
Current active profile: virtual-guest
```

本章总结

- KVM 虚拟化平台作为 Linux 内核模块之一，依托 CPU 虚拟化指令集（如 Intel-VT、AMD-V）实现高性能的、安全稳定的虚拟化支持。
- KVM 对硬件的要求，必须是 64 位操作系统，其 CPU 支持 Intel 或 AMD 虚拟化，可以分别通过 cat /proc/cpuinfo | grep vmx 命令或 cat /proc/cupinfo | grep smv 命令查看。
- KVM 可通过命令集管理，但庞大的命令集很难清楚明了，所以通常都是在桌面环境下通过图形界面管理，直观方便。
- 迁移是指将在 KVM 上运行的虚拟机系统转移到其他物理机的 KVM 上运行，可分为静态迁移和动态迁移。
- KVM 是全虚拟化技术，全虚拟化由一个软件模拟硬件层，会有一定的损耗，特别是 I/O，因此我们需要进行优化。KVM 性能优化主要在 CPU、内存、I/O 这几个方面进行。

本章作业

1．自行搜索资料，深入理解 KVM 架构。
2．上课工场 APP 或官网 kgc.cn 观看 KVM 迁移视频，完成实验。

第2章

Docker 架构、镜像及容器

技能目标

- 理解 Docker 核心概念
- 会进行 Docker 镜像操作
- 会进行 Docker 容器操作
- 会进行 Docker 资源控制

技能目标

Docker 是在 Linux 容器里运行应用的开源工具，是一种轻量级的虚拟机，诞生于 2013 年。Docker 的设计宗旨：Build，Ship and Run Any App，Anywhere，即通过对应用组件的封装、发布、部署、运行等生命周期的管理，达到应用组件级别的“一次封装，到处运行”的目的。这里的组件，既可以是一个应用，也可以是一套服务，甚至是一个完整的操作系统。

知识服务

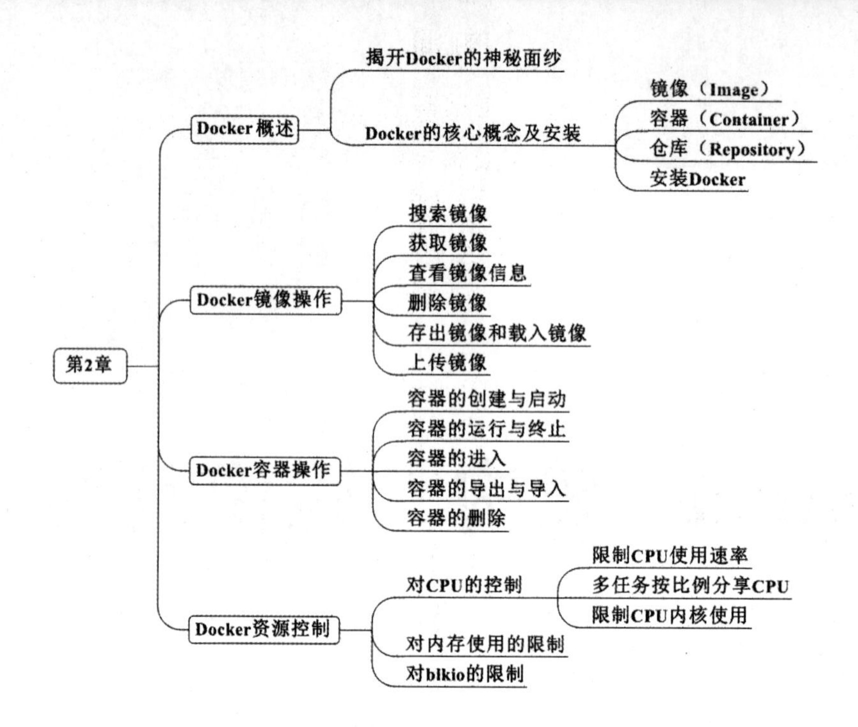

2.1 Docker 概述

Docker 是在 Linux 容器里运行应用的开源工具，是一种轻量级的虚拟机。诞生于 2013 年，最初的发起者是 dotCloud 公司，后来改名为 Docker Inc，之后专注于 Docker 相关技术和产品的开发。Docker 项目目前已经加入了 Linux 基金会，全部开源代码均在 https://github.com/docker 上进行相关维护，官网地址为：https://www.docker.com/，有相关文档可以参考。现在 Docker 与 OpenStack 同为最受欢迎的云计算开源项目。

Docker 的 Logo 设计为蓝色鲸鱼，拖着许多集装箱。如图 2.1 所示，鲸鱼可以看作为宿主机，而集装箱可以理解为相互隔离的容器，每个集装箱中都包含自己的应用程序。正如 Docker 的设计宗旨一样：Build,Ship and Run Any App, Anywhere，即通过对应用组件的封装、发布、部署、运行等生命周期的管理，达到应用组件级别的“一次封装，到处运行”的目的。这里的组件，既可以是一个应用，也可以是一套服务，甚至是一个完整的操作系统。

图 2.1　Docker 的 Logo

本章将依次介绍 Docker 的三大核心概念：镜像、容器、仓库，安装 Docker 以及围绕镜像和容器的具体操作。

2.1.1　揭开 Docker 的神秘面纱

现在开发人员需要能方便地创建运行在云平台上的应用，必须脱离底层的硬件，同时还需要任何时间地点均可获取这些资源，这正是 Docker 所能提供的。Docker 的容器技术可以在一台主机上轻松地为任何应用创建一个轻量级的、可移植的、自给自足的容器。通过这种容器打包应用程序，意味着简化了重新部署、调试这些琐碎的重复工作，极大地提高了工作效率。比如：需要把服务器从腾讯云迁移到阿里云，如果采用 Docker 容器技术，迁移只需要在新的服务器上启动需要的容器就可以。

作为一种轻量级的虚拟化方式，Docker 与传统虚拟机相比具有显著的优势：

Docker 容器很快，启动和停止可以在秒级实现，比传统虚拟机要快很多；Docker 核心解决的问题是利用容器来实现类似 VM 的功能，从而以更加节省的硬件资源提供给用户更多的计算资源，所以 Docker 容器除了运行其中的应用之外，基本不消耗额外的系统资源，从而在保证应用性能的同时，减小了系统开销，使得在一台主机上同时运行数千个 Docker 容器成为可能；Docker 操作方便，还可以通过 Dockerfile 配置文件支持灵活的自动化创建和部署。表 2-1 对 Docker 容器技术与传统虚拟化技术的特性进行了比较。

2 Chapter

表 2-1　Docker 容器与传统虚拟化的比较

特性	Docker 容器	虚拟机
启动速度	秒级	分钟级
计算能力损耗	几乎无	损耗 50% 左右
性能	接近原生	弱于
系统支持量（单机）	上千个	几十个
隔离性	资源限制	完全隔离

Docker 之所以拥有众多优势，跟操作系统虚拟化自身的特点是分不开的。传统虚拟机需要有额外的虚拟机管理程序和虚拟机操作系统层。而 Docker 容器是直接在操作系统层面之上实现的虚拟化，如图 2.2 所示。

图 2.2　Docker 与传统虚拟机架构

2.1.2 Docker 的核心概念及安装

1. 镜像（Image）

Docker 的镜像是创建容器的基础，类似虚拟机的快照，可以理解为是一个面向 Docker 容器引擎的只读模板，比如：一个镜像可以是一个完整的 CentOS 操作系统环境，称为一个 CentOS 镜像；可以是一个安装了 MySQL 的应用程序，称之为一个 MySQL 镜像等等。

Docker 提供了简单的机制来创建和更新现有的镜像，用户也可以从网上下载已经做好的应用镜像来直接使用。

2. 容器（Container）

Docker 的容器是从镜像创建的运行实例，它可以被启动、停止和删除。所创建的每一个容器都是相互隔离、互不可见的，可以保证平台的安全性。还可以把容器看作是一个简易版的 Linux 环境，Docker 利用容器来运行和隔离应用。

3. 仓库（Repository）

Docker 仓库是用来集中保存镜像的地方，当创建了自己的镜像之后，可以使用 push 命令将它上传到公共仓库（Public）或者私有仓库（Private），这样一来当下次要在另一台机器上使用这个镜像的时候，只需要从仓库上 pull 下来就可以了。

仓库注册服务器（Registry）是存放仓库的地方，其中包含了多个仓库，每个仓库集中存放某一类镜像，并且使用不同的标签（tag）来区分它们。目前最大的公共仓库是 Docker Hub，其中存放了数量庞大的镜像供用户下载使用。

4. 安装 Docker

Docker 支持在主流的操作系统平台上使用，包括 Windows 系统、Linux 系统、以及 MacOS 系统等。目前最新的 RedHat、CentOS 以及 Ubuntu 系统官方软件源中都已经默认自带了 Docker 包，可直接安装使用，也可以用 Docker 自己的 YUM 源进行配置。

在 CentOS 系统下安装 Docker 可以有两种方式：一种是使用 curl 获得 Docker 的安装脚本进行安装，另一种是使用 YUM 仓库来安装。需要注意的是，目前 Docker 只能支持 64 位系统。

这里使用 CentOS 7.2 系统，Docker 自己的 YUM 源为例来进行相关安装操作。

（1）仓库配置

```
[root@localhost ~]#cat /etc/yum.repos.d/docker.repo
[docker-repo]
name=Docker Repository
baseurl=https://yum.dockerproject.org/repo/main/centos/7/
enabled=1
gpgcheck=1
```

```
gpgkey=https://yum.dockerproject.org/gpg
```

（2）安装 Docker

```
[root@localhost ~]# yum install docker-engine
```

安装完成后启动 Docker 并设置为开机自动启动。

```
[root@localhost ~]# systemctl start docker.service
[root@localhost ~]# systemctl enable docker.service
Created symlink from /etc/systemd/system/multi-user.target.wants/docker.service to /usr/lib/
    systemd/system/docker.service.
```

安装好的 Docker 系统有两个程序：Docker 服务端和 Docker 客户端。其中 Docker 服务端是一个服务进程，管理着所有的容器。Docker 客户端则扮演着 Docker 服务端的远程控制器，可以用来控制 Docker 的服务端进程。大部分情况下 Docker 服务端和客户端运行在一台机器上。

通过检查 Docker 版本可以查看 Docker 服务：

```
[root@localhost ~]# docker version
Client:
 Version:      1.12.4
 API version:  1.24
 Go version:   go1.6.4
 Git commit:   1564f02
 Built:        Mon Dec 12 23:41:49 2016
 OS/Arch:      linux/amd64

Server:
 Version:      1.12.4
 API version:  1.24
 Go version:   go1.6.4
 Git commit:   1564f02
 Built:        Mon Dec 12 23:41:49 2016
 OS/Arch:      linux/amd64
```

2.2 Docker 镜像操作

Docker 运行容器前需要本地存在对应的镜像，如果不存在本地镜像 Docker 就会尝试从默认镜像仓库 https://hub.docker.com 下载，这是由 Docker 官方维护的一个公共仓库，可以满足用户的绝大部分需求。用户也可以通过配置来使用自定义的镜像仓库。

下面将介绍围绕镜像这一核心概念的具体操作。

1. 搜索镜像

在使用下载镜像前，可以使用 docker search 命令，搜索远端官方仓库中的共享镜像。

命令格式：docker search 关键字

例如：搜索关键字为 lamp 的镜像。

```
[root@localhost ~]# docker search lamp
INDEX NAME    DESCRIPTION      STARS    OFFICIAL  AUTOMATED
reinblau/lamp   Dockerfile for PHP-Projects with MySql client   25[OK]
nickistre/ubuntu-lamp     LAMP server on Ubuntu                   13            [OK]
greyltc/lamp    a super secure, up-to-date and lightweight...  11         [OK] nickistre/centos-
        lampLAMP on centos setup            8        [OK]
...
```

返回很多包含 lamp 关键字的镜像，其中返回信息包括镜像名称（NAME）、描述（DESCRIPTION）、星级（STARS）、是否官方创建（OFFICIAL）、是否主动创建（AUTOMATED）。默认的输出结果会按照星级评价进行排序，表示该镜像受欢迎程度，在下载镜像时，可以参考这一项，在搜索时还可以使用 -s 或者 --stars=x 显示指定星级以上的镜像，星级越高表示越受欢迎；是否官方创建一项是指是否由官方项目组创建和维护的镜像，一般官方项目组维护的镜像使用单个单词作为镜像名称，我们称为基础镜像或者根镜像。像 reinblau/lamp 这种命名方式的镜像，表示是由 Docker Hub 的用户 reinblau 创建并维护的镜像，带有用户名为前缀；是否主动创建则是指是否允许用户验证镜像的来源和内容。

使用 docker search 命令只能查找镜像，对镜像的标签无法查找，因此如果需要查找 docker 标签，则需要从网页上访问镜像仓库 https://hub.docker.com 进行查找。

2. 获取镜像

搜索到符合需求的镜像，可以使用 docker pull 命令从网络下载镜像到本地使用。

命令格式：docker pull 仓库名称 [: 标签]

对于 Docker 镜像来说，如果下载镜像时不指定标签，则默认会下载仓库中最新版本的镜像，即选择标 latest 标签，也可通过指定的标签来下载特定版本的某一镜像。这里的标签（tag）就是用来区分镜像版本的。

例如：下载镜像 nickistre/centos-lamp。

```
[root@localhost ~]#docker pull nickistre/centos-lamp
Using default tag: latest
Trying to pull repository docker.io/nickistre/centos-lamp ... latest:
Pulling from nickistre/centos-lamp
39843ad887c7: Pull complete
fb416c18da79: Downloading 7.004 MB/72.04 MB
cef52ac25731: Download complete
630367902b0b: Download complete
4c5c941670df: Downloading  5.92 MB/60.68 MB
fef4e4dda0a9: Downloading 5.896 MB/18.69 MB
760d6b3be40b: Download complete
b65443d5d38e: Download complete
```

```
731f0c50edaf: Downloading 5.763 MB/15.96 MB
18cb52c9a58b: Downloading  5.26 MB/6.075 MB
b95c16798258: Download complete
d537094abe4a: Download complete
96ce836f2e9b: Download complete
65d81aba8749: Download complete
275d1ee6afe0: Download complete
3700dfbc10b1: Download complete
da63317043a4: Download complete
40dad44fb078: Download complete
d1e78ef4e5c7: Download complete
d1e78ef4e5c7: Pulling fs layer
```

从整个下载的过程可以看出，镜像文件由若干层（Layer）组成，我们称之为 AUFS（联合文件系统），是实现增量保存与更新的基础，下载过程中会输出镜像的各层信息。镜像下载到本地之后就可以随时使用该镜像了。

用户也可以选择从其他注册服务器仓库下载，这时需要在仓库名称前指定完整的仓库注册服务器地址。

3. 查看镜像信息

用户可以使用 docker images 命令查看下载到本地的所有镜像。

命令语法：docker images 仓库名称 :[标签]

例如：查看本地所有镜像。

```
[root@localhost ~]# docker images
REPOSITORY    TAG IMAGE ID   CREATED  VIRTUAL SIZE
docker.io/nickistre/centos-lamp   latest a0760f339193  2 weeks ago      534.5 MB
```

从回显的信息中可以读出以下信息：

REPOSITORY——镜像属于的仓库。

TAG——镜像的标签信息，标记同一个仓库中的不同镜像。

IMAGE ID——镜像的唯一 ID 号，唯一标识了该镜像。

CREATED——镜像创建时间。

VIRTUAL SIZE——镜像大小。

用户还可以根据镜像的唯一标识 ID 号，获取镜像详细信息。

命令格式：docker inspect 镜像 ID 号

例如：获取镜像 nickistre/centos-lamp 的详细信息。

```
[root@localhost ~]#docker inspect a0760f339193
[
{
   "Id": "a0760f339193fa6d729f929e3ef4ab70fa8739b1c2673a8ecb320cbccba7b653",
   "RepoTags": [
      "docker.io/nickistre/centos-lamp:latest"
```

```
    ],
    "RepoDigests": [],
    "Parent": "99f6ac576e493ee80a693f1d601bed4e1ea2db7b580def7dbb4e11ed31bde08c",
    "Comment": "",
    "Created": "2016-04-01T22:37:33.421814863Z",
    "Container": "8f179b871870344814632295d931321f76372659590a3271f47118f700b81e64",
    "ContainerConfig": {
        "Hostname": "838a42ae8431",
        "Domainname": "",
        "User": "",
        "AttachStdin": false,
        "AttachStdout": false,
        "AttachStderr": false,
        "ExposedPorts": {
            "22/tcp": {},
            "443/tcp": {},
            "80/tcp": {}
        },
        "Tty": false,
        "OpenStdin": false,
        "StdinOnce": false,
        "Env": [
            "PATH=/usr/local/sbin:/usr/local/bin:/usr/sbin:/usr/bin:/sbin:/bin"
        ],
        "Cmd": [
            "/bin/sh",
            "-c",
            "#(nop) CMD [\"supervisord\" \"-n\"]"
        ],
        "Image": "sha256:505d0302285e8997ff0febf2677ecb950bbbfff10af39284b5c7a4543fe77a42",
        "Volumes": null,
        "WorkingDir": "",
        "Entrypoint": null,
        "OnBuild": [],
        "Labels": {}
    },
    "DockerVersion": "1.10.2",
    "Author": "Nicholas Istre \u003cnicholas.istre@e-hps.com\u003e",
    "Config": {
        "Hostname": "838a42ae8431",
        "Domainname": "",
        "User": "",
        "AttachStdin": false,
        "AttachStdout": false,
        "AttachStderr": false,
        "ExposedPorts": {
```

```
            "22/tcp": {},
            "443/tcp": {},
            "80/tcp": {}
        },
        "Tty": false,
        "OpenStdin": false,
        "StdinOnce": false,
        "Env": [
            "PATH=/usr/local/sbin:/usr/local/bin:/usr/sbin:/usr/bin:/sbin:/bin"
        ],
        "Cmd": [
            "supervisord",
            "-n"
        ],
        "Image": "sha256:505d0302285e8997ff0febf2677ecb950bbbfff10af39284b5c7a4543fe77a42",
        "Volumes": null,
        "WorkingDir": "",
        "Entrypoint": null,
        "OnBuild": [],
        "Labels": {}
    },
    "Architecture": "amd64",
    "Os": "linux",
    "Size": 0,
    "VirtualSize": 534529294,
    "GraphDriver": {
        "Name": "devicemapper",
        "Data": {
            "DeviceId": "30",
            "DeviceName": "docker-8:3-70915701-a0760f339193fa6d729f929e3ef4ab70fa8739b1c26
                73a8ecb320cbccba7b653",
            "DeviceSize": "107374182400"
        }
    }
}
]
```

为了在后续工作中使用这个镜像，可以使用 docker tag 命令来为本地的镜像添加新的标签。

命令格式：docker tag 名称 :[标签] 新名称 :[新标签]

例如：本地镜像 nickistre/centos-lamp 添加新的名称为 lamp，新的标签为 lamp。

```
[root@localhost ~]# docker tag nickistre/centos-lamp lamp:lamp
[root@localhost ~]# docker images |grep lamp
docker.io/nickistre/centos-lamp latest a0760f339193    2 weeks ago   534.5 MB
lamp                  lamp                    a0760f339193    2 weeks ago   534.5 MB
```

4. 删除镜像

可以使用 docker rmi 命令删除多余的镜像。

删除镜像的操作有两种方法：使用镜像的标签删除镜像；使用镜像的 ID 删除镜像。

命令格式：docker rmi 仓库名称 : 标签

或者 docker rmi 镜像 ID 号

例如，要删除掉 lamp:lamp 镜像，可以使用如下命令：

```
[root@localhost ~]# docker rmi lamp:lamp
Untagged: lamp:lamp
[root@localhost ~]# docker images |grep lamp
docker.io/nickistre/centos-lamp  latest  a0760f339193 2 weeks ago      534.5 MB
```

当一个镜像有多个标签的时候，docker rmi 命令只是删除该镜像多个标签中的指定标签，不会影响镜像文件，相当于只是删除了镜像 a0760f339193 的一个标签而已。但当该镜像只剩下一个标签的时候就要小心了，再使用删除命令就会彻底删除该镜像。

例如，删除 nickistre/centos-lamp 镜像，可以看出它会删除整个镜像文件的所有层：

```
[root@localhost ~]# docker rmi nickistre/centos-lamp
Untagged: nickistre/centos-lamp:latest
Deleted: a0760f339193fa6d729f929e3ef4ab70fa8739b1c2673a8ecb320cbccba7b653
Deleted: 99f6ac576e493ee80a693f1d601bed4e1ea2db7b580def7dbb4e11ed31bde08c
Deleted: 7355fe68d1b010c0bf924be5427f15bcff8c70f3fd1b1836963d5ef8cfefa000
Deleted: 55e4df068ef2ad511aa2ea2c3245c72779dbf7f9de256e17181892ea177d530e
Deleted: 2bbbdf835f5deec4d659c76220cd430911f4dccc965345655ea9209556084167
Deleted: 260c4960574a6494548d7d87b8adcbcb4d299385c84b1ff8566e050ffe7a1ecf
Deleted: 86790c619b926a0aad364fc9039f6907a9c1277087a8f34fc974e0d9ec847641
Deleted: 2f273da79ca4a810f17949e7ce914aa2daaa336b75794c610782092da9db1e0b
Deleted: 216d9f381671da8d9e538ca0e1695f273bfe26291446252131737347cca3f3d0
Deleted: 4cf451dbc8ecadbd39e7788f5ac9b5ff061b7d0367940f14c91b4e2fa861cb98
Deleted: 8c36a62c2a3026dd4b1a8ca4254678e908ca62dfdf3ed91e8b95f8760d0e3a5b
Deleted: 7082a71623775020c408bbd2447f94a8ad68611d501169bbda3109fdec31c3f0
Deleted: 443e5f15ee41608700f10d8dfb7cf11268225c7fab9acdb1b8756212853657c0
Deleted: 257e8200e69ac587c2d30e8eeaa3d84b3308c6c1beff7d9d616b72ab22544b5c
Deleted: 955bc15cf08550407bcdfbc293f51a7a096a5754e81f9e0c428e7a9eb9750ffb
Deleted: e5b4a3cbd39bad5ee55a715e9e50635e9d33f67f7a59cde1267e66b051c6382d
Deleted: 4a98883d437e364a6d103abdebfcb88c026af9c09aa43e8cb83c2e6b1a2e746a
Deleted: d65a92bab695a23057d02823b5d718822faaa413641f719764dc82bd47e6ea61
Deleted: 3690474eb5b4b26fdfbd89c6e159e8cc376ca76ef48032a30fa6aafd56337880
```

当使用 docker rmi 命令后面跟上镜像的 ID 号时，必须确保该镜像没有被容器使用才能进行，删除时系统会先删除掉指向该镜像的所有标签，然后删除该镜像文件本身。如果该镜像已经被容器使用，正确的做法是先删除依赖该镜像的所有容器，再删除镜像。

5. 存出镜像和载入镜像

当需要把一台机器上的镜像迁移到另一台机器上的时候，需要将镜像保存成本地文件，这一过程叫作存出镜像，可以使用 docker save 命令进行存出操作。之后就可以拷贝该文件到其他机器。

命令格式：docker save -o 存储文件名 存储的镜像

例如，将本地的 nickistre/centos-lamp 镜像存出为文件 lamp：

```
[root@localhost ~]# docker save -o lamp nickistre/centos-lamp
[root@localhost ~]# ls -l lamp
-rw-r--r--. 1 root root 550497792 Apr 19 18:54 lamp
```

将存出的镜像从 A 机器拷贝到 B 机器，需要在 B 机器上使用该镜像，就可以将该导出文件导入到 B 机器的镜像库中，这一过程叫作载入镜像。使用 docker load 或者 docker --input 进行载入操作。

命令格式：docker load < 存出的文件

或者　　docker --input 存出的文件

例如，从文件 lamp 中载入镜像到本地镜像库中：

```
[root@localhost ~]# docker load <lamp
```

或

```
[root@localhost ~]# docker --inputlamp
[root@localhost ~]# docker images |grep lamp
docker.io/nickistre/centos-lamp   latest a0760f339193  2 weeks ago   534.5 MB7.
```

6. 上传镜像

本地存储的镜像越来越多，就需要指定一个专门的地方存放这些镜像——仓库。目前比较方便的就是公共仓库，默认上传到 Docker Hub 官方仓库，需要注册使用公共仓库的账号，可以使用 docker login 命令来输入用户名、密码和邮箱来完成注册和登录。在上传镜像之前还需要对本地镜像添加新的标签，然后再使用 docker push 命令进行上传。

命令格式：docker push 仓库名称 : 标签

比如，我们在公共仓库上已经成功注册了一个账号，这个账号叫作 daoke，新增 nickistre/centos-lamp 镜像的标签为 daoke/lamp:centos7。

```
[root@localhost ~]# docker tag nickistre/centos-lamp daoke/lamp:centos7
[root@localhost ~]# docker login
Username: docker
Password:
Email:xxx@xxx.com
```

成功登录后就可以上传镜像。

```
[root@localhost ~]# docker push daoke/lamp:centos7
```

2.3 Docker 容器操作

容器是 Docker 的另一个核心概念。简单说，容器是镜像的一个运行实例，是独立运行的一个或一组应用以及它们所必需的运行环境，包括文件系统、系统类库、shell 环境等。镜像是只读模板，而容器会给这个只读模板一个额外的可写层。

下面将具体介绍围绕容器的具体操作。

1. 容器的创建与启动

容器的创建就是将镜像加载到容器的过程，Docker 的容器十分轻量级，用户可以随时创建或者删除。新创建的容器默认处于停止状态，不运行任何程序，需要在其中发起一个进程来启动容器，这个进程是该容器的唯一进程，所以当该进程结束的时候，容器也会完全停止。停止的容器可以重新启动并保留原来的修改。使用 docker create 命令可以新建一个容器。

命令格式：docker create [选项] 镜像 运行的程序

常用选项

```
-i 让容器的输入保持打开
-t 让 Docker 分配一个伪终端
[root@localhost ~]# docker create -it nickistre/centos-lamp /bin/bash
28edb150112c3339f207945fd81798123df6f63784ed7f771c66aade8d98890d
```

使用 docker create 命令创建新容器后会返回一个唯一的 ID。

可以使用 docker ps 命令来查看所有容器的运行状态，添加 -a 选项可以列出系统最近一次启动的容器。

```
[root@localhost ~]# docker ps -a
CONTAINERID IMAGE  COMMAND  CREATED  STATUS   PORTS     NAMES
28edb150112c nickistre/centos-lamp "/bin/bash" 5minutesagoCreated     suspicious_poincare
```

输出信息包括容器的 ID 号、加载的镜像、运行的程序、创建时间、目前所处的状态、端口映射。其中状态一栏为空表示当前的容器处于停止状态。

启动停止状态的容器可以使用 docker start 命令。

命令格式：docker start 容器的 ID/ 名称

```
[root@localhost ~]# docker start 28edb150112c
28edb150112c
[root@localhost ~]# docker ps -a |grep 28edb150112c
28edb150112c     nickistre/centos-lamp   "/bin/bash"    15 minutes ago    Up About a minute
    22/tcp, 80/tcp, 443/tcp   suspicious_poincare
```

容器启动后，可以看到容器状态一栏已经变为 UP，表示容器已经处于启动状态。

如果用户想创建并启动容器，可以直接执行 docker run 命令，等同于先执行

docker create 命令，再执行 docker start 命令。需要注意只要后面的命令运行结束，容器就会停止。当利用 docker run 来创建容器时，Docker 在后台的标准运行过程是这样的：检查本地是否存在指定的镜像，当镜像不存在时，会从公共仓库下载；利用镜像创建并启动一个容器；分配一个文件系统给容器，在只读的镜像层外面挂载一层可读写层；从宿主主机配置的网桥接口中桥接一个虚拟机接口到容器中；分配一个地址池中的 IP 地址给容器；执行用户指定的应用程序；执行完毕后容器被终止运行。

例如：创建容器并启动执行一条 shell 命令。

```
[root@localhost ~]# docker run centos /usr/bin/bash -c ls /
anaconda-post.log
bin
dev
etc
home
lib
lib64
lost+found
media
mnt
opt
proc
root
run
sbin
srv
sys
tmp
usr
var
```

这和在本地直接执行命令几乎没有区别。

```
[root@localhost ~]# docker ps -a
CONTAINER ID  IMAGE  COMMAND  CREATED  STATUS  PORTS  NAMES
fda0d0b29037  centos  "/usr/bin/bash -c ls "  5 minutes ago  Exited (0) 20 seconds ago  boring_bose
```

查看容器的运行状态，可以看出容器在执行完“/usr/bin/bash -c ls” 命令之后就停止了。

有时候需要在后台持续运行这个容器，就需要让 docker 容器以守护态形式在后台运行。可以在 docker run 命令之后添加 -d 选项来实现。但是需要注意容器所运行的程序不能结束。

例如：下面的容器会持续在后台运行。

```
[root@localhost ~]# docker run -d centos /usr/bin/bash -c “while true;do echo hello;done”
ea73977a968541126588220ced16473672229fc3351a6a21f707632daac58a46
```

```
[root@localhost ~]# docker ps -a
CONTAINER ID   IMAGE    COMMAND               CREATED          STATUS           PORTS    NAMES
ea73977a9685   centos   "/usr/bin/bash -c 'wh"   22 seconds ago   Up 22 seconds    mad_lovelace
```

查看容器的运行状态，可以看出容器始终处于 UP，即运行状态。

2. 容器的运行与终止

如果需要终止运行的容器，可以使用 docker stop 命令完成。

命令格式：docker stop 容器的 ID/ 名称

```
[root@localhost ~]# docker stop ea73977a9685
ea73977a9685
[root@localhost ~]# docker ps -a
CONTAINER ID   IMAGE   COMMAND               CREATED         STATUS                       PORTS   NAMES
ea73977a9685   centos  "/usr/bin/bash -c 'wh"   7 minutes ago   Exited (137) 26 seconds ago
    mad_lovelace
```

查看容器的运行状态，可以看出容器处于 Exited，即终止状态。

3. 容器的进入

需要进入容器进行相应操作时，可以使用 docker exec 命令进入运行着的容器。

命令格式：docker exec -it 容器 ID/ 名称 /bin/bash

其中，-i 选项表示让容器的输入保持打开；-t 选项表示让 Docker 分配一个伪终端。

例如：进入正在运行着的容器 ea73977a9685。

```
[root@ localhost ~]# docker exec -it ea73977a9685 /bin/bash
[root@ea73977a9685 /]#
```

用户可以通过所创建的终端来输入命令，通过 exit 命令退出容器：

```
[root@ea73977a9685 /]# ls
anaconda-post.log  etc   lib64        mnt   root  srv   usr
bin                home  lost+found   opt   run   sys   var
dev                lib   media        proc  sbin  tmp
[root@ea73977a9685 /]# exit
exit
[root@ localhost ~]#
```

4. 容器的导出与导入

用户可以将任何一个 Docker 容器从一台机器迁移到另一台机器。在迁移过程中，首先需要将已经创建好的容器导出为文件，可以使用 docker export 命令实现，无论这个容器是处于运行状态还是停止状态均可导出。导出之后可将导出文件传输到其他机器，通过相应的导入命令实现容器的迁移。

命令格式：docker export 容器 ID/ 名称 > 文件名

例如：导出 f41fa9c70057 容器到文件 centos7tar。

```
[root@localhost ~]# docker ps -a
CONTAINER ID    IMAGE    COMMAND    CREATED    STATUS    PORTS    NAMES
f41fa9c70057    centos    "/usr/bin/bash -c 'wh"    32 seconds ago  Up 18 seconds    clever_blackwell
[root@localhost ~]# docker export f41fa9c70057 >centos7tar
[root@localhost ~]# ls -l centos7tar
-rw-r--r--. 1 root root 204250112 Apr 28 12:01 centos7tar
```

导出的文件从 A 机器拷贝到 B 机器，之后使用 docker import 命令导入，成为镜像。

命令格式：cat 文件名 | docker import – 生成的镜像名称 : 标签

例如：导入文件 centos7tar 成为本地镜像。

```
[root@localhost ~]# cat centos7tar |docker import - centos7:test
4dee686ec62f75b92c3e213def3799844a59ac9ccb920a3110e29dc7ce9fcb66
[root@localhost ~]# docker images |grep centos7
centos7        test          4dee686ec62f        5 minutes ago        196.7 MB
```

5. 容器的删除

可以使用 docker rm 命令将一个已经处于终止状态的容器删除。

命令格式：docker rm 容器 ID/ 名称

例如：删除 ID 号为 23e9bbbd5df5 的容器。

```
[root@localhost ~]# docker rm 23e9bbbd5df5
23e9bbbd5df5
[root@localhost ~]# docker ps -a |grep 23e9bbbd5df5
[root@localhost ~]#
```

如果要删除一个正在运行的容器，可以添加 -f 选项强制删除，但建议先将容器停止再做删除操作。

Docker 默认的存储目录在 /var/lib/docker，Docker 的镜像、容器、日志等内容全部都存储在此，也可以单独使用大容量的分区来存储这些内容，并且一般选择建立 LVM 逻辑卷，从而避免出现 Docker 运行过程中存储目录容量不足的问题。

2.4　Docker 资源控制

Cgroup 是 Control group 的简写，是 Linux 内核提供的一种限制所使用物理资源的机制，这些资源主要包括 CPU、内存、blkio。下面就这三个方面来谈一下 Docker 是如何使用 Cgroup 机制进行管理的。

2.4.1　对 CPU 的控制

1. 限制 CPU 使用速率

在 Docker 中可以通过 --cpu-quota 选项来限制 CPU 的使用率，CPU 的百分比是以

1000 为单位的，比如：

```
docker run --cpu-quota 20000 容器名    //CPU 的使用率限定为 20%
```

在 CentOS 中还可以通过修改对应的 Cgroup 配置文件 /sys/fs/cgroup/cpu/docker/ 容器编号 /cpu.cfs_quota_us 的值来实现，直接执行 echo 命令将设定值导入到此文件中就会立即生效。

```
[root@localhost ~]# echo 20000 >/sys/fs/cgroup/cpu/docker/82e66b811fc6b16c64b129a8ff0d6c7ac4f8
    bee2f8e7d34470c2b634b698206a/cpu.cfs_quota_us
```

2. 多任务按比例分享 CPU

当有多个容器任务运行时，很难计算 CPU 的使用率。为了使容器合理使用 CPU 资源，可以通过 --cpu-share 选项设置 CPU 按比例共享 CPU 资源，这种方式还可以实现 CPU 使用率的动态调整。

比如：运行三个容器 A、B、C，占用 CPU 资源的比例为 1:1:2，可以这样执行：

```
docker run --cpu-shares 1024 容器 A
docker run --cpu-shares 1024 容器 B
docker run --cpu-shares 2048 容器 C
```

如果又有一个容器 D 需要更多的 CPU 资源，则可以将其 --cpu-share 的值设置为 4096，那么 A、B、C、D 的 CPU 资源占用比例变为 1:1:2:4。

3. 限制 CPU 内核使用

在 Docker 中可以使用 --cpuset-cpus 选项来使某些程序独享 CPU 内核，以便提高其处理速度，对应的 Cgroup 配置文件为 /sys/fs/cgroup/cpuset/docker/ 容器编号 /cpuset.cpus。选项后直接跟参数 0、1、2……表示第 1 个内核、第 2 个内核、第 3 个内核，与 /proc/cpuinfo 中的 CPU 编号（processor）相同。

如果服务器有 16 个核心，那么 CPU 编号为 0 ～ 15，使容器绑定第 1 ～ 4 个内核使用，则：

```
docker run --cpuset-cpus 0,1,2,3 容器名
```

那么该容器内的进程只会在编号 1、2、3、4 的 CPU 上运行，

尽量使用绑定内核的方式分配 CPU 资源给容器进程使用，然后再配合 --cpu-share 选项动态调整 CPU 使用资源的比例。

2.4.2 对内存使用的限制

在 Docker 中可以通过 docker run -m 命令来限制容器内存使用量，相应的 Cgroup 配置文件为 /sys/fs/cgroup/memory/memory.limit_in_bytes。但是需要注意：一旦容器 Cgroup 使用的内存超过了限制的容量，Linux 内核将会尝试收回这些内存，如果仍旧没法控制内存使用在限制范围之内，进程就会被杀死。

例如：限制容器的内存为 512M。

```
docker run -m 512m 容器名
```

2.4.3　对 blkio 的限制

如果是在一台服务器上进行容器的混合部署，那么会出现同时有几个程序写磁盘数据的情况，这时可以通过 --device-write-iops 选项来限制写入的 iops，相应的还有 --device-read-bps 选项可以限制读取的 iops。但是这种方法只能针对 blkio 限制的是设备（device），而不是分区。相应 Cgroup 写配置文件 /sys/fs/cgroup/blkio/docker/ 容器 ID/blkio.throttle.write_iops_device。

例如：限制容器的 /dev/sda1 的写入 ipos 为 1MB。

```
docker run --device-write-bps /dev/sda1:1mb 容器名
```

本章总结

- Docker 镜像的操作有：搜索、获取、查看、删除、存出、载入、上传。
- Docker 容器是镜像的一个运行实例，是独立运行的一个或一组应用以及它们所必需的运行环境，包括文件系统、系统类库、shell 环境等。
- Cgroup 是 Control group 的简写 , 是 Linux 内核提供的一种限制所使用物理资源的机制，这些资源主要包括 CPU、内存、blkio。

本章作业

1．Docker 的三大核心概念是什么？
2．如何实现镜像的迁移？
3．如何实现 Docker 的容器迁移？

随手笔记

第3章

Docker 数据管理与网络通信

技能目标

- 掌握 Docker 镜像的创建方法
- 掌握 Docker 数据卷和数据卷容器的操作
- 掌握 Docker 网络通信操作

本章导读

通过上一章的学习，我们了解了 Docker 的三大核心概念：镜像（Image）、容器（Container）、仓库（Repository），并学会了怎样使用镜像以及运行容器的相关操作。除了上一章学习的如何使用网上提供的镜像之外，怎样去创建和使用自定义的镜像，从而使得我们可以灵活地构建自己的容器？怎样实现这些容器中数据的迁移？以及怎样从网络访问这些容器中的数据？

本章将从 Docker 镜像的创建方法，Docker 数据管理以及 Docker 网络通信三个方面进行介绍，用户可以自定义创建镜像，制定更符合企业需求的容器，以及实现容器中数据的迁移和外网用户对容器中数据的访问。

知识服务

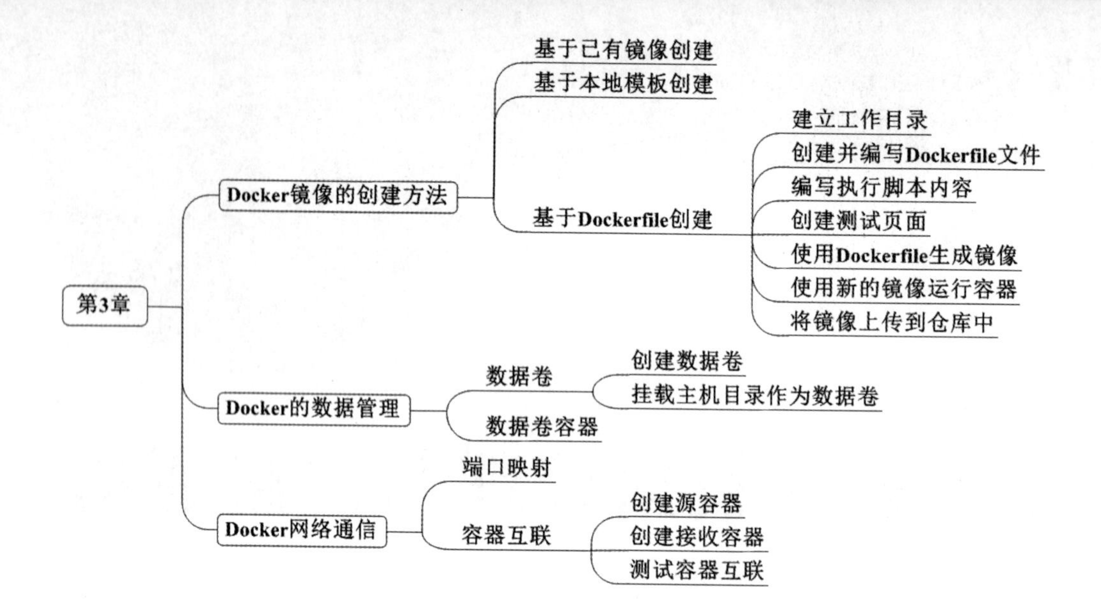

3.1 Docker 镜像的创建方法

Docker 镜像除了是 Docker 的核心技术之外也是应用发布的标准格式。一个完整的 Docker 镜像可以支撑一个 Docker 容器的运行，在 Docker 的整个使用过程中，进入一个已经定型的容器之后，就可以在容器中进行操作，最常见的操作就是在容器中安装应用服务，如果要把已经安装的服务进行迁移，就需要把环境以及搭建的服务生成新的镜像。

创建镜像的方法有三种，分别为基于已有镜像创建、基于本地模板创建以及基于 Dockerfile 创建。下面着重介绍这三种创建镜像的方法。

3.1.1 基于已有镜像创建

基于已有镜像创建主要使用 docker commit 命令。实质就是把一个容器里面运行的程序以及该程序的运行环境打包起来生成新的镜像。

命令格式：docker commit [选项] 容器 ID/ 名称 仓库名称 :[标签]

常用选项：

-m：说明信息

-a：作者信息

-p：生成过程中停止容器的运行

下面是如何使用一个已有镜像来创建新镜像的例子。

首先启动一个镜像，在容器里做修改，然后将修改后的容器提交为新的镜像，需要记住该容器的 ID 号，如：

```
[root@localhost ~]# docker ps -a
CONTAINER ID IMAGE COMMAND CREATED STATUS PORTS NAMES
bf249d1747a7docker.io/centos "/bin/bash" 16secondsagoCreated        mad_perlman
```

之后可以使用 docker commit 命令创建一个新的镜像，如：

```
[root@localhost ~]# docker commit -m "new" -a "daoke" bf249d1747a7 daoke:test
514a393b0c1999abbef373c991914341327006cc5e74ad435c30fae7b463cf97
```

创建完成后，会返回新创建镜像的 ID 信息。查看本地镜像列表可以看到新创建的镜像信息：

```
[root@localhost ~]# docker images |grep daoke
REPOSITORY   TAG   IMAGE ID   CREATED   VIRTUAL SIZE
daoke    test   514a393b0c19    2 minutes ago    196.7 MB
```

3.1.2　基于本地模板创建

通过导入操作系统模板文件可以生成镜像，模板可以从 OPENVZ 开源项目下载，下载地址为 http://openvz.org/Download/template/precreated。

下面是使用 docker 导入命令将下载的 debian 模板压缩包导入为本地镜像的例子。

```
[root@localhost~]#wget http://download.openvz.org/template/precreated/debian
-7.0-x86-minimal.tar.gz
[root@localhost ~]# cat debian-7.0-x86-minimal.tar.gz |docker import - daoke:new
2eea1ad3459c280582be6fd55a7c57817fd5e5f4f91218df89e86e42e480dca0
```

导入操作完成后，会返回生成镜像的 ID 信息。查看本地镜像列表可以看到新创建的镜像信息。

```
[root@localhost ~]# docker images |grep new
REPOSITORY  TAG  IMAGE ID  CREATED   VIRTUAL SIZE
daoke   new     2eea1ad3459c    About a minute ago  214.7 MB
```

3.1.3　基于 Dockerfile 创建

除了手动生成 Docker 镜像之外，还可以使用 Dockerfile 自动生成镜像。Dockerfile 是由一组指令组成的文件，其中每条指令对应 Linux 中的一条命令，Docker 程序将读取 Dockerfile 中的指令生成指定镜像。

Dockerfile 结构大致分为四个部分：基础镜像信息、维护者信息、镜像操作指令和容器启动时执行指令。Dockerfile 每行支持一条指令，每条指令可携带多个参数，支持使用以“#”号开头的注释。

先来看一个简单的 Dockerfile 例子：

```
[root@localhost ~]#vim Dockerfile
  # 第一行必须指明基于的基础镜像
```

```
FROM centos
# 维护该镜像的用户信息
MAINTAINER The CentOS Project <cloud-ops@centos.org>
# 镜像操作指令
RUN yum -y update
RUN yum –y  install openssh-server
RUN  sed -i 's/UsePAM yes/UsePAM no/g' /etc/ssh/sshd_config
RUN ssh-keygen -t dsa -f /etc/ssh/ssh_host_dsa_key
RUN ssh-keygen -t rsa -f /etc/ssh/ssh_host_rsa_key
# 开启 22 端口
EXPOSE 22
# 启动容器时执行指令
CMD ["/usr/sbin/sshd" , “-D” ]
```

在编写 Dockerfile 时，有严格的格式需要遵循：第一行必须使用 FROM 指令指明所基于的镜像名称；之后使用 MAINTAINER 指令说明维护该镜像的用户信息；然后是镜像操作相关指令，如 RUN 指令，每运行一条指令，都会给基础镜像添加新的一层；最后使用 CMD 指令，来指定启动容器时要运行的命令操作。

Dockerfile 有十几条命令可用于构建镜像，其中常见的指令如表 3-1 所示。

表 3-1　Dockerfile 操作指令

指令	含义
FROM 镜像	指定新镜像所基于的镜像，第一条指令必须为FROM指令，每创建一个镜像就需要一条 FROM 指令
MAINTAINER 名字	说明新镜像的维护人信息
RUN 命令	在所基于的镜像上执行命令，并提交到新的镜像中
CMD[" 要运行的程序 "," 参数 1"," 参数 2"]	指定启动容器时要运行的命令或者脚本，Dockerfile 只能有一条 CMD 命令，如果指定多条则只有最后一条被执行
EXPOSE 端口号	指定新镜像加载到 Docker 时要开启的端口
ENV 环境变量 变量值	设置一个环境变量的值，会被后面的 RUN 使用
ADD 源文件 / 目录 目标文件 / 目录	将源文件复制到目标文件，源文件要与 Dockerfile 位于相同目录中，或者是一个 URL
COPY 源文件 / 目录 目标文件 / 目录	将本地主机上的源文件 / 目录复制到目标地点，源文件 / 目录要与 Dockerfile 在相同的目录中
VOLUME [" 目录 "]	在容器中创建一个挂载点
USER 用户名 /UID	指定运行容器时的用户
WORKDIR 路径	为后续的 RUN、CMD、ENTRYPOINT 指定工作目录
ONBUILD 命令	指定所生成的镜像作为一个基础镜像时所要运行的命令

下面是一个完整的使用 Dockerfile 创建镜像并在容器中运行的案例。

首先需要建立目录，作为生成镜像的工作目录，然后分别创建并编写 Dockerfile

文件、需要运行的脚本文件以及要复制到容器中的文件。

1. 建立工作目录

```
[root@localhost ~]#mkdir apache
[root@localhost ~]#cd apache
```

2. 创建并编写 Dockerfile 文件

```
[root@localhost apache]#vim Dockerfile
# 基于的基础镜像 centos
FROM centos
# 维护该镜像的用户信息
MAINTAINER The CentOS Project <cloud-ops@centos.org>
# 镜像操作指令安装 apache 软件包
RUN yum -y update
RUN yum -y install httpd
# 开启 80 端口
EXPOSE 80
#Simple startup script to avoid some issues observed with container restart
# 复制网站首页文件
ADD index.html /var/www/html/index.html
# 将执行脚本复制到镜像中
ADD run.sh /run.sh
RUN chmod 775 /run.sh
# 启动容器时执行脚本
CMD ["/run.sh"]
```

3. 编写执行脚本内容

```
[root@localhost apache]#vim run.sh
#!/bin/bash
rm -rf /run/httpd/*    // 清理 httpd 的缓存
exec /usr/sbin/apachectl -D FOREGROUND    // 启动 apache 服务
```

4. 创建测试页面

```
[root@localhost apache]# echo "web test">index.html
[root@localhost apache]# ls
Dockerfile  index.html  run.sh
```

5. 使用 Dockerfile 生成镜像

编写完成 Dockerfile 以及相关内容之后，可以通过 docker build 命令来创建镜像。

命令格式：docker build [选项] 路径

常用选项：

-t：指定镜像的标签信息。

例如，使用刚才编写的 Dockerfile 自动生成镜像。

```
[root@localhost apache]# docker build -t httpd:centos .
Sending build context to Docker daemon 4.096 kB
Step 1 : FROM centos
 ---> cbf4c83202ff
Step 2 : MAINTAINER The CentOS Project <cloud-ops@centos.org>
 ---> Running in ab57a8fecb8c
 ---> bb1f665e3edc
Removing intermediate container ab57a8fecb8c
Step 3 : RUN yum -y update
 ---> Running in fe271c85c286
Loaded plugins: fastestmirror, ovl
Determining fastest mirrors
 * base: mirrors.tuna.tsinghua.edu.cn
 * extras: mirrors.tuna.tsinghua.edu.cn
 * updates: mirrors.tuna.tsinghua.edu.cn
No packages marked for update
 ---> 71402341a3e6
Removing intermediate container fe271c85c286
Step 4 : RUN yum -y install httpd
 ---> Running in a14f00e487ad
Loaded plugins: fastestmirror, ovl
Loading mirror speeds from cached hostfile
 * base: mirrors.tuna.tsinghua.edu.cn
 * extras: mirrors.tuna.tsinghua.edu.cn
 * updates: mirrors.tuna.tsinghua.edu.cn
Resolving Dependencies
--> Running transaction check
---> Package httpd.x86_64 0:2.4.6-40.el7.centos.1 will be installed
……
……
Installed:
  httpd.x86_64 0:2.4.6-40.el7.centos.1

Dependency Installed:
  apr.x86_64 0:1.4.8-3.el7
  apr-util.x86_64 0:1.5.2-6.el7
  centos-logos.noarch 0:70.0.6-3.el7.centos
  httpd-tools.x86_64 0:2.4.6-40.el7.centos.1
  mailcap.noarch 0:2.1.41-2.el7

Complete!
---> 173691d7b488
Removing intermediate container a14f00e487ad
Step 5 : EXPOSE 80
 ---> Running in 32449e71fcfd
```

```
 ---> 6c2c9447c594
Removing intermediate container 32449e71fcfd
Step 6 : ADD run.sh /run.sh
 ---> f387fb285893
Removing intermediate container 6ad11b9a04e0
Step 7 : ADD index.html /var/www/html/index.html
 ---> 7f1196d1a9e2
Removing intermediate container 8e39cd76efcd
Step 8 : RUN chmod 775 /run.sh
 ---> Running in 156be6659bcf
 ---> 4ebdab6a8688
Removing intermediate container 156be6659bcf
Step 9 : CMD /run.sh
 ---> Running in 184229c5b07e
 ---> 6878550ff7f3
Removing intermediate container 184229c5b07e
Successfully built 6878550ff7f3
```

可以看到整个创建过程中，每运行一次 Dockerfile 中的指令，都会给初始镜像加上新的一层。

6. 使用新的镜像运行容器

最后，将新生成的镜像加载到容器中运行：

```
[root@localhost ~]# docker run -d -p 49180:80 httpd:centos
f7ba21a0a35eb8737a55051e1760bd033a7467779d491f06469e0a3ffe3cb264
```

其中 -p 选项实现从本地端口 49180 到容器中 80 端口的映射。

```
[root@localhost ~]# docker ps -a
CONTAINERIDIMAGECOMMANDCREATEDSTATUS PORTS             NAMES
f7ba21a0a35e       httpd:centos        "/run.sh"         51 seconds ago     Up 49 seconds
     0.0.0.0:49180->80/tcp   elated_pike
```

可以看到该镜像已经在容器中加载运行，本机的 IP 地址是 192.168.46.134，访问容器中的 apache 服务，结果如图 3.1 所示，容器中的 apache 服务已经成功运行。

```
[root@localhost ~]# firefox http://192.168.46.134:49180
```

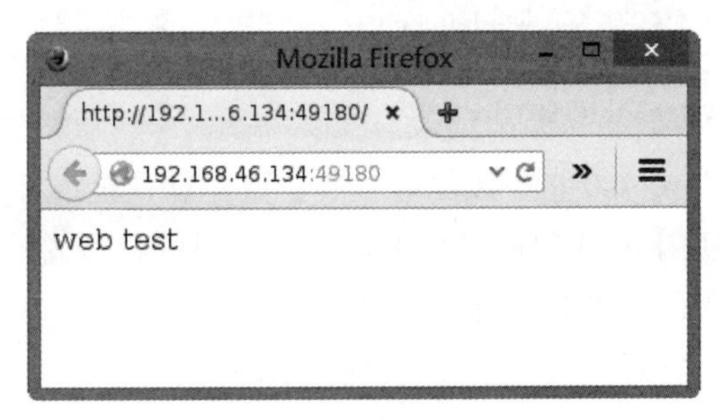

图 3.1　apache 测试页面

7. 将镜像上传到仓库中

随着创建的镜像日益增多，就需要有一个保存镜像的地方，这就是仓库。目前有两种仓库：公共仓库和私有仓库。最方便的就是使用公共仓库上传和下载镜像，下载公共仓库中的镜像不需要注册，但上传镜像到公共仓库是需要注册的。公共仓库的网址：https://hub.docker.com，填写完成仓库的 ID 号、邮箱以及登录仓库的密码并在邮件中进行激活就可以上传自己的镜像。

这里注册了一个名为 daokeok 的仓库 ID，使用命令 docker login 登录仓库，如：

```
[root@localhost ~]# docker login
Username: daokeok
Password:
Email: xxxx@163.com
Login Succeeded
```

登录成功。比如，把刚才新创建的镜像 httpd:centos 上传到刚申请的公共仓库中：

```
[root@localhost ~]# docker tag httpd:centos daokeok/httpd:centos
[root@localhost ~]# docker push daokeok/httpd:centos
```

那么怎样构建属于自己的私有仓库呢？可以使用 registry 来搭建本地私有仓库。

首先需要在构建私有仓库的服务器上下载 registry 镜像。

```
[root@localhost ~]# docker pull registry
Using default tag: latest
latest: Pulling from library/registry
3690ec4760f9: Pull complete
930045f1e8fb: Pull complete
feeaa90cbdbc: Pull complete
61f85310d350: Pull complete
b6082c239858: Pull complete
Digest: sha256:1152291c7f93a4ea2ddc95e46d142c31e743b6dd70e194af9e6ebe530f782c17
Status: Downloaded newer image for registry:latest
```

之后需要在 /etc/docker/ 目录下创建一个 json 文件，否则在往自定义的私有仓库中上传镜像时，就会报“Get https://192.168.46.130:5000/v1/_ping: http: server gave HTTP response to HTTPS client”错误。

```
[root@localhost ~]# vi /etc/docker/daemon.json
{ "insecure-registries":["192.168.1.100:5000"] }
[root@localhost ~]# systemctl restart docker
```

然后使用下载好的 registry 镜像启动一个容器，默认情况下仓库存放于容器内的 /tmp/registry 目录下，使用 -v 选项可以将本地目录挂载到容器内的 /tmp/registry 下使用，这样就不怕容器被删除后镜像也会随之丢失。

如：在本地启动一个私有仓库服务，监听端口号为 5000。

```
[root@localhost ~]# docker run -d -p 5000:5000 -v /data/registry:/tmp/registry registry
```

```
ef8d823e9fed4f2fc857b335e68e474fd37d0e74e4ef597e48f5664931f7687b
```

使用 docker tag 命令将要上传的镜像标记为 192.168.46.130/nginx。

```
[root@localhost ~]# docker tag nginx 192.168.46.130:5000/nginx
```

用 docker push 上传标记的镜像。

```
[root@localhost ~]# docker push 192.168.46.130:5000/nginx
The push refers to a repository [192.168.46.130:5000/nginx]
a55ad2cda2bf: Pushed
cfbe7916c207: Pushed
fe4c16cbf7a4: Pushed
latest: digest: sha256:3861a20a81e4ba699859fe0724dc6afb2ce82d21cd1ddc27fff6ec76e4c2824e size: 948
a55ad2cda2bf: Layer already exists
cfbe7916c207: Layer already exists
fe4c16cbf7a4: Layer already exists
test: digest: sha256:3861a20a81e4ba699859fe0724dc6afb2ce82d21cd1ddc27fff6ec76e4c2824e size: 948
```

3.2 Docker 的数据管理

在 Docker 中，为了方便查看容器内产生的数据或者将多个容器中的数据实现共享，就涉及到容器的数据管理操作。

管理 Docker 容器中数据主要有两种方式：数据卷（Data Volumes）和数据卷容器（Data Volumes Containers）。

3.2.1 数据卷

数据卷是一个供容器使用的特殊目录，位于容器中，可将宿主机的目录挂载到数据卷上，对数据卷的修改操作立刻可见，并且更新数据不会影响镜像，从而实现数据在宿主机与容器之间的迁移。数据卷的使用类似于 Linux 下对目录进行的 mount 操作。

1. 创建数据卷

在 docker run 命令中使用 -v 选项可以在容器内创建数据卷。多次使用 -v 选项可创建多个数据卷。使用 --name 选项可以给容器创建一个友好的自定义名称。

下面使用 httpd:centos 镜像创建一个名为 web 的容器，并且创建两个数据卷分别挂载到 /data1 与 /data2 目录上，如：

```
[root@localhost ~]# docker run -d -v /data1 -v /data2 --name web httpd:centos
025df41fd123706edcfd1f31f4367c7890cb07e701040f0b886da2350695887d
```

进入容器中，可以看到两个数据卷已经创建成功分别挂载到 /data1 与 /data2 目录上。

```
[root@localhost ~]# docker exec -it web /bin/bash
[root@025df41fd123 /]# ls -l
```

```
total 44
-rw-r--r--.  1 root root 18302 May 17 12:11 anaconda-post.log
lrwxrwxrwx.  1 root root     7 May 17 12:03 bin -> usr/bin
drwxr-xr-x.  3 root root    17 Jun  3 03:10 boot
drwxr-xr-x.  2 root root     6 Jun  3 13:47 data1
drwxr-xr-x.  2 root root     6 Jun  3 13:47 data2
drwxr-xr-x.  5 root root   360 Jun  3 13:47 dev
drwxr-xr-x. 49 root root  4096 Jun  3 13:47 etc
drwxr-xr-x.  2 root root     6 Aug 12  2015 home
lrwxrwxrwx.  1 root root     7 May 17 12:03 lib -> usr/lib
lrwxrwxrwx.  1 root root     9 May 17 12:03 lib64 -> usr/lib64
drwx------.  2 root root     6 May 17 12:02 lost+found
drwxr-xr-x.  2 root root     6 Aug 12  2015 media
drwxr-xr-x.  2 root root     6 Aug 12  2015 mnt
drwxr-xr-x.  2 root root     6 Aug 12  2015 opt
dr-xr-xr-x. 453 root root    0 Jun  3 13:47 proc
dr-xr-x---.  2 root root  4096 May 17 12:11 root
drwxr-xr-x.  4 root root    32 Jun  3 03:10 run
-rwxrwxr-x.  1 root root    71 Jun  3 02:57 run.sh
lrwxrwxrwx.  1 root root     8 May 17 12:03 sbin -> usr/sbin
drwxr-xr-x.  2 root root     6 Aug 12  2015 srv
dr-xr-xr-x. 13 root root     0 Jun  2 06:25 sys
drwxrwxrwt.  7 root root  4096 Jun  3 13:47 tmp
drwxr-xr-x. 13 root root  4096 May 17 12:03 usr
drwxr-xr-x. 19 root root  4096 Jun  3 03:10 var
[root@025df41fd123 /]# exit
exit
[root@localhost ~]#
```


2. 挂载主机目录作为数据卷

使用 -v 选项可以在创建数据卷的同时，将宿主机的目录挂载到数据卷上使用，以实现宿主机与容器之间的数据迁移。

注意

宿主机本地目录的路径必须使用绝对路径，如果路径不存在，Docker 会自动创建相应的路径。

下面使用 httpd:centos 镜像创建一个名为 web-1 的容器，并且将宿主机的 /var/www 目录挂载到容器的 /data1 目录上，如：

```
[root@localhost ~]# docker run -d -v /var/www:/data1 --name web-1 httpd:centos
85298d93e25eb10c7937596868891440d10f83a36e23a61d2cead5c1349cb969
```

在宿主机本地 /var/www 目录中创建一个文件 file，进入运行着的容器中。我们在相应挂载目录下可以看到刚才在宿主机上创建的文件 file，实现了从宿主机到容器的数据迁移。

```
[root@localhost ~]# cd /var/www/
[root@localhost www]# touch file
[root@localhost www]# ls
file
[root@localhost ~]# docker exec -it web-1 /bin/bash
[root@85298d93e25e /]# ls
anaconda-post.log  data1  home   lost+found  opt   run      srv   usr
bin                dev    lib    media       proc  run.sh   sys   var
boot               etc    lib64  mnt         root  sbin     tmp
[root@85298d93e25e /]# cd data1/
[root@85298d93e25e data1]# ls
file
```

同理在容器数据卷中创建的数据在宿主机相应的挂载目录中也可以访问。

3.2.2　数据卷容器

如果需要在容器之间共享一些数据，最简单的方法就是使用数据卷容器。数据卷容器就是一个普通的容器，专门提供数据卷给其他容器挂载使用。使用方法如下：首先，需创建一个容器作为数据卷容器，之后在其他容器创建时用 --volumes-from 挂载数据卷容器中的数据卷使用。

我们使用前面创建好的数据卷容器 web，其中所创建的数据卷分别挂载到了 /data1 与 /data2 目录上，使用 --volumes-from 来挂载 web 容器中的数据卷到新的容器，新的容器名为 db1，如：

```
[root@localhost ~]# docker run -it --volumes-from web --name db1 httpd:centos /bin/bash
[root@58de329e2bdf /]# ls
anaconda-post.log boot  data2  etc  lib  lost+found mnt proc run  sbin sys usrbin data1 dev
   home  lib64  media  opt  root  run.sh  srv  tmp  var
```

我们在 db1 容器数据卷 /data1 目录中创建一个文件 file。在 web 容器中的 /data1 目录中可以查看到它。

```
[root@58de329e2bdf /]# cd data1
[root@58de329e2bdf data1]# touch file
[root@58de329e2bdf data1]# ls
file
[root@58de329e2bdf data1]# exit
exit
[root@localhost ~]# docker exec -it web /bin/bash
[root@025df41fd123 /]# cd data1
[root@025df41fd123 data1]# ls
file
```

这样就可以通过数据卷容器实现容器之间的数据共享。

通过这些机制，即使容器在运行过程中出现故障，用户也不必担心数据发生丢失，如果发生意外，只需快速重新创建容器即可。

3.3 Docker 网络通信

Docker 提供了映射容器端口到宿主机和容器互联机制来为容器提供网络服务。

3.3.1 端口映射

在启动容器的时候，如果不指定对应的端口，在容器外将无法通过网络来访问容器内的服务。Docker 提供端口映射机制来将容器内的服务提供给外部网络访问，实质上就是将宿主机的端口映射到容器中，使得外部网络访问宿主机的端口便可访问容器内的服务。

实现端口映射，需要在运行 docker run 命令时使用 -P（大写）选项实现随机映射，Docker 会随机映射一个端口范围在 49000 ～ 49900 的端口到容器内部开放的网络端口。例如：

```
[root@localhost ~]# docker run -d -P httpd:centos
34ec7fd9538ab0495ce504f79dd98f6415e7203a5154ae5a4c1105a0d7cf130b
```

此时，使用 docker ps 命令可以看到，本机的 32768 端口被映射到了容器中的 80 端口。那么访问宿主机的 32768 端口即可访问到容器内 web 应用提供的界面。

```
[root@localhost ~]# docker ps -a
CONTAINER ID IMAGE COMMAND CREATED  STATUS    PORTS        NAMES
34ec7fd9538a       httpd:centos        "/run.sh"          9 seconds ago       Up 7 seconds
        0.0.0.0:32768->80/tcp   happy_almeida
```

还可以在运行 docker run 命令时使用 -p（小写）选项指定要映射的端口，例如：

```
[root@localhost ~]# docker run -d -p 49280:80 httpd:centos
c8b185af1e92a04927a2a8e57a47183fd9745afce224c429736ecd084c4ae657
```

此时，将本机的 49280 端口映射到了容器中的 80 端口。

```
[root@localhost ~]# docker ps -a
CONTAINER ID   IMAGE  COMMAND CREATEDSTATUS PORTS        NAMES
c8b185af1e92       httpd:centos        "/run.sh"          10 seconds ago      Up 7 seconds
        0.0.0.0:49280->80/tcp   backstabbing_feynman
```

3.3.2 容器互联

容器互联是通过容器的名称在容器间建立一条专门的网络通信隧道从而实现容器

的互联。简单点说，就是会在源容器和接收容器之间建立一条隧道，接收容器可以看到源容器指定的信息。

在运行 docker run 命令时使用 --link 选项可以实现容器之间的互联通信。

格式为 --link name:alias

其中 name 是要连接的容器名称，alias 是这个连接的别名。

> 注意
>
> 容器互联是通过容器的名称来执行的，--name 选项可以给容器创建一个友好的名称，这个名称是唯一的。如果已经命名了一个相同名称的容器，当要再次使用这个名称的时候，需先使用 docker rm 命令来删除之前创建的同名容器。

下面是使用容器互联技术实现容器间通信的例子。

1. 创建源容器

首先使用 docker run 命令建立容器 A，使用 --name 指定容器名称为 web1。

```
[root@localhost ~]# docker run -d -P --name web1 httpd:centos
4ca528f3d96b6979ea41aafd4a730d4984d0ca36f65ff4625e7ef26655a12f38
```

2. 创建接收容器

然后使用 docker run 命令建立容器 B，使用 --name 指定容器名称为 web2，使用 --link 指定连接容器以实现容器互联。

```
[root@localhost ~]# docker run -d -P --name web2 --link web1:web1 httpd:centos
9fdd921d7d24e05c76e724b0b735546ef87cec8a99321614cef6024aa9f1105e
```

3. 测试容器互联

最简单的检测方法是进入容器，使用 ping 命令查看容器是否能相互连通。

```
[root@localhost ~]# docker exec -it web2 /bin/bash
[root@9fdd921d7d24 /]# ping web1
PING web1 (172.17.0.7) 56(84) bytes of data.
64 bytes from web1 (172.17.0.7): icmp_seq=1 ttl=64 time=0.804 ms
64 bytes from web1 (172.17.0.7): icmp_seq=2 ttl=64 time=0.340 ms
^C
--- web1 ping statistics ---
2 packets transmitted, 2 received, 0% packet loss, time 1003ms
rtt min/avg/max/mdev = 0.340/0.572/0.804/0.232 ms
[root@9fdd921d7d24 /]#
```

此时，可以看到容器 web2 与容器 web1 已经建立互联关系。Docker 在两个互联的容器之间创建了一条安全隧道，而且不用映射它们的端口到宿主机上，从而避免暴露端口给外部网络。

本章总结

- 创建 Docker 镜像有三种方法：基于已有的镜像创建；基于本地模板创建；基于 Dockerfile 创建。
- 可以把创建好的镜像上传到镜像仓库，这个仓库既可以是默认的官方仓库，也可以是使用 registry 镜像创建的私有仓库。
- 容器中管理数据有数据卷和数据卷容器两种方式。
- Docker 可以使用映射容器端口到宿主机和容器互联机制来实现网络访问。

本章作业

1．使用 Dockerfile 创建一个带有 SSH 服务的镜像。

2．使用上题新创建的带有 SSH 服务的镜像来运行一个容器，映射服务器的 22 号端口到本地的 1022 端口。

3．分别使用第 1 题创建的镜像运行名为 db1 的容器与名为 db2 的容器，实现 db1 与 db2 容器的互联。

第4章

构建 Docker 镜像实战

技能目标

- 会构建 Nginx 镜像
- 会构建 Tomcat 镜像
- 会构建 MySQL 镜像
- 会构建 LNMP 镜像

本章导读

Nginx 是一款轻量级的 Web 服务器，Tomcat 是一款免费开源的轻量级 Web 服务器，在中小型企业和并发访问量不高的场合普遍使用，是开发和调试 JSP 程序的首选。MySQL 是当下最流行的关系型数据库，LNMP 是相应的 Linux 系统下的 Nginx、MySQL、PHP 相结合而构建成的动态网站服务器架构。以上这些都可以使用 Dockerfile 文件的方式来创建其 Docker 镜像。

知识服务

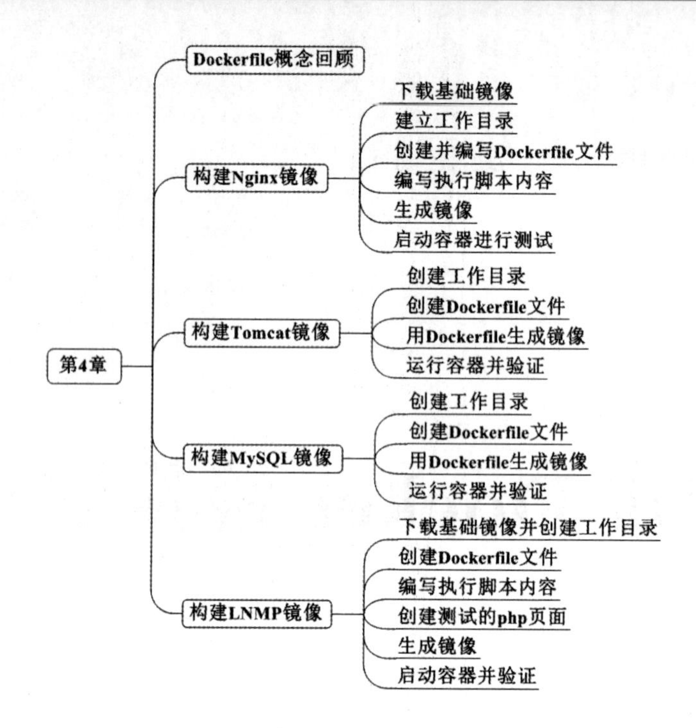

4.1 概念回顾

Docker 在运行一个容器之前，需要以镜像作为基础环境，可以说镜像是整个 Docker 容器创建的关键，而创建镜像的三种方法中基于 Dockerfile 创建的方法使用最为灵活。

Dockerfile 可以看作是被 Docker 程序所解释翻译的脚本，是由一组命令集合而成，每条命令都对应一条操作指令，由 Docker 翻译为 Linux 下的具体命令。用户可以通过自定义其内容来快速创建镜像。Dockerfile 文件有自己严格的格式需要遵循，每行只支持一条指令，先来回顾一下 Dockerfile 的这些操作指令，如表 4-1 所示。

表 4-1 Dockerfile 操作指令

指令	含义
FROM 镜像	指定新镜像所基于的镜像，第一条指令必须为 FROM 指令，每创建一个镜像就需要一条 FROM 指令
MAINTAINER 名字	说明新镜像的维护人信息
RUN 命令	在所基于的镜像上执行命令，并提交到新的镜像中
CMD[" 要运行的程序 ", " 参数 1", " 参数 2"]	指定启动容器时要运行的命令或者脚本，Dockerfile 只能有一条 CMD 命令，如果指定多条则只有最后一条被执行
EXPOSE 端口号	指定新镜像加载到 Docker 时要开启的端口
ENV 环境变量 变量值	设置一个环境变量的值，会被后面的 RUN 使用

续表

指令	含义
ADD 源文件 / 目录 目标文件 / 目录	将源文件复制到目标文件，源文件要与 Dockerfile 位于相同目录中，或者是一个 URL
COPY 源文件 / 目录 目标文件 / 目录	将本地主机上的源文件 / 目录复制到目标地点，源文件 / 目录要与 Dockerfile 在相同的目录中
VOLUME [" 目录 "]	在容器中创建一个挂载点
USER 用户名 /UID	指定运行容器时的用户
WORKDIR 路径	为后续的 RUN、CMD、ENTRYPOINT 指定工作目录
ONBUILD 命令	指定所生成的镜像作为一个基础镜像时所要运行的命令

本章将依次介绍几个使用 Dockerfile 操作指令构建镜像的例子。

4.2 构建 Nginx 镜像

Nginx 是一款轻量级的 Web 服务器，也是一款优秀的反向代理服务器。下面使用 Dockerfile 文件的方式来创建带有 Nginx 服务的 Docker 镜像。

1. 下载基础镜像

首先来下载一个创建 Nginx 镜像的基础镜像——centos 镜像。

```
[root@localhost nginx]# docker pull centos
Using default tag: latest
latest: Pulling from library/centos
08d48e6f1cff: Pull complete
Digest: sha256:b2f9d1c0ff5f87a4743104d099a3d561002ac500db1b9bfa02a783a46e0d366c
Status: Downloaded newer image for centos:latest
```

2. 建立工作目录

然后创建工作目录。

```
[root@localhost ~]#mkdir nginx
[root@localhost ~]#cd nginx
```

3. 创建并编写 Dockerfile 文件

可以根据具体的 Nginx 安装过程来编写 Dockerfile 文件。

```
[root@localhost apache]#vim Dockerfile
# 设置基础镜像
FROM centos
# 维护该镜像的用户信息
MAINTAINER The CentOS Project <cloud-ops@centos.org>
```

```
# 安装相关依赖包
RUN yum install -y wget proc-devel net-tools gcc zlib zlib-devel make openssl-devel
# 下载并解压 Nginx 源码包
RUN wget http://nginx.org/download/nginx-1.9.7.tar.gz
RUN tar zxf nginx-1.9.7.tar.gz
# 编译安装 nginx
WORKDIR Nginx-1.9.7
RUN ./configure --prefix=/usr/local/nginx && make && make install
# 开启 80 和 443 端口
EXPOSE 80
EXPOSE 443
# 修改 Nginx 配置文件，以非 daemon 方式启动
RUN echo "daemon off;">>/usr/local/nginx/conf/nginx.conf
# 复制服务启动脚本并设置权限
WORKDIR /root/nginx
ADD run.sh /run.sh
RUN chmod 775 /run.sh
# 启动容器时执行脚本
CMD ["/run.sh"]
```

4. 编写执行脚本内容


```
[root@localhost nginx]# vim run.sh
#!/bin/bash
/usr/local/nginx/sbin/nginx
```

5. 生成镜像

```
[root@localhost nginx]# docker build -t nginx:new .
Sending build context to Docker daemon 3.584 kB
Step 1 : FROM centos
 --->Running in  0584b3d2cf6d
--->0584b3d2cf6d
Step 2 : MAINTAINER The CentOS Project <cloud-ops@centos.org>
---> Running in c6530a399a3c
 ---> 7e8f43c797d4
Removing intermediate container c6530a399a3c
Step 3 : RUN yum install -y wget proc-devel net-tools gcc zlib zlib-devel make openssl-devel
 ---> Running in 1146005ec63e
Loaded plugins: fastestmirror, ovl
...
---> ac2f6076fd91
Removing intermediate container 1146005ec63e
Step 4 : RUN wget http://nginx.org/download/nginx-1.9.7.tar.gz
 ---> Running in d9d052acc157
--2016-12-12 01:56:58--  http://nginx.org/download/nginx-1.9.7.tar.gz
Resolving nginx.org (nginx.org)...
```

```
---> fb7580b10a71
Removing intermediate container d9d052acc157
Step 5 : RUN tar zxf nginx-1.9.7.tar.gz
 ---> Running in a952696945ac
 ---> 389957d1698d
Removing intermediate container a952696945ac
Step 6 : WORKDIR nginx-1.9.7
 ---> Running in d77197ee1006
 ---> 5a75635ea957
Removing intermediate container d77197ee1006
Step 7 : RUN ./configure --prefix=/usr/local/nginx && make && make install
 ---> Running in f3ae018f9fd7
checking for OS
+ Linux 3.10.0-327.el7.x86_64 x86_64
checking for C compiler ... found
 + using GNU C compiler
 + gcc version: 4.8.5 20150623 (Red Hat 4.8.5-4) (GCC)...
---> 0f5fbdc745e2
Removing intermediate container f3ae018f9fd7
Step 8 : EXPOSE 80
 ---> Running in 79f5176929e7
 ---> c1bb064e3d39
Removing intermediate container 79f5176929e7
Step 9 : EXPOSE 443
 ---> Running in b505a930b6c1
 ---> 5441dabe2ea2
Removing intermediate container b505a930b6c1
Step 10 : RUN echo "daemon off;">>/usr/local/nginx/conf/nginx.conf
 ---> Running in ce7aebf5bd38
 ---> 2243f94fcae2
Removing intermediate container ce7aebf5bd38
Step 11 : WORKDIR /root/nginx
 ---> Running in 6fb86f4f5df3
 ---> ecbd5860e319
Removing intermediate container 6fb86f4f5df3
Step 12 : ADD run.sh /run.sh
 ---> 482b8a0d051c
Removing intermediate container f56de85d8a17
Step 13 : RUN chmod 775 /run.sh
 ---> Running in 738e8ecbb5f8
 ---> 910f689a32b1
Removing intermediate container 738e8ecbb5f8
Step 14 : CMD /run.sh
 ---> Running in 8a1d54f26d4e
 ---> dd4df35e14e3
Removing intermediate container 8a1d54f26d4e
Successfully built dd4df35e14e3
```

6. 启动容器进行测试

```
[root@localhost ~]# docker run -d -P nginx:new
e26eb74a2590c17285de136764b83c0b70a9fb60e8fce86fb1e1a7a9242e4222
```

查看内部的 80 端口和 443 端口，被分别映射到本地端口。

```
[root@localhost ~]# docker ps -a
CONTAINER ID   IMAGE   COMMAND   CREATED   STATUS   PORTS   NAMES
e26eb74a2590   nginx:new   "/run.sh"   44 seconds ago   Up 40 seconds      0.0.0.0:32769-
    >80/tcp, 0.0.0.0:32768->443/tcp   infallible_varahamihira
```

访问本地的 32769 端口。

```
[root@localhost ~]# firefox http://192.168.46.130:32769
```

返回 Nginx 欢迎页面，如图 4.1 所示，说明 Nginx 已经启动。

图 4.1　Nginx 欢迎页面

4.3 构建 Tomcat 镜像

Tomcat 是一个免费开源的轻量级 Web 服务器，在中小型企业和并发访问量不高的场合普遍使用，是开发和调试 JSP 程序的首选。下面使用 Dockerfile 文件的方式来创建带有 Tomcat 服务的 Docker 镜像。

1. 创建工作目录

创建完成工作目录后，可以先把需要的 jdk 软件包下载解压到工作目录。

```
[root@localhost ~]# mkdir tomcat
[root@localhost ~]# cd tomcat/
[root@localhost tomcat]# ls
jdk-8u91-linux-x64.tar.gz
[root@lcoalhost tomcat]# tar xzvf jdk-8u91-linux-x64.tar.gz
```

2. 创建 Dockerfile 文件

```
[root@localhost tomcat]# vim Dockerfile
```

```
# 基础镜像 centos
FROM centos
# 维护该镜像的用户信息
MAINTAINER The CentOS Project <cloud-ops@centos.org>
# 安装 JDK 环境，设置其环境变量
RUN tar zxf jdk-8u91-linux-x64.tar.gz
ADD jdk1.8.0_91 /usr/local/jdk-8u91
ENV JAVA_HOME /usr/local/jdk-8u91
ENV JAVA_BIN /usr/local/jdk-8u91/bin
ENV JRE_HOME /usr/local/jdk-8u91/jre
ENV PATH $PATH:/usr/local/jdk-8u91/bin:/usr/local/jdk-8u91/jre/bin
ENV CLASSPATH /usr/local/jdk-8u91/jre/bin:/usr/local/jdk-8u91/lib:/usr/local/jdk-8u91/jre/lib/
    charsets.jar
# 安装 wget 工具
RUN yum install –y wget
# 下载 tomcat 软件包
RUN wget http://mirrors.hust.edu.cn/apache/tomcat/tomcat-8/v8.5.9/bin/apache-tomcat-8.5.9.tar.gz
# 加压 tomcat 并移动到相应位置
RUN tar zxf apache-tomcat-8.5.9.tar.gz
RUN mv apache-tomcat-8.5.9 /usr/local/tomcat
# 开启 80 端口
EXPOSE 8080
```

3. 用 Dockerfile 生成镜像

```
[root@lcoalhost tomcat]#  docker build -t tomcat:centos  .
Sending build context to Docker daemon 3.584MB
Step 1 : FROM centos
 ---> 0584b3d2cf6d
Step 2 : MAINTAINER The CentOS Project <cloud-ops@centos.org>
---> Running in 929eb8539ed8
 ---> d498caaac2b5
Removing intermediate container 929eb8539ed8
Step 3 : ADD jdk1.8.0_91 /usr/local/jdk-8u91
 ---> f48c88d0f591
Removing intermediate container be0ccf3420c2
Step 4 : ENV JAVA_HOME /usr/local/jdk-8u91
 ---> Running in c99c7b75018d
 ---> 47505419a12e
Removing intermediate container c99c7b75018d
Step 5 : ENV JAVA_BIN /usr/local/jdk-8u91/bin
 ---> Running in fa6b2daffac3
 ---> ad491c574c54
Removing intermediate container fa6b2daffac3
Step 6 : ENV JRE_HOME /usr/local/jdk-8u91/jre
 ---> Running in 01fefdbf6041
 ---> 2852d0bb1747
```

```
Removing intermediate container 01fefdbf6041
Step 7 : ENV PATH $PATH:/usr/local/jdk-8u91/bin:/usr/local/jdk-8u91/jre/bin
 ---> Running in a6ab42207352
 ---> 45f97b7f8b63
Removing intermediate container a6ab42207352
Step 8 : ENV CLASSPATH /usr/local/jdk-8u91/jre/bin:/usr/local/jdk-8u91/lib:/usr/local/jdk-8u91/jre
        /lib/charsets.jar
 ---> Running in 0dcf940b3b1a
 ---> a9b8c6bd4b9a
Removing intermediate container 0dcf940b3b1a
Step 9 : RUN yum install –y wget
 ---> Running in 30ab1269366f
Loaded plugins: fastestmirror, ovl
....
Removing intermediate container 0dcf940b3b1a
99943c5df3e8
Step 10 : RUN wget http://mirrors.hust.edu.cn/apache/tomcat/tomcat-8/v8.5.9/bin/apache-tomcat-
        8.5.9.tar.gz
2016-12-14 02:47:54 (242 KB/s) - 'apache-tomcat-8.5.9.tar.gz' saved [9330875/9330875]
 ---> 99943c5df3e8
Removing intermediate container fcc981a32404
Step 11 : RUN tar zxf apache-tomcat-8.5.9.tar.gz
 ---> Running in 3278677c63f6
Step 12 : RUNmvapache-tomcat-8.5.9 /usr/local/tomcat
 ---> 185ff2c86f82
Removing intermediate container a33a7c99d252
Step 13 : EXPOSE 8080
 ---> Running in 9be8a23a1f90
 ---> 5162067202bc
Removing intermediate container9be8a23a1f90
Successfully built 5162067202bc
```

注意，如果运行容器时提示：

```
WARNING: IPv4 forwarding is disabled. Networking will not work.
```

解决办法：

```
[root@localhost ~]# vi /usr/lib/sysctl.d/00-system.conf
```

添加：

```
net.ipv4.ip_forward=1
[root@localhost ~]# systemctl restart network
[root@localhost ~]# sysctl net.ipv4.ip_forward
net.ipv4.ip_forward = 1
```

4．运行容器并验证

映射本地的 80 端口到容器的 8080 端口。

```
[root@lcoalhost tomcat]# docker run -d --name tomcat-web -p 80:8080 centos:tomcat
34b306df8f86953df64ca68cfca0555c82dc47eea4c40c04010c091edff20223
```

进入运行着的容器，启动 Tomcat。

```
[root@lcoalhost tomcat]# docker exec -it tomcat-web  /bin/bash
[root@34b306df8f86 /]# /usr/local/tomcat/bin/startup.sh
Tomcat started.
[root@34b306df8f86 /]# exit
exit
```

在本地访问 80 端口，可以看到 Tomcat 的欢迎界面，如图 4.2 所示。

```
[root@lcoalhost tomcat]# firefox http://192.168.46.130:80
```

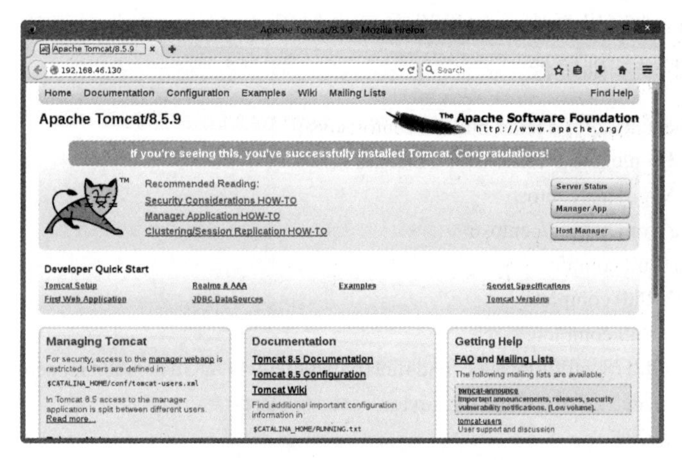

图 4.2　Tomcat 欢迎页面

4.4　构建 MySQL 镜像

MySQL 是当下最流行的关系型数据库，所使用的 SQL 语言是用于访问数据库的最常用标准化语言。MySQL 具有体积小、速度快、成本低的优势，成为中小型企业首选的数据库。下面使用 Dockerfile 文件的方式来创建带有 MySQL 服务的 Docker 镜像。

1. 创建工作目录

```
[root@localhost ~]# mkdir mysql
[root@lcoalhost ~]# cd mysql
```

2. 创建 Dockerfile 文件

```
[root@lcoalhost mysql]# vi Dockerfile
# 设置基础镜像
FROM guyton/centos6
# 维护该镜像的用户信息
```

```
MAINTAINER The CentOS Project-MySQL cloud-ops@centos.org
# 安装 mysql 数据库软件包
RUN yum install -y mysql mysql-server
# 开启 mysql 服务，并进行授权
RUN /etc/init.d/mysqld start &&\
mysql -e "grant all privileges on *.* to 'root'@'%' identified by '123456';"&&\
mysql -e "grant all privileges on *.* to 'root'@'localhost' identified by '123456';"
# 开启 3306 端口
EXPOSE 3306
# 运行初始化脚本 mysqld_safe
CMD ["mysqld_safe"]
```

3. 用 Dockerfile 生成镜像

从创建过程中可以看出，如果没有事先使用 docker pull 命令下载基础镜像，则会在生成镜像时下载基础镜像。

```
[root@lcoalhost mysql]# docker build -t centos:mysql .
Sending build context to Docker daemon 2.048 kB
Step 1 : FROM guyton/centos6
latest: Pulling from guyton/centos6
32c4f4fef1c6: Pull complete
e1201d7ed1f2: Pull complete
900acaa6eac5: Pull complete
Digest: sha256:f8f784cf00f05cd9ec7e8d4fa9168b90d06f9447aa5b4aeb68d3ebaef4f70e74
Status: Downloaded newer image for guyton/centos6:latest
 ---> c91e7c5d439e
Step 2 : MAINTAINER The CentOS Project-MySQL <cloud-ops@centos.org>
 ---> Running in 2ed5451b309d
 ---> 44f5bf27fb91
Removing intermediate container 2ed5451b309d
Step 3 : RUN yum install -y mysql mysql-server
 ---> Running in 735b11ebe448
Loaded plugins: fastestmirror, ovl
Setting up Install Process
Determining fastest mirrors
 * base: mirrors.tuna.tsinghua.edu.cn
 * extras: mirrors.btte.net
 * updates: mirrors.tuna.tsinghua.edu.cn
...
---> 612a68f57dd2
Removing intermediate container 735b11ebe448
Step 4 : RUN /etc/init.d/mysqld start &&mysql -e "grant all privileges on *.* to 'root'@'%'
         identified by '123456';"&&  mysql -e "grant all privileges on *.* to 'root'@'localhost'
         identified by '123456';"
 ---> Running in 97afb00e5399
Initializing MySQL database:  Installing MySQL system tables...
```

```
OK
Filling help tables...
OK
To start mysqld at boot time you have to copy
support-files/mysql.server to the right place for your system
PLEASE REMEMBER TO SET A PASSWORD FOR THE MySQL root USER !
To do so, start the server, then issue the following commands:
/usr/bin/mysqladmin -u root password 'new-password'
/usr/bin/mysqladmin -u root -h 9aac06993d69 password 'new-password'
Alternatively you can run:
/usr/bin/mysql_secure_installation
which will also give you the option of removing the test
databases and anonymous user created by default.  This is
strongly recommended for production servers.
See the manual for more instructions.
You can start the MySQL daemon with:
cd /usr ; /usr/bin/mysqld_safe &
You can test the MySQL daemon with mysql-test-run.pl
cd /usr/mysql-test ; perl mysql-test-run.pl
Please report any problems with the /usr/bin/mysqlbug script!
[  OK  ]
Starting mysqld:  [  OK  ]
 ---> 8028f72ecce7
Removing intermediate container 97afb00e5399
Step 5 : EXPOSE 3306
 ---> Running in 489f14c9fe57
 ---> edc5cd525668
Removing intermediate container 489f14c9fe57
Step 6 : CMD mysqld_safe
 ---> Running in 43cfd38530d4
 ---> f4adb0a404a2
Removing intermediate container 43cfd38530d4
Successfully built f4adb0a404a2
```

4. 运行容器并验证

使用新镜像运行容器，并随机映射本地的端口到容器的 3306 端口。

```
[root@lcoalhost mysql]#  docker run --name=mysql_server -d -P centos:mysql
d69fd2dd827ec4261c55e555a943cb10e1546849e8b588310fe7eb04a88bc82d
```

查看本地映射的端口号。

```
[root@lcoalhost mysql]# docker ps -a
CONTAINER ID IMAGECOMMAND CREATED  STATUSPORTS     NAMES
d69fd2dd827e     centos:mysql       "mysqld_safe"          7 seconds ago      Up 5 seconds
              0.0.0.0:32769->3306/tcp          mysql_server
```

从本地主机登录 MySQL 数据库进行验证。

```
[root@lcoalhost ~]# mysql -h 192.168.46.130  -u root -P 32769 -p123456
Welcome to the MariaDB monitor. Commands end with ; or \g.
Your MySQL connection id is 1
Server version: 5.1.73 Source distribution
Copyright (c) 2000, 2016, Oracle, MariaDB Corporation Ab and others.
Type 'help;' or '\h' for help. Type '\c' to clear the current input statement.
MySQL [(none)]> show databases;
+--------------------+
| Database           |
+--------------------+
| information_schema |
| mysql              |
| test               |
+--------------------+
3 rows in set (0.00 sec)
MySQL [(none)]>exit
Bye
```

4.5 构建 LNMP 镜像

LNMP 是代表 Linux 系统下的 Nginx、MySQL、PHP 相结合而构建成的动态网站服务器架构，下面使用 Dockerfile 文件的方式来创建带有 LNMP 架构的 Docker 镜像。

1. 下载基础镜像并创建工作目录

```
[root@localhost ~]# docker pull lemonbar/centos6-ssh
Using default tag: latest
latest: Pulling from lemonbar/centos6-ssh
a3ed95caeb02: Pull complete
f79eb1f22352: Pull complete
67c1aaa530c8: Pull complete
80447774eee7: Pull complete
6d67b3a80e5a: Pull complete
f1819e4b2f8f: Pull complete
09712b5b9acc: Pull complete
8bc987c5494f: Pull complete
c42b021d0ff2: Pull complete
Digest: sha256:093c2165b3c6fe05d5658343456f9b59bb7ecc690a7d3a112641c86083227dd1
Status: Downloaded newer image for lemonbar/centos6-ssh:latest
[root@localhost ~]# mkdir lnmp
[root@localhost ~]# cd lnmp/
```

2. 创建 Dockerfile 文件

```
[root@localhost lnmp]# vim Dockerfile
```

```
# 基础镜像
FROM lemonbar/centos6-ssh
# 维护该镜像的用户信息
MAINTAINER The CentOS Project-LNMP cloud-ops@centos.org
# 配置 nginx 的 YUM 源
RUN rpm -ivh http://nginx.org/packages/centos/6/noarch/RPMS/nginx-release-centos-6-0.el6.
    ngx.noarch.rpm
# 安装 nginx
RUN yum install -y nginx
# 修改 nginx 配置文件，使之支持 php
RUN sed -i '/^user/s/nginx/nginx\ nginx/g' /etc/nginx/nginx.conf
RUN sed -i '10cindex index.php index.html index.htm ;'  /etc/nginx/conf.d/default.conf
RUN sed -i '30,36s/#//' /etc/nginx/conf.d/default.conf
RUN sed -i '31s/html/\/usr\/share\/nginx\/html/'  /etc/nginx/conf.d/default.conf
RUN sed -i  '/fastcgi_param/s/scripts/usr\/share\/nginx\/html/' /etc/nginx/conf.d/default.conf
# 安装 mysql 和 php
RUN yum install -y mysql mysql-server  php  php-mysql  php-fpm
# 修改 php-fpm 配置文件允许 nginx 访问
RUN sed -i '/^user/s/apache/nginx/g' /etc/php-fpm.d/www.conf
RUN sed -i '/^group/s/apache/nginx/g' /etc/php-fpm.d/www.conf
#mysql 数据库授权
RUN /etc/init.d/mysqld start &&\
mysql -e "grant all privileges on *.* to 'root'@'%' identified by '123456';" &&\
mysql -e "grant all privileges on *.* to 'root'@'localhost' identified by '123456';"
# 添加测试页面
ADD index.php /usr/share/nginx/html/index.php
# 分别开启 80 端口，443 端口，9000 端口，3360 端口
EXPOSE 80
EXPOSE 443
EXPOSE 9000
EXPOSE 3306
# 复制脚本，设置权限，启动容器时启动该脚本
ADD run.sh /run.sh
RUN chmod 775 /run.sh
CMD ["/run.sh"]
```

3．编写执行脚本内容

```
[root@localhost lnmp]# vim run.sh
#!/bin/bash
/etc/init.d/nginx&& /etc/init.d/php-fpm start && /usr/bin/mysqld_safe
```

4．创建测试的 php 页面

```
[root@localhost lnmp]# vim index.php
<?php
```

```
echo date("Y-m-d H:i:s")."<br />\n";
$link=mysql_connect("localhost","root","123456");
if(!$link) echo "FAILD!";
else echo "MySQL is OK!";
 phpinfo();
?>
```

5. 生成镜像

```
[root@localhost lnmp]# docker build -t centos:lnmp .
Sending build context to Docker daemon 7.168 kB
Step 1 : FROM lemonbar/centos6-ssh
 ---> efd998bd6817
Step 2 : MAINTAINER The CentOS Project-LNMP cloud-ops@centos.org
 ---> Running in cd57c2f4d98a
 ---> 1d9c89bcfc59
Removing intermediate container cd57c2f4d98a
Step 3 : RUN rpm -ivh http://nginx.org/packages/centos/6/noarch/RPMS/nginx-releal6.ngx.noarch.rpm
 ---> Running in 79d06ffba34c
warning: /var/tmp/rpm-tmp.hih0Td: Header V4 RSA/SHA1 Signature, key ID 7bd9bf62:
Retrieving http://nginx.org/packages/centos/6/noarch/RPMS/nginx-release-centos-6ch.rpm
Preparing...            ##################################################
nginx-release-centos       ##################################################
 ---> ffd546192377
Removing intermediate container 79d06ffba34c
Step 4 : RUN yum install -y nginx
 ---> Running in b3fd0c925197
Loaded plugins: fastestmirror
Determining fastest mirrors
...
Installed:
  nginx.x86_64 0:1.10.2-1.el6.ngx

Complete!
 ---> 333c54548828
Removing intermediate container b3fd0c925197
Step 5 : RUN sed -i '/^user/s/nginx/nginx\ nginx/g' /etc/nginx/nginx.conf
 ---> Running in 5844703c1904
 ---> f9a579c9f660
Removing intermediate container 5844703c1904
Step 6 : RUN sed -i '10cindex index.php index.html index.htm ;'  /etc/nginx/conf.d/default.conf
 ---> Running in bdbcf61f7acc
 ---> e0dc69260243
Removing intermediate container bdbcf61f7acc
```

```
Step 7 : RUN sed -i '30,36s/#//' /etc/nginx/conf.d/default.conf
 ---> Running in 8d0a5e2a507a
 ---> 154b3d16adf3
Removing intermediate container 8d0a5e2a507a
Step 8 : RUN sed -i '31s/html/\/usr\/share\/nginx\/html/'  /etc/nginx/conf.d/default.conf
 ---> Running in bc3e40ebb719
 ---> 8f6233e06fa1
Removing intermediate container bc3e40ebb719
Step 9 : RUN sed -i  '/fastcgi_param/s/scripts/usr\/share\/nginx\/html/' /etc/nginx/conf.d/default.conf
 ---> Running in 043e1bc124c9
 ---> 57a12bd9d4c0
Removing intermediate container 043e1bc124c9
Step 10 : RUN yum install -y mysql mysql-server  php  php-mysql  php-fpm
 ---> Running in 5cf987baa9de
Loaded plugins: fastestmirror
Loading mirror speeds from cached hostfile
...
Complete!
 ---> c66d9d5e74e6
Removing intermediate container 5cf987baa9de
Step 11 : RUN sed -i '/^user/s/apache/nginx/g' /etc/php-fpm.d/www.conf
 ---> Running in 8919a3fa3ea1
 ---> e142c69088fd
Removing intermediate container 8919a3fa3ea1
Step 12 : RUN sed -i '/^group/s/apache/nginx/g' /etc/php-fpm.d/www.conf
 ---> Running in 510312b6c9b3
 ---> 83b3be067a55
Removing intermediate container 510312b6c9b3
Step 13 : RUN /etc/init.d/mysqld start &&mysql -e "grant all privileges on *.* to 'root'@'%'
    identified by '123456';" &&mysql -e "grant all privileges on *.* to 'root'@'localhost'
    identified by '123456';"
 ---> Running in 1727664de50d
...
Starting mysqld:  [  OK  ]
 ---> e33c0ccc4a9e
Removing intermediate container 1727664de50d
Step 14 : ADD index.php /usr/share/nginx/html/index.php
 ---> bed21e6cfa58
Removing intermediate container 64657507d84d
Step 15 : EXPOSE 80
 ---> Running in d0a1df628014
 ---> d4a9d43eebd4
Removing intermediate container d0a1df628014
```

```
Step 16 : EXPOSE 443
 ---> Running in 8b81de6a2a37
 ---> 90d9718ef7e7
Removing intermediate container 8b81de6a2a37
Step 17 : EXPOSE 9000
 ---> Running in 180fcd25e94f
 ---> 60f17a8043e3
Removing intermediate container 180fcd25e94f
Step 18 : EXPOSE 3306
 ---> Running in ec9dc09128e7
 ---> 336da3a49901
Removing intermediate container ec9dc09128e7
Step 19 : ADD run.sh /run.sh
 ---> 655194dfbab4
Removing intermediate container 7354eb46beed
Step 20 : RUN chmod 775 /run.sh
 ---> Running in 9b4e2f129e61
 ---> 6743e2759816
Removing intermediate container 9b4e2f129e61
Step 21 : CMD /run.sh
 ---> Running in 93a0d1c0c1bc
 ---> aa0cb487bb17
Removing intermediate container 93a0d1c0c1bc
Successfully built aa0cb487bb17
```

6. 启动容器并验证

```
[root@localhost lnmp]# docker run -d --name lnmp-test1 -P centos:lnmp
386dd670b6883e4ce2f80addce2e6d5c5b311f013e98215233530b5e652e9337
[root@localhost lnmp]# docker ps -a
CONTAINER ID IMAGE COMMAND CREATED STATUS PORTS NAMES
386dd670b688 centos:lnmp "/run.sh" 5 seconds ago Up 3 seconds
   0.0.0.0:32810->22/tcp, 0.0.0.0:32809->80/tcp, 0.0.0.0:32808->443/tcp, 0.0.0.0:32807->3306/tcp,
   0.0.0.0:32806->9000/tcp lnmp-test1
```

使用 Nginx 测试 PHP 页面，及其与数据库的连接情况，如图 4.3 所示。

```
[root@localhost lnmp]# firefox http://192.168.46.130:32809
```

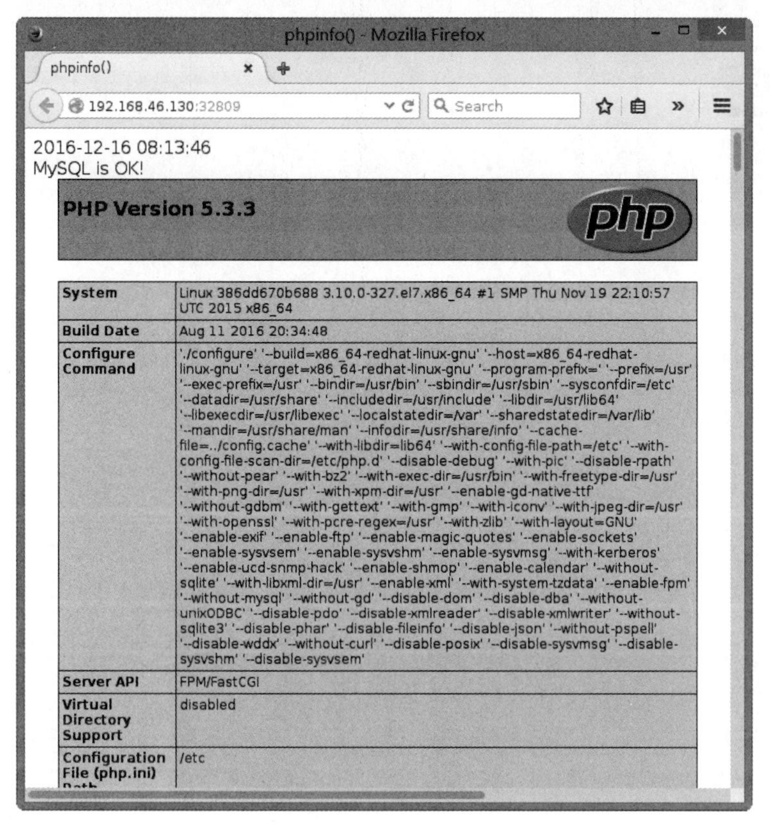

图 4.3　LNMP 测试结果

本章总结

- Dockerfile 可以看作是被 Docker 程序所解释翻译的脚本，是由一组命令集合而成，每条命令都对应一条操作指令，由 Docker 翻译为 Linux 下的具体命令。
- 使用 Dockerfile 分别构建了 Nginx、Tomcat、MySQL、LNMP 镜像。

本章作业

如何使用 Dockerfile 构建 LAMP 镜像？

随手笔记

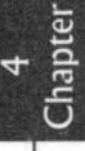

第5章

Marathon+Mesos+Docker 实战

技能目标

- 会配置单 Mesos-master 环境
- 会配置多 Mesos-master 环境
- 会部署运行 Marathon

本章导读

Apache Mesos 是一款基于多资源调度的开源集群管理套件，使容错和分布式系统更加容易使用实现，其采用了 Master/Slave 结构来简化设计，将 Master 做得尽可能轻量级，仅保存了各种计算框架和 Mesos Slave 的状态信息，这些状态很容易在 Mesos 出现故障的时候被重构。

知识服务

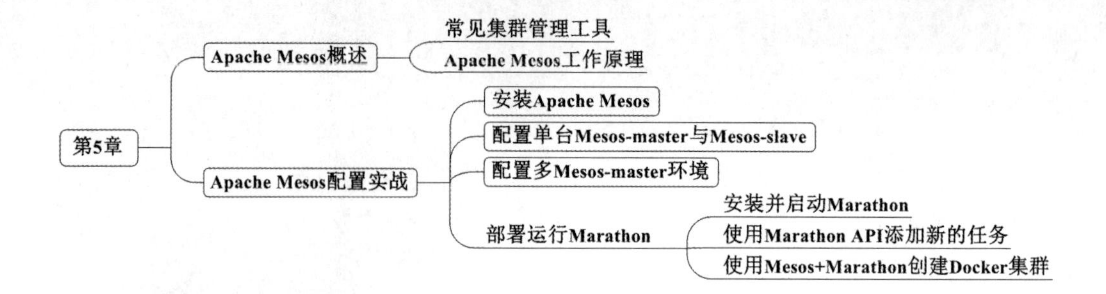

5.1 Apache Mesos 概述

Apache Mesos 是一款基于多资源（内存、CPU、磁盘、端口等）调度的开源集群管理套件，能使容错和分布式系统更加容易使用。官方网站位于 http://mesos.apache.org/，软件可以自由下载使用。

Apache Mesos 与常见的其他集群管理工具各自的特点总结如表 5-1 所示。

表 5-1　常见集群管理工具

工具	特点	优势
Apache Mesos	需要独立部署 mesos-slave 进程；依赖 framework 的功能；可以管理 docker 容器；成本比较高	因为经过了许多互联网公司的大规模实践，稳定性具有保障
Docker Swarm	Docker 官方集群管理工具，需要 Docker daemon 启用 tcp 端口；Swarm 的命令兼容 Docker；学习成本非常低	公有云环境 Machine 和 Swarm 搭配使用效率更高
Google Kubernetes	完全 Docker 化的管理工具，功能迭代非常快；集群管理能力比 Mesos 稍差	功能模块集成度高

5.1.1 Apache Mesos 工作原理

Apache Mesos 采用了 Master/Slave 结构来简化设计，将 Master 做得尽可能轻量级，仅保存了各种计算框架（Framework）和 Mesos Slave 的状态信息，这些状态很容易在 Mesos 出现故障的时候被重构，除此之外 Mesos 还可以使用 Zookeeper 解决 Master 单点故障问题。

Mesos Master 充当全局资源调度器角色，采用某种策略算法将某个 Slave 上的空闲资源分配给某个 Framework，而各种 Framework 则是通过自己的调度器向 Master 注册进行接入。Mesos Slave 则是收集任务状态和启动各个 Framework 的 Executor。工作原理如图 5.1 所示。

5.1.2　Apache Mesos 基本术语

Mesos master：负责管理各个 Framework 和 Slave，并将 Slave 上的资源分配给各个 Framework。

Mesos Slave：负责管理本节点上的各个 Mesos Task，为各个 Executor 分配资源。

Framework：计算框架，如：Hadoop、Spark 等，可以通过 MesosSchedulerDiver 接入 Mesos。

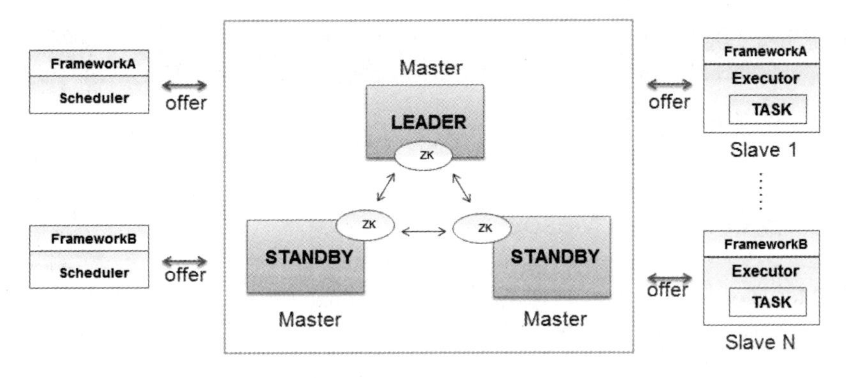

图 5.1　Apache Mesos 的结构

Executor：执行器，在 Mesos Slave 上安装，用于启动计算框架中的 Task。

5.2　Apache Mesos 配置实战

本案例环境使用 CentOS 7 系统，需要内核为 3.10 及以上。具体规划如表 5-2 所示。

```
[root@localhost ~]#  cat /etc/redhat-release
CentOS Linux release 7.2.1511 (Core)
[root@localhost ~]# uname -r
3.10.0-327.el7.x86_64
```

表 5-2　Apache Mesos 案例环境

主机名	IP 地址	安装软件包
master	192.168.46.138/24	jdk-8u91-linux-x64.tar.gz mesos-0.25.0.tar.gz zookeeper-3.4.6.tar.gz marathon-0.15.2.tgz
master1	192.168.46.141/24	jdk-8u91-linux-x64.tar.gz mesos-0.25.0.tar.gz zookeeper-3.4.6.tar.gz
master2	192.168.46.155/24	jdk-8u91-linux-x64.tar.gz mesos-0.25.0.tar.gz zookeeper-3.4.6.tar.gz

续表

主机名	IP 地址	安装软件包
slave	192.168.46.130/24	jdk-8u91-linux-x64.tar.gz mesos-0.25.0.tar.gz docker
slave1	192.168.46.131/24	jdk-8u91-linux-x64.tar.gz mesos-0.25.0.tar.gz docker

注意

确保所有系统均处于连网状态。

5.2.1 安装 Apache Mesos

当前 Mesos 支持三种语言编写的调度器，分别是 C++、Java 和 Python，可以向不同的调度器提供统一的接入方式。

1. 配置 Java 环境

JDK 软件包从官网 http://download.oracle.com 下载。

```
[root@localhost ~]#tar xzvf jdk-8u91-linux-x64.tar.gz -C /usr/local
[root@localhost ~]# vim /etc/profile
export JAVA_HOME=/usr/local/jdk1.8.0_91
export PATH=$JAVA_HOME/bin:$PATH
export CLASSPATH=$JAVA_HOME/jre/lib/ext:$JAVA_HOME/lib/tools.jar
[root@localhost ~]# source /etc/profile
```

2. 安装相关环境

（1）安装开发工具

```
[root@localhost ~]# yum groupinstall -y "Development Tools"
```

（2）添加 apache-maven 源

为 Mesos 提供项目管理和构建自动化工具的支持

```
[root@localhost ~]# wget http://repos.fedorapeople.org/repos/dchen/apache-maven/epel-apache-maven.repo -O /etc/yum.repos.d/epel-apache-maven.repo
```

（3）安装相关依赖包

```
[root@localhost ~]# yum installapache-maven python-devel zlib-devel libcurl-devel openssl-devel
  cyrus-sasl-devel cyrus-sasl-md5 apr-devel apr-util-develsubversion-devel
```

（4）配置 WANdiscoSVN 网络源

```
[root@localhost ~]# vim /etc/yum.repos.d/wandisco-svn.repo
```

```
[WANdiscoSVN]
name=WANdisco SVN Repo 1.9
enabled=1
baseurl=http://opensource.wandisco.com/centos/7/svn-1.9/RPMS/$basearch/
gpgcheck=1
  gpgkey=http://opensource.wandisco.com/RPM-GPG-KEY-WANdisco
```

3. 配置 Mesos 环境变量

```
[root@localhost ~]# vim /etc/profile
export MESOS_NATIVE_JAVA_LIBRARY=/usr/local/lib/libmesos.so
export MESOS_NATIVE_LIBRARY=/usr/local/lib/libmesos.so
[root@localhost ~]# source /etc/profile
```

4. 构建 Mesos

这里使用源码方式编译安装 Mesos。

```
[root@localhost ~]# wget http://www.apache.org/dist/mesos/0.25.0/mesos-0.25.0.tar.gz
[root@localhost ~]# tar xzvf mesos-0.25.0.tar.gz
[root@localhost ~]# cd mesos-0.25.0/
[root@localhost mesos-0.25.0]# mkdir build
[root@localhost mesos-0.25.0]# cd build/
[root@localhost build]# ../configure
[root@localhost build]# make
[root@localhost build]# make check
[root@localhost build]# make install
```

安装 Mesos 时间较长，故实验环境安装一台 Mesos 后其余克隆即可。

5.2.2 配置单台 Mesos-master 与 Mesos-slave

1. 配置 Mesos-master

Mesos-master 负责维护 slave 集群的心跳，从 slave 提取资源信息。配置之前应先做好相应的解析工作。

```
[root@localhost ~]# hostnamectl set-hostname master
[root@master ~]# vim /etc/hosts
192.168.46.138 master
192.168.46.130 slave
[root@master ~]# ln -sf /root/mesos-0.25.0/build/bin/mesos-master.sh /usr/sbin/mesos-master
```

简配启动 Mesos-master。

```
[root@master ~]# mesos-master --work_dir=/home/q/mesos/data --log_dir=/home/q/mesos/logs --no-
  hostname_lookup --ip=0.0.0.0
```

简配参数：

--work_dir：运行期数据存放路径，包含了 sandbox、slave meta 等信息，建议修改。

--log_dir：Mesos 日志存放路径，建议修改。

--[no-]hostname_lookup：是否从 DNS 获取主机名，本例中关闭了此配置，直接显示 IP。

--ip：Mesos 进程绑定的 IP。

配置完成后可以使用浏览器访问本地的 5050 端口进行验证，如图 5.2 所示。

```
[root@master ~]# firefox http://localhost:5050
```

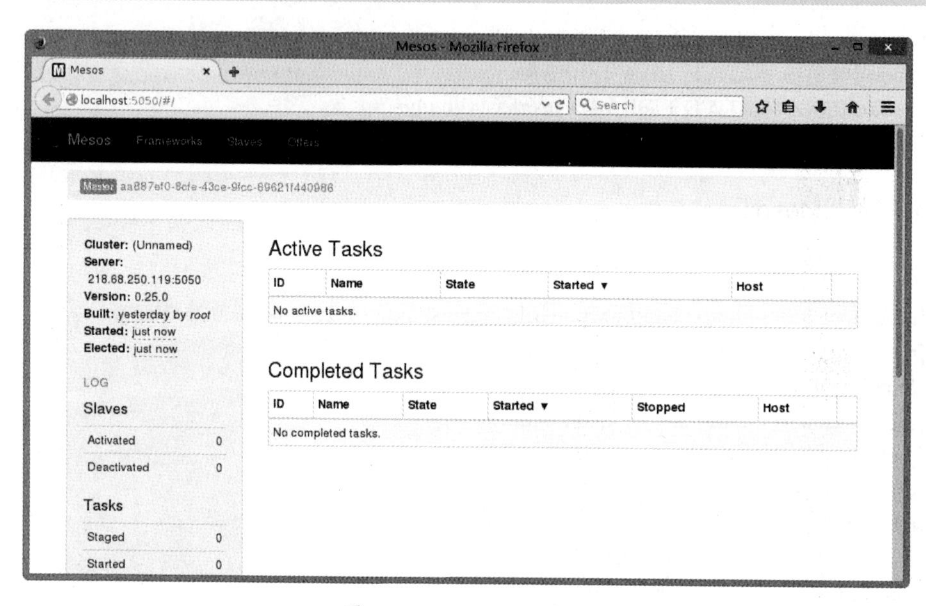

图 5.2　Mesos Web 页面

2. 配置 Mesos-slave

Mesos-slave 负责接收并执行来自 Mesos-master 传递的任务以及监控任务状态，收集任务使用系统的情况，配置之前也应先做好相应的解析工作。

```
[root@localhost ~]# hostnamectl set-hostname slave
[root@slave ~]# vim /etc/hosts
192.168.46.138 master
192.168.46.130 slave
[root@slave ~]#  ln -sf /root/mesos-0.25.0/build/bin/mesos-slave.sh /usr/sbin/mesos-slave
```

在 Mesos-slave 端安装并启动 Docker 容器。

```
[root@slave ~]# yum install docker
[root@slave ~]# systemctl start docker.service
[root@slave ~]# systemctl enable docker.service
```

简配启动 mesos-slave。

```
[root@slave ~]# mesos-slave --containerizers="mesos,docker" --work_dir=/home/q/mesos/data
    --log_dir=/home/q/mesos/logs --master=192.168.46.138:5050 --no-hostname_lookup --ip=0.0.0.0
```

关闭 Mesos-Master 防火墙后使用浏览器再次对 Master 的 5050 端口进行验证，在 Mesos Web 页面左侧可以看到 Slave 的状态，如图 5.3 所示。

```
[root@master ~]# systemctl stop firewalld
[root@master ~]# systemctl disable  firewalld
[root@master ~]# firefox http://localhost:5050
```

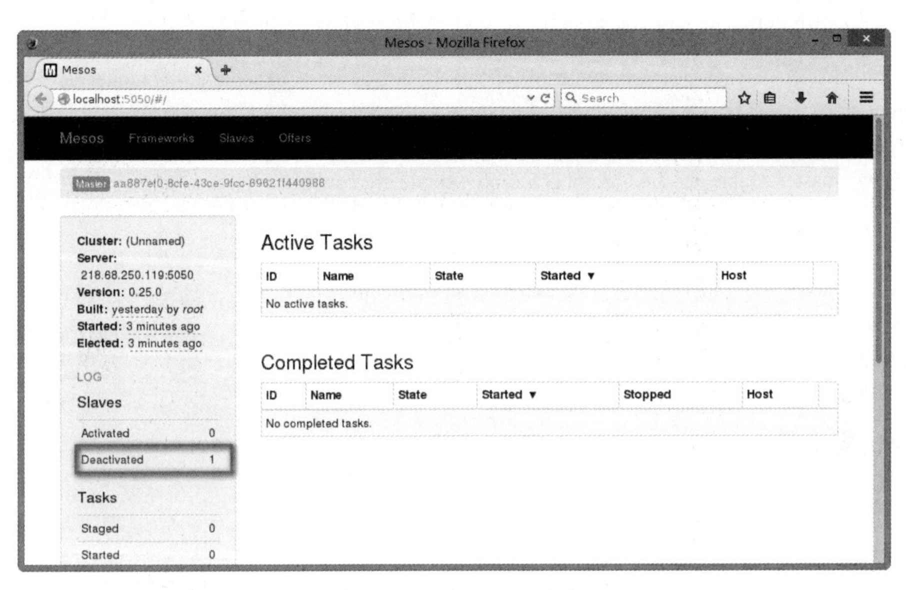

图 5.3　Mesos-slave 状态

点击菜单栏中的 Slaves 链接，可以查看 Slave 主机的硬件信息与注册时间，如图 5.4 所示。

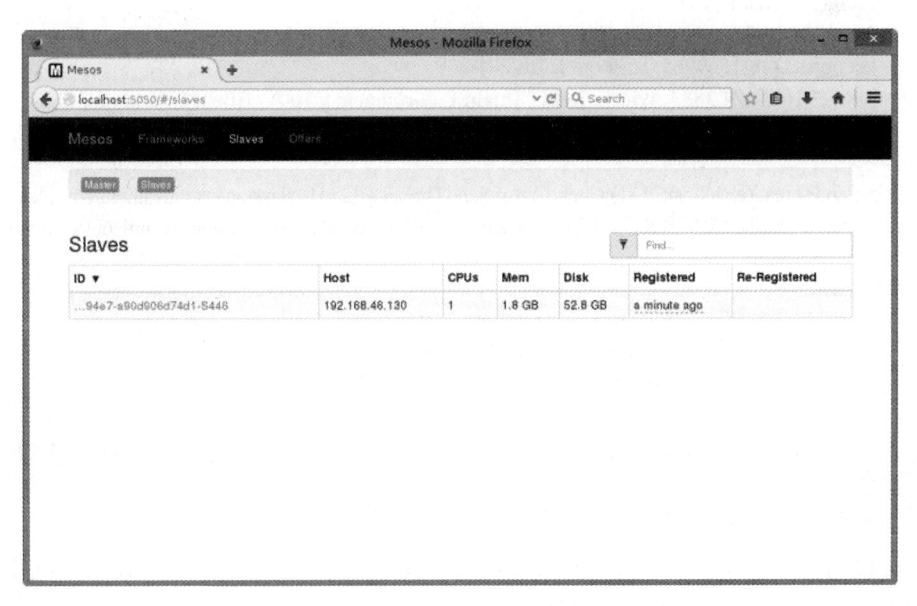

图 5.4　Mesos-slave 信息

3. 单台 Mesos-master 配置 ZooKeeper

ZooKeeper 是一个开源的分布式应用程序协调服务，可以为分布式应用提供一致性服务的软件，提供的功能包括：配置维护、域名服务、分布式同步、组服务等。

ZooKeeper 的目标就是将复杂易出错的关键服务进行封装，提供给用户性能高效、功能稳定、简单易用的系统。

下载 ZooKeeper 后，只需要将配置文件模板进行改名即可使用。

```
[root@master~]#wget http://mirrors.cnnic.cn/apache/zookeeper/zookeeper-3.4.6/zookeeper-3.4.6.tar.gz
[root@master ~]# tar xzvf zookeeper-3.4.6.tar.gz -C /home/q
[root@master ~]# cd /home/q/zookeeper-3.4.6/
[root@ master zookeeper-3.4.6]# mv conf/zoo_sample.cfg conf/zoo.cfg
```

启动 ZooKeeper 服务。

```
[root@master zookeeper-3.4.6]# ./bin/zkServer.sh start conf/zoo.cfg
JMX enabled by default
Using config: conf/zoo.cfg
Starting zookeeper ... STARTED
```

单机模式的 ZooKeeper 处于 standalone 状态。

```
[root@master zookeeper-3.4.6]# ./bin/zkServer.sh status conf/zoo.cfg
JMX enabled by default
Using config: conf/zoo1.cfg
Mode: standalone
```


在 ZooKeeper 服务器启动以后，就可以使用 Zookeeper 的客户端来连接测试。

```
[root@master zookeeper-3.4.6]# ./bin/zkCli.sh
Connecting to localhost:2181
2016-06-23 16:34:24,355 [myid:] - INFO  [main:Environment@100] - Client environment:zookeeper.
    version=3.4.6-1569965, built on 02/20/2014 09:09 GMT
2016-06-23 16:34:24,368 [myid:] - INFO  [main:Environment@100] - Client environment:host.
    name=master
....
[main-SendThread(localhost:2181):ClientCnxn$SendThread@1235] - Session establishment complete
   o n server localhost/0:0:0:0:0:0:0:1:2181, sessionid = 0x1557e6a59ae0001, negotiated timeout = 30000

WATCHER::

WatchedEvent state:SyncConnected type:None path:null
[zk: localhost:2181(CONNECTED) 0] ls /              // 查看根节点
[zookeeper]
[zk: localhost:2181(CONNECTED) 1]
```

4. 后台运行 Mesos-master 与 Mesos-slave

ZooKeeper 简称为 zk，在整个 Apache Mesos 中，主要用来存储 Mesos-master 地址，方便 Mesos-slave 读取。当 Mesos-slave 从 zk 中获取地址后，可直接使用 Mesos-master

地址以及端口连接 Mesos-master。

nohup 命令可以忽略所有挂断（SIGHUP）信号，作为后台程序运行 Mesos-master 与 Mesos-slave。

```
[root@master ~]# nohup  mesos-master  --work_dir=/home/q/mesos/data --log_dir=/home/q/mesos/logs --no-hostname_lookup --ip=0.0.0.0 --zk=zk:// 192.168.46.138:2181/mesos --quorum=1  &>/dev/null  &
```

配置参数：

--zk：ZooKeeper 地址，用于 Leader 选举。指定 zk 端口号。

--zk_session_timeout：根据网络环境调整 zk session 超时时间（默认 10s）。

--quorum：Master replica logs 多写数量，多 Master 场景下此值要超过 Master 数量的一半。

--credential：提供密钥对，介入集群时用于验证。

此时，Mesos-slave 使用 zk 地址和端口号连接 Mesos-master。

```
[root@slave ~]# nohup  mesos-slave  --containerizers=”mesos,docker”  --work_dir=/home/q/mesos/data  --log_dir=/home/q/mesos/logs--master=zk:// 192.168.46.138:2181/mesos  --no-hostname_lookup  --ip=0.0.0.0  &>/dev/null  &
```

使用浏览器进行验证，如图 5.5 所示。

```
[root@master ~]# firefox http://192.168.46.138:5050
```

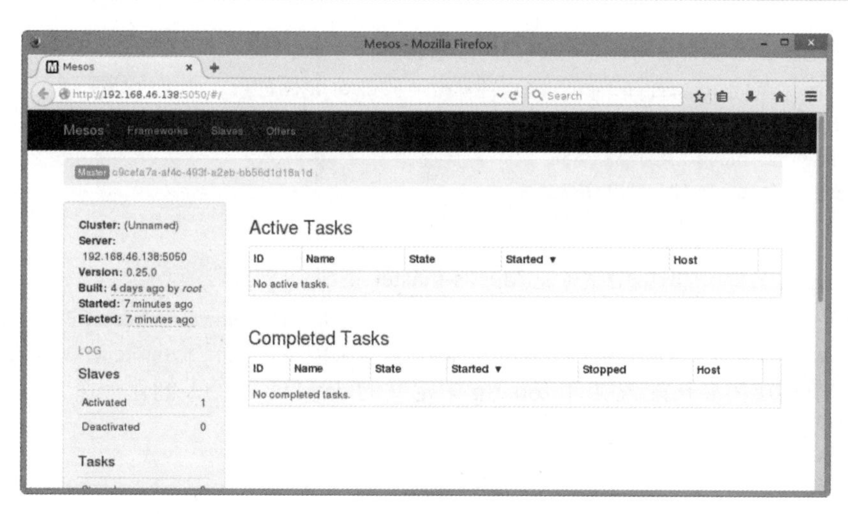

图 5.5　连接信息

5.2.3　配置多 Mesos-master 环境

生产环境中 ZooKeeper 是以宕机个数过半来让整个集群宕机的。所以 Mesos-master 一般选择奇数个节点来组成集群，随着部署的 Master 节点增多可靠性也就增强。但多 Mesos-master 集群环境只有一个 Mesos-master 会处于 Leader 状态对外提供服务，集群中的其他服务器则成为此 Leader 的 Follower，处于就绪状态。当 Leader 发生故障的时候，ZooKeeper 将会快速在 Follower 中投票选举出下一个服务器作为 Leader 继续对外提供服务。

需要注意 Mesos-master 本身具备投票选举机制，并不是必须要使用 ZooKeeper 做投票选举，不过生产环境中会使用 ZooKeeper 来做选举的双重保障。同时 ZooKeeper 的使用也简化了 Mesos-slave 的连接。

这里以三台 Mesos-master 以及一台 Mesos-slave 为例配置多 Master 环境。

1. 安装 ZooKeeper

分别在所有的 Mesos-master 节点上安装 ZooKeeper。

```
[root@master ~]#wget http://mirrors.cnnic.cn/apache/zookeeper/zookeeper-3.4.6/zookeeper-3.4.6.tar.gz
[root@master ~]# tar xzvf zookeeper-3.4.6.tar.gz -C /home/q
[root@master ~]# cd /home/q/zookeeper-3.4.6/
[root@ master zookeeper-3.4.6]# mv conf/zoo_sample.cfg  conf/zoo.cfg
```

2. 配置 ZooKeeper

修改 ZooKeeper 配置文件，以 server.A=B:C:D：格式定义各个节点相关信息，其中：A 是一个数字，表示是第几号服务器；B 是这个服务器的 IP 地址；C 为与集群中的 Leader 服务器交换信息的端口；D 是在 Leader 挂掉时专门进行 Leader 选举时所用的端口。


```
[root@master zookeeper-3.4.6]# vim conf/zoo.cfg
dataDir=/home/q/zookeeper-3.4.6 /data    // 重新定义 dataDir 位置
dataLogDir=/home/q/zookeeper-3.4.6 /datalog
server.1=192.168.46.138:2888:3888
server.2=192.168.46.141:2888:3888
server.3=192.168.46.155:2888:3888
```

修改完的配置文件拷贝给其他 Mesos-master 主机：

```
[root@master zookeeper-3.4.6]# scp conf/zoo.cfg 192.168.46.141:/home/q/zookeeper-3.4.6 /conf/
[root@master zookeeper-3.4.6]# scp conf/zoo.cfg 192.168.46.155:/home/q/zookeeper-3.4.6 /conf/
```

每个节点还需要在配置文件 zoo.cfg 中定义的 dataDir 路径下创建一个 myid 文件，myid 文件存有上面提到的 A 的值。

Master（192.168.46.138/24）主机上

```
[root@master zookeeper-3.4.6]#mkdir data
[root@master zookeeper-3.4.6]#mkdir datalog
[root@master zookeeper-3.4.6]# echo 1 > data/myid
[root@master zookeeper-3.4.6]#  cat data/myid
1
```

Master1（192.168.46.141/24）主机上

```
[root@master1 zookeeper-3.4.6]# mkdir data
```

```
[root@master1 zookeeper-3.4.6]# mkdir datalog
[root@master1 zookeeper-3.4.6]#echo 2 > data/myid
[root@master1 zookeeper-3.4.6]# cat data/myid
2
```

Master2（192.168.46.155/24）主机上

```
[root@master2 zookeeper-3.4.6]# mkdir data
[root@master2 zookeeper-3.4.6]# mkdir datalog
[root@master2 zookeeper-3.4.6]#echo 3> data/myid
[root@master2 zookeeper-3.4.6]# cat data/myid
3
```

之后分别在各 Master 节点上启动 ZooKeeper 服务。

```
[root@master zookeeper-3.4.6]# ./bin/zkServer.sh start conf/zoo.cfg
JMX enabled by default
Using config: conf/zoo.cfg
Starting zookeeper ... STARTED

[root@master1 zookeeper-3.4.6]# ./bin/zkServer.sh start conf/zoo.cfg
JMX enabled by default
Using config: conf/zoo.cfg
Starting zookeeper ... STARTED

[root@master2 zookeeper-3.4.6]# ./bin/zkServer.sh start conf/zoo.cfg
JMX enabled by default
Using config: conf/zoo.cfg
Starting zookeeper ... STARTED
```

这时候查看状态，可以看到 master 主机被选为 Leader，其他主机则为 Follower 状态。

```
[root@master zookeeper-3.4.6]# ./bin/zkServer.sh status
JMX enabled by default
Using config: /usr/local/zookeeper-3.4.6/bin/../conf/zoo.cfg
Mode: leader

[root@master1 zookeeper-3.4.6]# ./bin/zkServer.sh status
JMX enabled by default
Using config: /usr/local/zookeeper-3.4.6/bin/../conf/zoo.cfg
Mode: follower

[root@master2 zookeeper-3.4.6]# ./bin/zkServer.sh status
JMX enabled by default
Using config: /usr/local/zookeeper-3.4.6/bin/../conf/zoo.cfg
Mode: follower
```

ZooKeeper 中的角色总结：

Leader（领导者）：负责投票发起和决议、更新系统状态。

Follower（跟随者）：负责接收客户请求，向客户端返回结果，并在选举过程中参与投票。

3. 分别启动 Mesos-master

```
[root@master ~]# mesos-master --work_dir=/home/q/mesos/data --log_dir=/home/q/mesos/logs --no-hostname_lookup --ip=0.0.0.0 --zk=zk://192.168.46.138:2181/mesos --quorum=2

[root@master1 ~]# mesos-master  --work_dir=/home/q/mesos/data --log_dir=/home/q/mesos/logs --no-hostname_lookup --ip=0.0.0.0 --zk=zk://192.168.46.141:2181/mesos  --quorum=2

[root@master2 ~]# mesos-master  --work_dir=/home/q/mesos/data --log_dir=/home/q/mesos/logs --no-hostname_lookup --ip=0.0.0.0 --zk=zk://192.168.46.155:2181/mesos  --quorum=2
```

4. 启动 Mesos-slave

此时的 Mesos-slave 指定 Mesos-master 时，可以直接使用 zk 地址，多 Mesos-master 环境的多 zk 地址使用逗号进行分隔。

```
[root@slave ~]# mesos-slave --containerizers=” mesos,docker” --work_dir=/home/q/mesos/data --log_dir=/home/q/mesos/logs --master=zk://192.168.46.138:2181,192.168.46.141:2181,192.168.46.155:2181/mesos --no-hostname_lookup --ip=0.0.0.0
```

使用浏览器指定任意 Mesos-master 地址的 5050 端口进行验证，如图 5.6 所示。若指定的是非 Leader 状态下的 Mesos-master 地址，页面会自行跳转至处于 Leader 状态的 Mesos-master 地址。


```
[root@master ~]# firefox http://192.168.46.138:5050
```

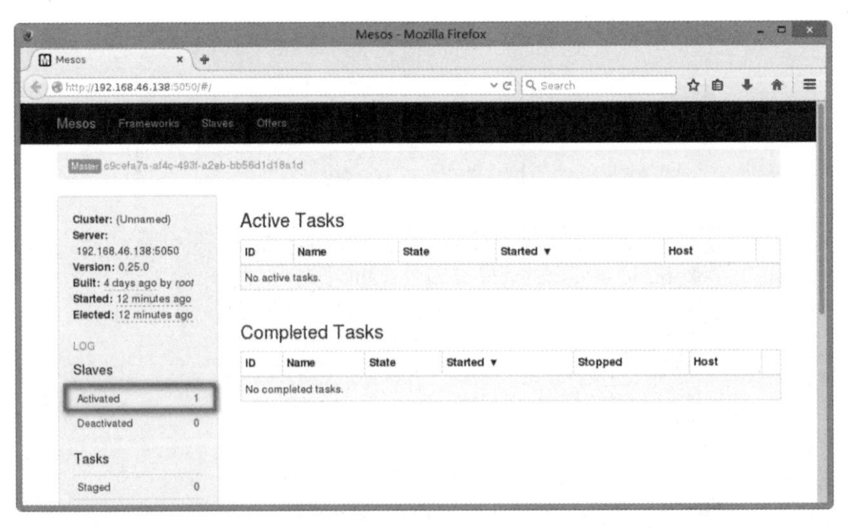

图 5.6　多 Mesos-master 环境的 Mesos Web 页面

5. 其他配置参数

生产环境中还需要从高可用性和安全性两方面进行考虑，可以添加如下参数：

--whitelist：Master 参数，白名单，用来限制 Task 调度。

--authenticate：Master 参数，开启接入认证，一旦开启此功能无证书的 Slave 将无法接入。

--credentials：Master 参数，搭配 --authenticate，提供有效的密钥对。

如果从企业环境下的资源分配和控制方面进行考虑，还需要配置这些参数：

--roles：Master 配置，定义整个 Mesos 中的角色，用于资源分配。

--resources：Slave 配置，针对 Master 预定义的 roles，用于声明静态资源，比如 cpu/mem/disk/port 等。

5.2.4　部署运行 Marathon

Marathon 是一个 Mesos 框架，能够支持运行长服务，比如 Web 应用等。下载解压即可使用，不过个别版本还需要进行编译。

在本案例中，使用 Marathon 向 Mesos 发送任务。

1. 安装并启动 Marathon

```
[root@master ~]# wget http://downloads.mesosphere.com/marathon/v0.15.2/marathon-0.15.2.tgz
[root@master ~]# tar xzvf marathon-0.15.2.tgz -C /home/q
[root@master ~]# cd /home/q/marathon-0.15.2/
```

将 Marathon 安装到多 Mesos-master 环境的 Master（192.168.46.138/24）主机上。

```
[root@master marathon-0.15.2]#./bin/start  --hostname  192.168.46.138 --masterzk:
    //192.168.46.138:2181,192.168.46.141:2181,192.168.46.155:2181/mesos  --http_address 0.0.0.0
```

访问 Marathon（默认使用 8080 端口），如图 5.7 所示。

```
[root@master~]# firefox http://192.168.46.138:8080
```

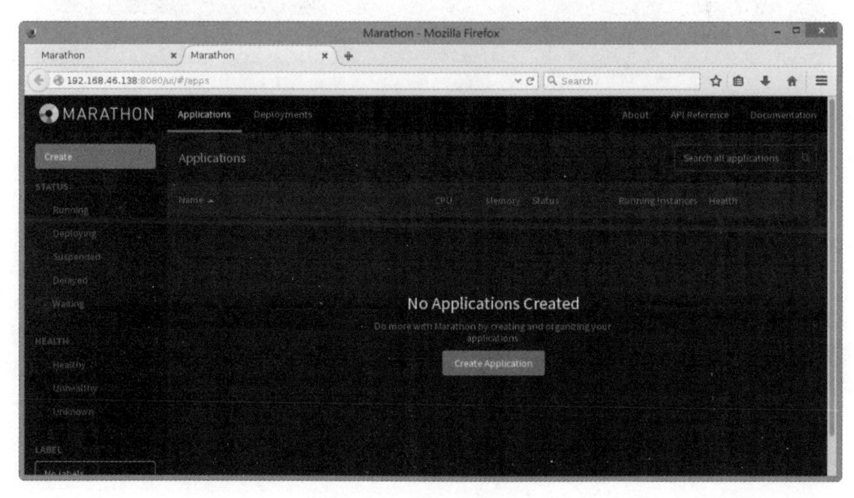

图 5.7　Marathon 首页

2. 使用 Marathon 创建测试任务

在首页点击 Create 按钮，创建一个测试任务 echo "hello world"，如图 5.8 所示。

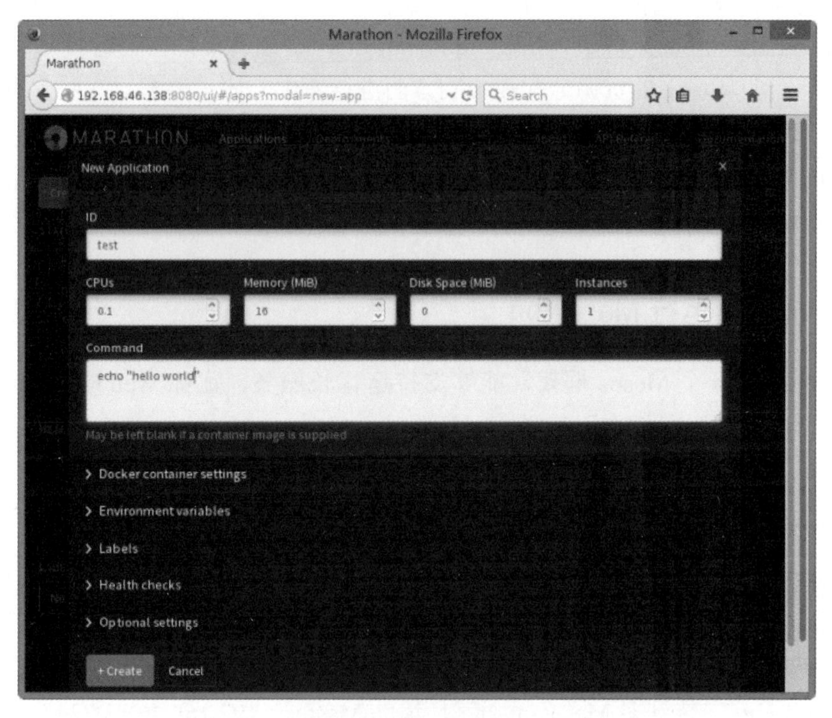

图 5.8　使用 Marathon 创建测试任务

创建成功以后在 Applications 页面可以看到该任务，如图 5.9 所示。

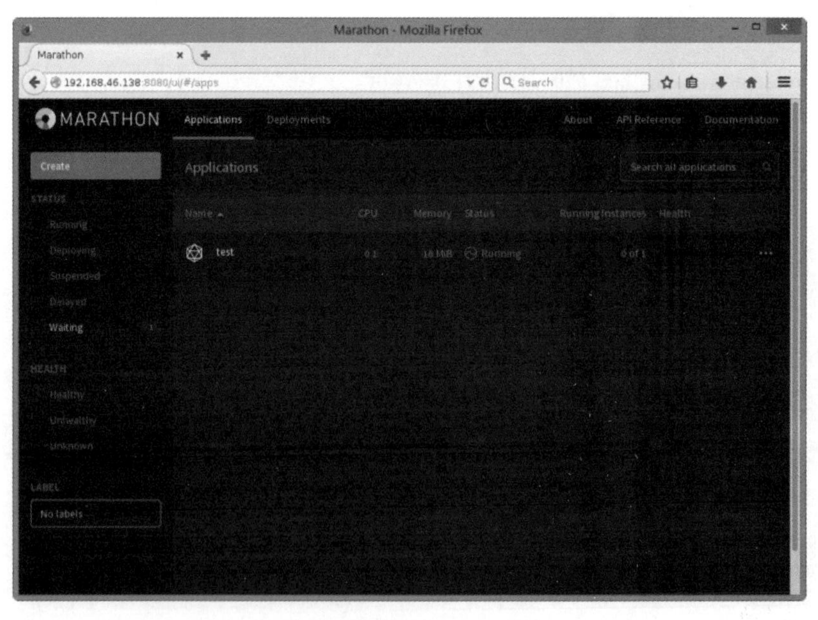

图 5.9　Applications 页面

此时，Marathon 会自动注册到 Mesos 中，可以在 Mesos Web 的 Framework 页面中看到注册信息，如图 5.10 所示。

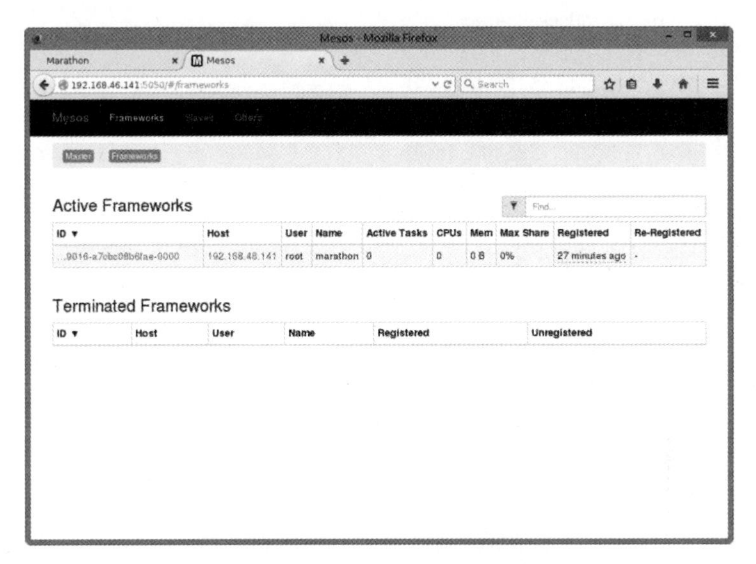

图 5.10　Mesos 中的测试任务

可以在 Mesos Web 首页看到测试任务在不停地执行中，如图 5.11 所示。

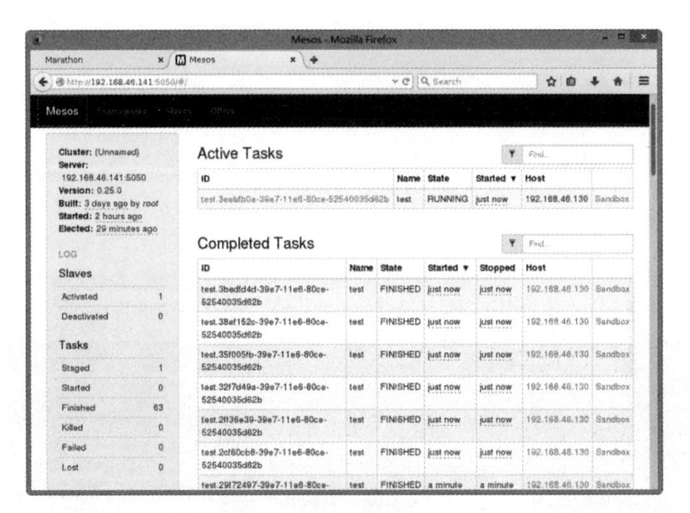

图 5.11　执行中的测试任务

使用命令行方式从 Mesos-slave 主机的 data/slave 目录中可以查看到这个简单任务的相关信息。

```
[root@slave ~]# cd /home/q/mesos/data/slaves/c9cefa7a-af4c-493f-a2eb-bb56d1d18a1d-S0/
    frameworks/203bc83d-18ea-4b98-9016-a7cbc08b6fae-0000/executors/
[root@slave executors]# ls
test.00116f49-39e7-11e6-80ce-52540035d62b
test.0310cc9a-39e7-11e6-80ce-52540035d62b
```

```
……
test.e2297d5f-39e6-11e6-80ce-52540035d62b
test.e49be7d5-39e7-11e6-80ce-52540035d62b
test.e524e310-39e6-11e6-80ce-52540035d62b
test.e79a33b6-39e7-11e6-80ce-52540035d62b
test.e82307e1-39e6-11e6-80ce-52540035d62b
test.ea987f97-39e7-11e6-80ce-52540035d62b
test.eb232882-39e6-11e6-80ce-52540035d62b
test.ed967d58-39e7-11e6-80ce-52540035d62b
test.ee1df1f3-39e6-11e6-80ce-52540035d62b
test.f11cb304-39e6-11e6-80ce-52540035d62b
test.f41a3b95-39e6-11e6-80ce-52540035d62b
test.f71971d6-39e6-11e6-80ce-52540035d62b
test.fa168537-39e6-11e6-80ce-52540035d62b
test.fd1434d8-39e6-11e6-80ce-52540035d62b
[root@slave executors]# cd test.fd1434d8-39e6-11e6-80ce-52540035d62b/runs/latest/
[root@slave latest]# ll   // 标准错误和标准输出信息
total 8
-rw-r--r--. 1 root root 169 Jun 24 16:38 stderr
-rw-r--r--. 1 root root 199 Jun 24 16:38 stdout
[root@slave latest]# cat stdout                    // 查看标准输出信息
Registered executor on 192.168.46.130
Starting task test.fd1434d8-39e6-11e6-80ce-52540035d62b
sh -c 'echo "hello world"'              // 在 slave 中执行该命令
hello world
Forked command at 24979
Command exited with status 0 (pid: 24979)
```

如果要删除这个测试，可以在 Marathon 上的编辑按钮下选择 Destory 进行删除，如图 5.12 所示。

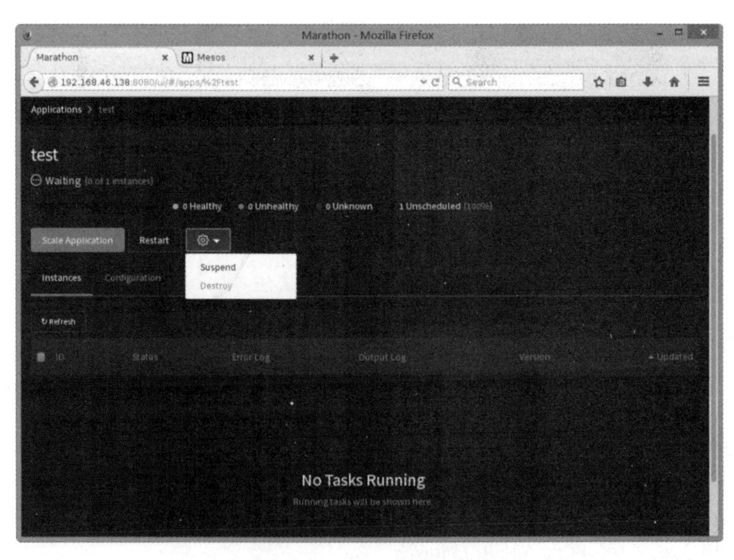

图 5.12　删除测试任务

3. 使用 Marathon API 的形式添加新任务

```
[root@slave ~]# vim demo.json
{
"id": "basic-0",
"cmd": "while [true] ; do echo 'hello Marathon' ; sleep 5 ; done",
"cpus": 0.1,
"mem": 10.0,
"instances": 1
}

[root@slave ~]# curl -X POST -H "Content-type: application/json" http://192.168.46.138:8080/v2/
    apps -d@demo.json
{"id":"/basic-1","cmd":"while [true] ; do echo 'hello Marathon' ; sleep 5 ; done","args":null,"user":
   null,"env":{},"instances":1,"cpus":0.1,"mem":10,"disk":0,"executor":"","constraints":[],"uris":[],
   "fetch":[],"storeUrls":[],"ports":[0],"requirePorts":false,"backoffSeconds":1,"backoffFactor":1.15,
   "maxLaunchDelaySeconds":3600,"container":null,"healthChecks":[],"dependencies":[],"upgrade
   Strategy":{"minimumHealthCapacity":1,"maximumOverCapacity":1},"labels":{},"accepte
   dResourceRoles":null,"ipAddress":null,"version":"2016-06-24T08:59:04.103Z","tasksStaged":
   0,"tasksRunning":0,"tasksHealthy":0,"tasksUnhealthy":0,"deployments":[{"id":"5f7bc25c-29a2-
   4ac6-9962-9399021a9e92"}],"tasks":[]}[root@slave ~]#
```

启动第二个 Mesos-slave 节点 slave1。在 Mesos Web 的 Slaves 选项卡中可以看到加入的 slave 节点相关信息，如图 5.13 所示。

```
[root@slave1~]# mesos-slave --containerizers=” mesos,docker” --work_dir=/home/q/mesos/data --log_
      dir=/home/q/mesos/logs --master=zk://192.168.46.138:2181,192.168.46.141:2
      181,192.168.46.155:2181/mesos  --no-hostname_lookup --ip=0.0.0.0
```

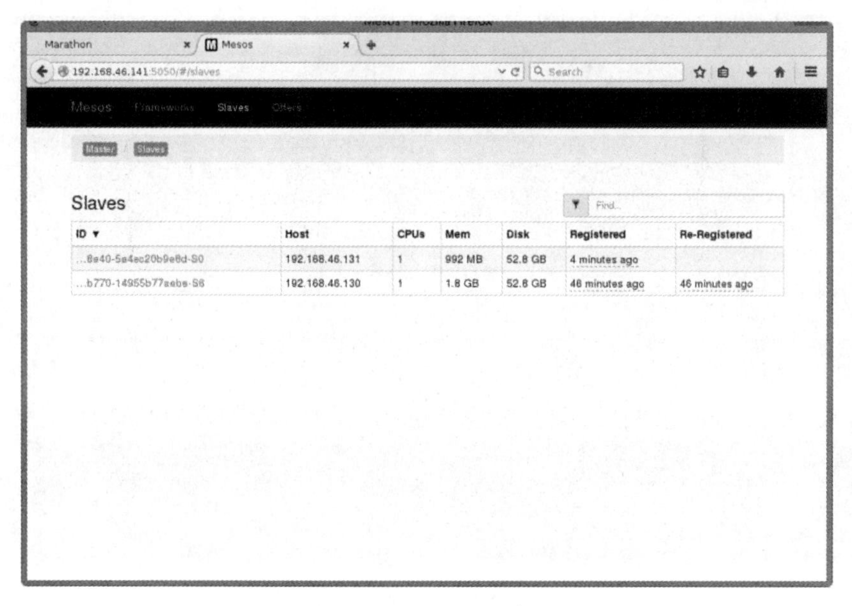

图 5.13　Slaves 信息

在 Mesos Web 首页看到两个 slave 主机都已经激活，如图 5.14 所示。

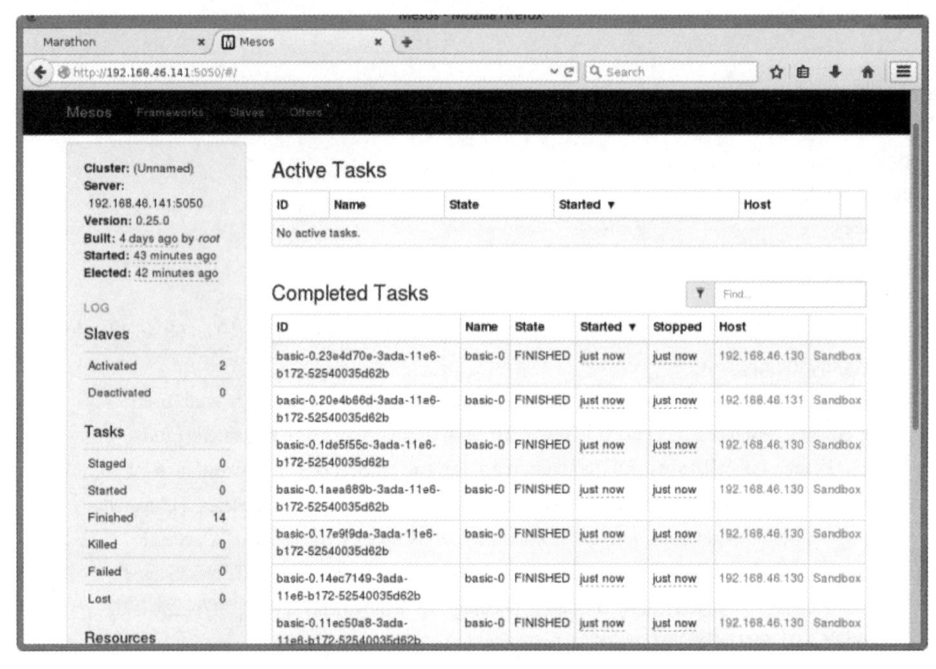

图 5.14　slave 主机在 Mesos 中的状态

在 Marathon 中点击 Scale Application 扩充 16 个任务，已经启动的 16 个任务会发送 16 个 echo 消息，由 Marathon 随机分发给了 slave 与 slave1 主机，如图 5.15 所示。

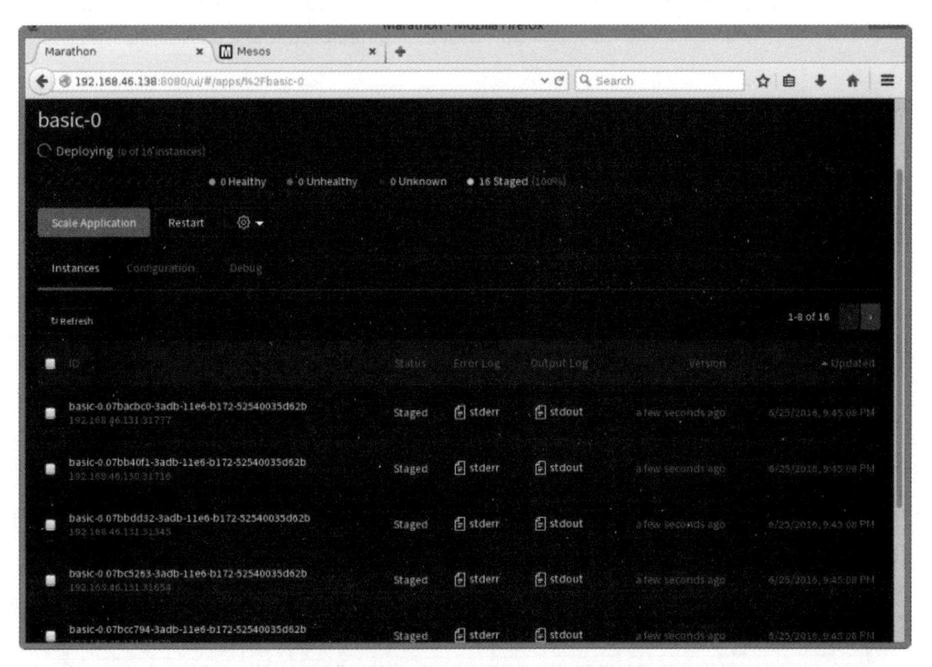

图 5.15　使用 Marathon 扩充任务

在 Marathon 中删除任务后，可以看到 Mesos 中所有任务都处于 KILLED 状态，Marathon 是以 kill -9 的形式把任务发送给 Mesos 的，如图 5.16 所示。

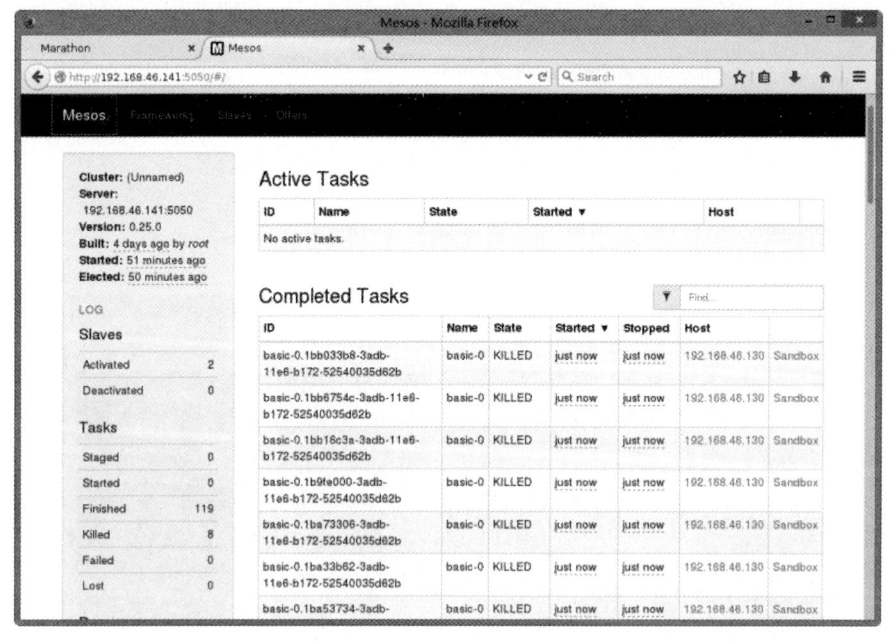

图 5.16　删除后的 slave 执行任务状态

4．使用 Mesos 与 Marathon 创建 Docker 集群

使用 Marathon API 的形式创建 Docker 的 Nginx 请求任务。创建好后在 Marathon 页面中查看，如图 5.17 所示。

```
[root@slave ~]# vim nginx.json
{
 "id": "/nginx",                    // 应用的唯一 ID
"container": {                      // marathon 启用 docker 格式
  "type": "DOCKER",
  "docker": {
   "image": "nginx",                // nginx 镜像
   "network": "HOST",               // 网络为 HOST 模式
   "parameters": [],
   "privileged": false,
   "forcePullImage": false          // 是否强制更新镜像
   }
 },
 "cpus": 0.1,
 "mem": 32.0,
 "instances": 1
}
```

```
[root@slave ~]#  curl -X POST -H "Content-type: application/json" http://192.168.46.138:8080/v2/
    apps -d@nginx.json
{"id":"/nginx","cmd":null,"args":null,"user":null,"env":{},"instances":1,"cpus":0.1,"mem":32,"disk":0,
  "executor":"","constraints":[],"uris":[],"fetch":[],"storeUrls":[],"ports":[0],"requirePorts":false,"
   backoffSeconds":1,"backoffFactor":1.15,"maxLaunchDelaySeconds":3600,"container":{"type":
  "DOCKER","volumes":[],"docker":{"image":"nginx","network":"HOST","privileged":false,"par
   ameters":[],"forcePullImage":false}},"healthChecks":[],"dependencies":[],"upgradeStrategy":
   {"minimumHealthCapacity":1,"maximumOverCapacity":1},"labels":{},"acceptedResourceRoles":
   null,"ipAddress":null,"version":"2016-06-25T14:18:00.142Z","tasksStaged":0,
  "tasksRunning":0,"tasksHealthy":0,"tasksUnhealthy":0,"deployments":[{"id":"bcc1b782-b6db-
   4864-b3e8-f52e9f8e6bcc"}],"tasks":[]}[root@slave ~]#
```

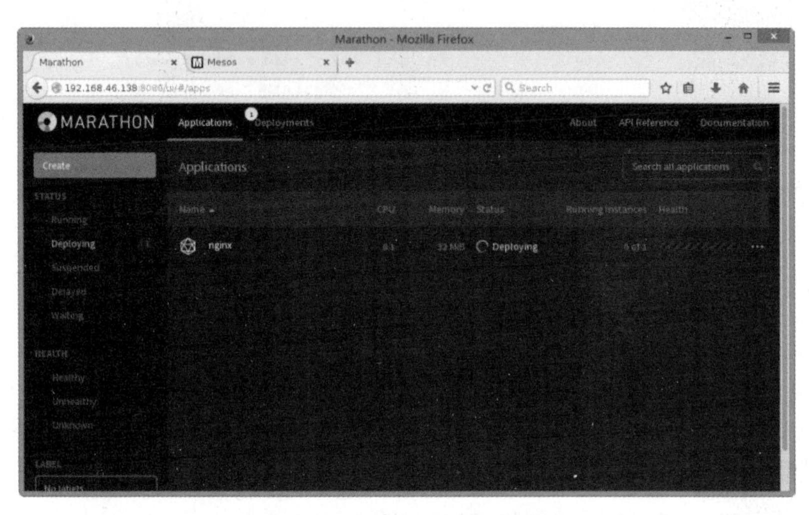

图 5.17　创建的 Nginx 任务

可以在创建的 Nginx 任务下看到该任务发送给了 192.168.46.131 主机（slave1），如图 5.18 所示。

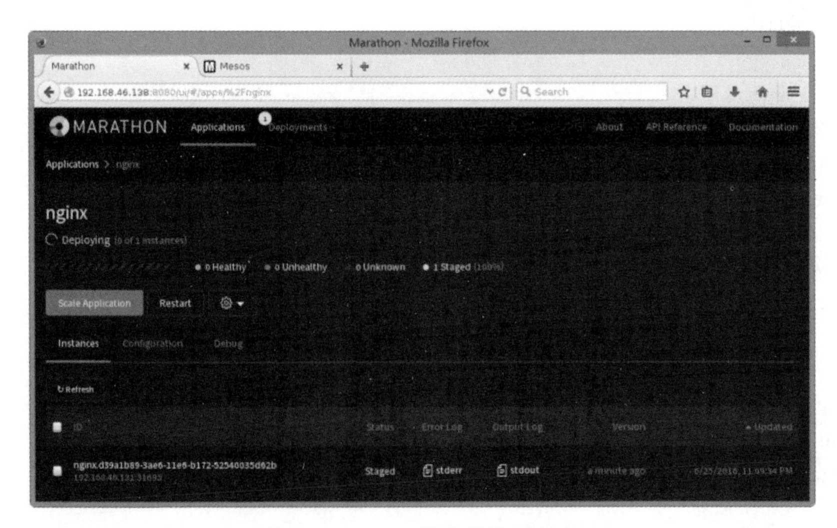

图 5.18　slave1 接收并执行任务

用命令行的方式可以查看到现在 slave1 主机已经开始下载 Docker 镜像。

```
[root@slave1 ~]# ps aux |grep docker
......
root     10102  0.5  0.5 177336 15000 pts/0    Sl+  23:10   0:00 /usr/bin/docker-current -H unix:///var/
    run/docker.sock pull nginx:latest
...
```

下载完毕之后在 Marathon 页面中可以看到下载的镜像会自动启动，如图 5.19 所示。

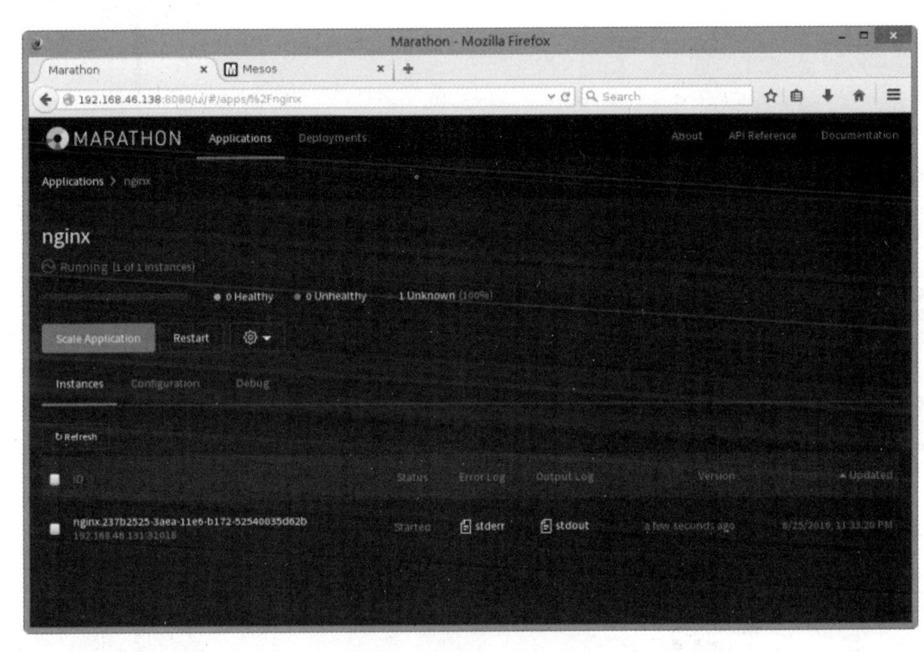

图 5.19　Nginx 运行状态

也可以使用命令行方式查看 Nginx 镜像的状态。

```
[root@slave1 ~]# docker ps -a
CONTAINER ID    IMAGE    COMMAND    CREATED    STATUS    PORTS    NAMES
72adf1ce883d    nginx    "nginx -g 'daemon off"   About a minute ago   Up About a minute
mesos-7bfee8f0-b84e-4701-8e40-5e4ec20b9e8d-S0.eb960358-11d7-4c61-9796-3c765c68b638
```

使用 inspect 命令可以收集有关容器和镜像的底层信息。

```
[root@slave1 ~]# docker inspect 72adf1ce883d
```

访问运行着的 Nginx 服务，结果如图 5.20 所示。

```
[root@slave1 ~]# firefox http://192.168.46.131
```

此时，利用 Apache Mesos 所管理 Docker 的 Nginx 集群搭建成功。

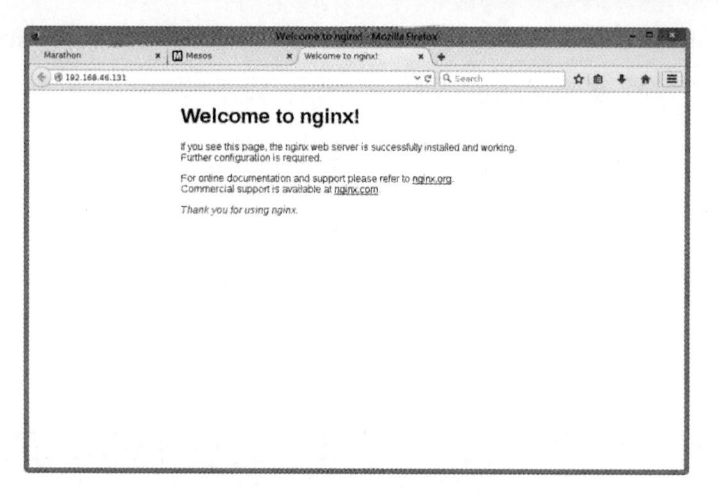

图 5.20 Nginx 启动页面

本章总结

- Apache Mesos 是一款开源分布式资源管理套件，可以有效地管理 Docker 容器。
- 可以配置单台 Mesos-master 使用，也可以配置多 Mesos-master 环境，配合 ZooKeeper 软件一起使用，可以简化多 Mesos-master 环境的访问。
- Marathon 框架是一个在 Mesos 上运行分布式应用的应用程序。

第6章

容器日志实战

技能目标

- 理解 ELK 工作原理
- 会部署 ELK 单 ElasticSearch 平台
- 会部署 ELK 多 ElasticSearch 集群

本章导读

通常 Docker 的日志信息存储在计算机本地，而 Docker 越来越多地被应用到分布式应用环境中，日志会被分散存储到不同的服务器上，分别去查阅这些日志不但笨拙、繁琐还效率低下，最好的办法就是将所有日志集中存储在一台服务器上统一管理与查阅，这就是集中化的日志管理方式。

知识服务

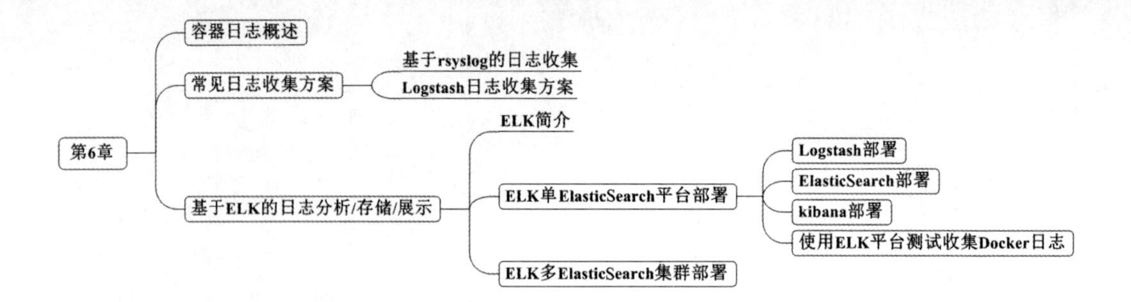

6.1 容器日志概要

在 Linux 系统中日志几乎可以保存所有的操作记录，系统运维和开发人员根据这些日志来了解服务器软硬件信息，检查配置过程中的错误从而找出出错的原因进一步去解决这些错误。经常分析日志信息还可以了解服务器的性能、负载量以及安全性等。

通常 Docker 的日志信息存储在计算机本地，而随着 Docker 越来越多地被应用到分布式应用环境中，日志会被分散存储到不同的服务器上，分别去查阅这些日志不但笨拙、繁琐而且效率低下，最好的办法就是将所有日志集中存储在一台服务器上统一管理与查阅，那就是集中化的日志管理方式。比如大部分的 Linux 发行版本默认使用 rsyslog 来收集管理日志信息，使用 rsyslog 可以将所有服务器上的 Docker 日志收集汇总到一台服务器上统一管理。Docker 具有多种灵活的日志统一管理方案，可根据特定的环境选择使用。

本章内容将使用 CentOS 7.2 系统依次介绍几种常见的 Docker 日志集中管理方案。

6.2 常见日志收集方案

日志收集方案环境如表 6-1 所示。

表 6-1　rsyslog 方案环境

主机名	IP 地址	相关软件包
syslog-server	192.168.46.130/24	rsyslog-7.4.7-12.el7.x86_64.rpm jdk-8u91-linux-x64.tar.gz logstash-2.3.3.tar.gz
syslog-client	192.168.46.131/24	rsyslog-7.4.7-12.el7.x86_64.rpm

6.2.1　基于 rsyslog 的日志收集方案

Linux 系统通常使用 rsyslog 来实现系统日志的集中管理（6.0 版本之前为 syslog），采用服务器端和客户端的模式。客户端只需要在本地的 rsyslog 服务配置中添加日志服务端的 IP 和端口号（默认为 514）就可以将日志发送到日志服务器，部署和配置十分简单。

1. 日志收集服务器（syslog-server）

日志收集服务器，需在 rsyslog 配置文件 /etc/rsyslog.conf 中启用 TCP/UDP 端口，用于接收远程日志客户端传送过来的日志信息。

```
[root@syslog-server ~]# vim /etc/rsyslog.conf

# Provides UDP syslog reception   // 启用 UDP 端口
$ModLoad imudp
$UDPServerRun 514

# Provides TCP syslog reception   // 启用 TCP 端口
$ModLoad imtcp
$InputTCPServerRun 514
```

定义日志模板并应用于远程日志，将远程主机上传输的日志单独存放。

```
$template RemoteLogs,"/var/log/%HOSTNAME%/%PROGRAMNAME%.log" *  // 定义日志模板
*.* ?RemoteLogs
&~          // 处理所有远程日志，其他后续规则不再处理
[root@syslog-server ~]# systemctl restart rsyslog
[root@syslog-server ~]# ps -ef |grep rsyslog
root      8204     1  0 08:52 ?       00:00:00 /usr/sbin/rsyslogd -n
root      8369  7987  0 08:55 pts/0   00:00:00 grep --color=auto rsyslog
[root@syslog-server ~]# netstat -antop |grep 8204
tcp       0      0 0.0.0.0:514        0.0.0.0:*        LISTEN      8204/rsyslogd      off (0.00/0/0)
tcp6      0      0 :::514             :::*             LISTEN      8204/rsyslogd      off (0.00/0/0)
```

重新启动 rsyslog 服务之后，可以在 /var/log/ 目录下看到已生成两个目录：syslog-server 存放服务端日志，syslog-client 存放客户端日志，但此时 syslog-client 还没有相关日志信息产生。

```
[root@syslog-server ~]# cd /var/log/
[root@syslog-server log]# ls |grep syslog
syslog-client
syslog-server
```

2. 发送日志服务器（syslog-client）

方法一：采取转发本地日志的方式配置

需要修改 rsyslog 配置文件 /etc/rsyslog.conf，有三种转发格式：

. @@ 日志服务器 IP:514——TCP 协议发送，虽然资源占用率高，但可靠性强；

. @ 日志服务器 IP:514——UDP 协议发送，传送速度快，资源占用小，却容易丢失数据；

. @(z9) 日志服务器 IP:514——压缩发送日志，可以减少网络带宽损耗，但相比于使用 TCP/UDP 直接发送日志的方式会产生额外的磁盘消耗，但是可用性更高，传

送规则也是可以控制的。

例如：定义 syslog-client 上的日志使用 TCP 协议发送给 syslog-server 主机。

```
[root@syslog-client ~]# vim /etc/rsyslog.conf
*.* @@192.168.46.130:514
[root@syslog-client ~]# systemctl restart rsyslog
```

定义 Docker 日志存储在本地后通过 rsyslog 转走，在 Docker 配置文件 /etc/sysconfig/docker 中添加 --log-driver=syslog。

```
[root@syslog-client ~]# vim /etc/sysconfig/docker
OPTIONS='--selinux-enabled --log-driver=syslog'
[root@syslog-client ~]# systemctl restart docker
```

验证日志是否被集中传送到定义的日志服务器上，可以通过启动 Docker 并访问其上的服务进行验证，例如访问 Docker 上运行的 Nginx 测试日志收集。

```
[root@syslog-client ~]# docker images
REPOSITORY        TAG        IMAGE ID          CREATED          VIRTUAL SIZE
docker.io/nginx   latest     89732b811e7f      4 weeks ago      182.7 MB
[root@syslog-client ~]# docker run -d -p 8080:80  89732b811e7f
d89d05f4fede8e44de169978bef40e48ce6617a07dc2424237e26d3fd29ab475
[root@syslog-client ~]# firefox http://localhost:8080
```

在 syslog-server 主机上查看收集的日志信息。

```
[root@syslog-server syslog-client]# pwd
/var/log/syslog-client
[root@syslog-server syslog-client]# ll
total 52
-rw-------. 1 root root  246 Jun 30 21:04 avahi-daemon.log
-rw-------. 1 root root   84 Jun 30 20:58 chronyd.log
-rw-------. 1 root root  183 Jun 30 21:01 CROND.log
-rw-------. 1 root root  168 Jun 30 21:04 dnsmasq.log
-rw-------. 1 root root  523 Jun 30 21:04 docker-current.log
-rw-------. 1 root root  236 Jun 30 21:03 docker-storage-setup.log
-rw-------. 1 root root 3043 Jun 30 21:04 journal.log
-rw-------. 1 root root 2843 Jun 30 21:04 kernel.log
-rw-------. 1 root root 1105 Jun 30 21:04 NetworkManager.log
-rw-------. 1 root root  792 Jun 30 21:03 polkitd.log
-rw-------. 1 root root  314 Jun 30 21:03 rsyslogd.log
-rw-------. 1 root root  380 Jun 30 21:01 run-parts(.log
-rw-------. 1 root root 2650 Jun 30 21:04 systemd.log
```

使用 tail -f docker-current.log 查看日志信息，如图 6.1 所示。

方法二：配置 Docker 的 log-driver 直接把日志发送到远端

（1）关闭 syslog-client 客户端 rsyslog 的转发功能

```
[root@syslog-client ~]# vim /etc/rsyslog.conf
#*.* @@192.168.46.130:514   //注释掉
[root@syslog-client ~]# systemctl restart rsyslog
```

```
2016-06-30T21:15:55+08:00 syslog-client docker-current/bebe560d6f6e[1475 172.17.0.1
 - - [30/Jun/2016:13:15:55 +0000] "GET /favicon.ico HTTP/1.1" 404 169 "-" "Mozilla/
5.0 (X11; Linux x86_64; rv:38.0) Gecko/20100101 Firefox/38.0" "-"
2016-06-30T21:16:15+08:00 syslog-client docker-current/bebe560d6f6e[1475 172.17.0.1
 - - [30/Jun/2016:13:16:15 +0000] "GET / HTTP/1.1" 304 0 "-" "Mozilla/5.0 (X11; Lin
ux x86_64; rv:38.0) Gecko/20100101 Firefox/38.0" "-"
2016-06-30T21:16:16+08:00 syslog-client docker-current/bebe560d6f6e[1475 172.17.0.1
 - - [30/Jun/2016:13:16:16 +0000] "GET / HTTP/1.1" 304 0 "-" "Mozilla/5.0 (X11; Lin
ux x86_64; rv:38.0) Gecko/20100101 Firefox/38.0" "-"
2016-06-30T21:16:16+08:00 syslog-client docker-current/bebe560d6f6e[1475 172.17.0.1
 - - [30/Jun/2016:13:16:16 +0000] "GET / HTTP/1.1" 304 0 "-" "Mozilla/5.0 (X11; Lin
ux x86_64; rv:38.0) Gecko/20100101 Firefox/38.0" "-"
```

图 6.1　Nginx 访问日志（1）

（2）删除 syslog-server 服务端记录的 syslog-client 旧日志信息

```
[root@syslog-server log]# pwd
/var/log
[root@syslog-server log]# rm -rf syslog-client/
```

（3）syslog-client 客户端在 Docker 配置文件中添加全局转发配置

语法：

```
--log-opt syslog-address=[tcp|udp|tcp+tls]://host:port
[root@syslog-client ~]# vim /etc/sysconfig/docker
OPTIONS='--selinux-enabled --log-driver=syslog --log-opt syslog-add
    ress=tcp://192.168.46.130:514'
[root@syslog-client ~]# systemctl restart docker
```

（4）启动 Docker 访问 Nginx，测试日志收集

```
[root@syslog-client ~]# docker run -d -p 8080:80  89732b811e7f
c81a6fec0cd3e06083b40d8c10b6df73ab38fe2fa8660125523d5373bfabca75
[root@syslog-client ~]# firefox http://localhost:8080
```

（5）syslog-server 主机上查看日志信息

```
[root@syslog-server syslog-client]# pwd
/var/log/syslog-client
[root@syslog-server syslog-client]# ls
docker-current.log
```

可以看到只有 Docker 自己的日志被转发到 syslog-server 上，使用 tail -f docker-current.log 查看日志信息，如图 6.2 所示。

```
2016-06-30T22:44:12+08:00 syslog-client docker-current/c81a6fec0cd3
[16533]: 2016/06/30 14:44:12 [error] 6#6: *1 open() "/usr/share/ngi
nx/html/favicon.ico" failed (2: No such file or directory), client:
 172.17.0.1, server: localhost, request: "GET /favicon.ico HTTP/1.1
", host: "localhost:8080"
2016-06-30T22:44:12+08:00 syslog-client docker-current/c81a6fec0cd3
[16533]: 172.17.0.1 - - [30/Jun/2016:14:44:12 +0000] "GET /favicon.
ico HTTP/1.1" 404 169 "-" "Mozilla/5.0 (X11; Linux x86_64; rv:38.0)
 Gecko/20100101 Firefox/38.0" "-"
```

图 6.2　Nginx 访问日志（2）

6.2.2 Logstash 日志收集方案

Logstash 是一个开源的分布式日志收集工具，由 JRuby 语言开发而成。可以对日志进行收集、分析，并将其存储供以后使用。syslog-server 服务端需要安装 Logstash 软件包，官方网站 https://www.elastic.co/downloads/logstash 提供了 rpm/deb/tar 包进行下载和安装。

1. 安装 JDK 环境

注意 Logstash 的运行依赖于 Java 运行环境，需要安装 JDK 环境，推荐使用最新版本。JDK 软件包可以从官网下载 http://download.oracle.com。

```
[root@syslog-server ~]#tar xzvf  jdk-8u91-linux-x64.tar.gz -C /usr/local
[root@syslog-server ~]#vim /etc/profile
export  JAVA_HOME=/usr/local/jdk1.8.0_91
export  PATH=$JAVA_HOME/bin:$PATH
export  CLASSPATH=$JAVA_HOME/jre/lib/ext:$JAVA_HOME/lib/tools.jar
[root@syslog-server ~]#source /etc/profile
```

2. 安装 Logstash

安装 Logstash 只需将它解压到对应目录即可，执行 bin/logstash -h 可查看帮助文档 。

```
[root@syslog-server ~]# wget https://download.elastic.co/logstash/logstash/logstash-2.3.3.tar.gz
[root@syslog-server ~]# tar xzf logstash-2.3.3.tar.gz
[root@syslog-server ~]# cd logstash-2.3.3/
[root@syslog-server logstash-2.3.3]# ls
bin          Gemfile                  LICENSE
CHANGELOG.md  Gemfile.jruby-1.9.lock  NOTICE.TXT
CONTRIBUTORS  lib                     vendor
```

3. 配置 Logstash

这里创建一个简单的 Logstash 配置文件，内容如下：

```
[root@syslog-server logstash-2.3.3]# vim bin/logstash.conf
input{
 file{                        // 输入源为文件
  path =>"/var/log/syslog-client/docker-current.log"    // 读取日志的位置


}
}
output{
 stdout{// 直接输出至屏幕
 codec => rubydebug
}
}
```

Logstash 使用 input 和 output 定义收集日志时的输入和输出的相关配置，本例中

input 定义了一个叫 "file" 的 input，output 定义了一个叫 "stdout" 的 output，直接输出到屏幕上。无论读取到什么类型的日志，Logstash 都会按照某种格式来返回输入的日志信息。

其中 input 常用的输入源有：file、syslog、redis、log4j、apache log 或 nginx log，或者其他一些自定义的 log 格式。output 常用的输出有：elasticsearch 比较常用，file：写入文件，redis：写入队列，hdfs：写入 HDFS，需插件支持，zabbix：zabbix 监控，mongodb：写入 mongodb 库，除此之外编码插件 codecs 也比较常用，经常用来处理 json 数据或者多行数据源。

检查配置文件语法是否正确，之后运行 Logstash。

```
[root@syslog-server logstash-2.3.3]# ./bin/logstash agent -f bin/logstash.conf –t
Configuration OK
[root@syslog-server logstash-2.3.3]# ./bin/logstash agent -f bin/logstash.conf
Settings: Default pipeline workers: 1
Pipeline main started
```

其中选项：

-f：指定加载一个后缀为 .conf 文件的 Logstash 配置模块。

-t, --configtest: 检查 logstash 配置是否有效。

4. 测试验证日志收集

此时，在 syslog-client 客户端使用浏览器访问 Nginx，产生测试日志。在 syslog-server 服务端已经有日志输出，以增量的形式进行日志收集输出，如图 6.3 所示。

```
Pipeline main started
{
       "message" => "2016-07-01T09:11:47+08:00 syslog-client dock
er-current/c81a6fec0cd3[16533]: 2016/07/01 01:11:47 [error] 6#6:
*4 open() \"/usr/share/nginx/html/favicon.ico\" failed (2: No suc
h file or directory), client: 172.17.0.1, server: localhost, requ
est: \"GET /favicon.ico HTTP/1.1\", host: \"localhost:8080\"",
      "@version" => "1",
    "@timestamp" => "2016-07-01T01:11:48.006Z",
          "path" => "/var/log/syslog-client/docker-current.log",
          "host" => "syslog-server"
}
{
       "message" => "2016-07-01T09:11:47+08:00 syslog-client dock
er-current/c81a6fec0cd3[16533]: 172.17.0.1 - - [01/Jul/2016:01:11
:47 +0000] \"GET /favicon.ico HTTP/1.1\" 404 169 \"-\" \"Mozilla/
5.0 (X11; Linux x86_64; rv:38.0) Gecko/20100101 Firefox/38.0\" \"
-\"",
      "@version" => "1",
    "@timestamp" => "2016-07-01T01:11:48.010Z",
```

图 6.3　增量日志输出

一般使用 rsyslog 收集系统日志，使用 logstash 收集业务日志，两者配合，解析后的数据可写入 Elasticsearch/Kafka/MQ 等等。

6.3 基于 ELK 的日志分析 / 存储 / 展示

集中化日志管理之后，另外一件比较麻烦的事情就是日志的统计和检索。一般使用 Linux 命令 grep、awk、wc 等就能实现检索和统计操作。但面对庞大的机器数量，面对要求更高的查询、排序、统计，继续使用这样的方法就显得有点力不从心。开源实时日志分析 ELK 平台能够解决上述问题。

6.3.1 ELK 简介

ELK 是一套完整的日志解决方案，由 ElasticSearch、Logstash、Kibana 这三款开源软件组成。ElasticSearch 是基于 Lucene 开发的分布式存储检索引擎，用来存储各类日志；Logstash 对日志进行收集、分析，并将其存储供以后使用；Kibana 是基于 Node.js 开发的展示工具，为 Logstash 和 ElasticSearch 提供用于日志展示的 Web 界面，还用于帮助汇总、分析和搜索重要日志数据。ELK 官网 https://www.elastic.co/products 分别提供了 rpm/deb/tar 包可进行下载安装。

ELK 的工作原理如下：

在所有需要收集日志的服务上部署 Logstash，作为 Logstash agent 用于监控并过滤所收集的日志，将过滤后的内容整合在一起，最终全部交给 ElasticSearch 检索引擎；可以用 ElasticSearch 进行自定义搜索，再通过 Kibana 结合自定义搜索内容生成图表，进行日志数据展示，如图 6.4 所示。

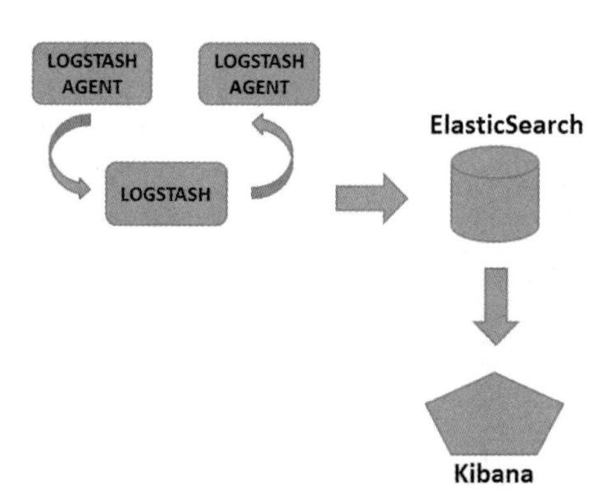

图 6.4　ELK 工作原理

6.3.2 ELK 单 ElasticSearch 平台部署

ELK 单 ElasticSearch 平台部署案例环境如表 6-2 所示。

表 6-2　ELK 案例环境

主机名	IP 地址	相关软件包
syslog-server	192.168.46.130/24	rsyslog-7.4.7-12.el7.x86_64.rpm jdk-8u91-linux-x64.tar.gz logstash-2.3.3.tar.gz elasticsearch-2.3.3.tar.gz kibana-4.5.1-linux-x64.tar.gz
syslog-client	192.168.46.131/24	rsyslog-7.4.7-12.el7.x86_64.rpm

1. Logstash 部署

日志数据到达 Logstash 的 Input 后，会按行发送给 Filter 进行处理，处理完成后会把数据交给 Output，Output 写入到 ElasticSearch。Filter 是可选项，是一个行处理机制，作用是将提供的未格式化数据整理成需要的数据，也可以不做任何处理直接把原始数据传送给 Output。工作原理如图 6.5 所示。

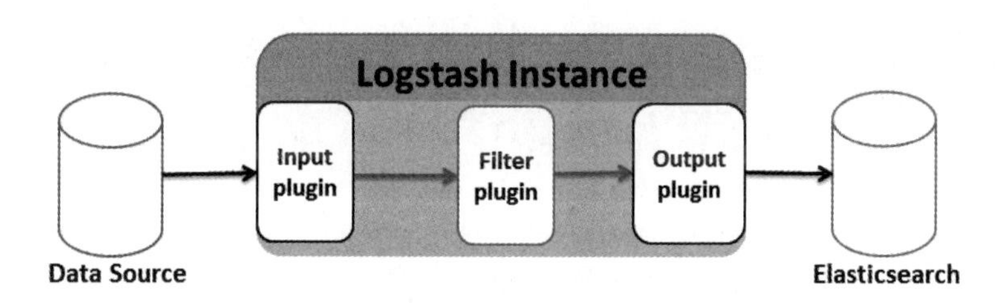

图 6.5　Logstash 工作原理

安装 Logstash (略)，参考之前案例。

使用 Logstash 设置一个叫 grok 的过滤器。

```
[root@syslog-server logstash-2.3.3]# ./bin/logstash -e 'input{stdin{}}filter{grok{match=>{"messag
    e"=>"%{DATA:a}%{GREEDYDATA:b}"}}}output{stdout{codec=>rubydebug}}'
```

使用 -e 参数在命令行中直接指定配置，方便测试使用，这里定义了两个变量 a 和 b，分别把输入的数据传递给变量 a 和 b 作为变量的值。

输入 hello world 进行测试，测试结果如图 6.6 所示。

Logstash 使用了 grok 过滤器后能够将一行日志数据分割设置为不同数据字段，这一特点对解析和查询日志数据非常有用。如果是对一些常见的日志格式进行解析，Logstash 还有写好的匹配规则可以参考。

2. ElasticSearch 部署

将下载的 ElasticSearch 解压到对应目录。

```
Settings: Default pipeline workers: 1
Pipeline main started
a b
{
       "message" => "a b",
      "@version" => "1",
    "@timestamp" => "2016-07-05T07:25:18.790Z",
          "host" => "syslog-server",
             "a" => "a",
             "b" => "b"
}
hello world
{
       "message" => "hello world",
      "@version" => "1",
    "@timestamp" => "2016-07-05T07:26:44.012Z",
          "host" => "syslog-server",
             "a" => "hello",
             "b" => "world"
}
```

图 6.6　过滤器测试结果

```
[root@syslog-server ~]# wget https://download.elastic.co/elasticsearch/release/org/elasticsearch/
    distribution/tar/elasticsearch/2.3.3/elasticsearch-2.3.3.tar.gz
[root@syslog-server ~]# tar xzvf elasticsearch-2.3.3.tar.gz -C /usr/local/
[root@syslog-server ~]# ls /usr/local/elasticsearch-2.3.3/
bin    data LICENSE.txt modules   plugins      wrapper.log
config lib  logs        NOTICE.txt README.textile
```

解压后的目录结构：

bin：存放 ElasticSearch 的可执行文件；

config：存放 ElasticSearch 配置文件；

data：存放 ElasticSearch 的数据文件；

lib：存放 ElasticSearch 运行所需类库；

logs：存放 ElasticSearch 日志文件；

modules：存放 ElasticSearch 加载模块列表以及必要的插件文件；

plugins：存放 ElasticSearch 自定义安装的插件文件。

新版本的 ElasticSearch 使用 bin/elasticsearch 启动时会提示不能以 root 身份启动 ElasticSearch（don't run the elasticsearch as root），解决办法就是建立普通用户，给新用户设置相应权限。

```
[root@syslog-server ~]# chown -R user1 /usr/local/elasticsearch-2.3.3/
[root@syslog-server ~]# su - user1
```

修改配置文件 elasticsearch.yml，将其中的 network.host 改为主机的 IP 地址，启动 ElasticSearch。

```
[user1@syslog-server~]$ vim /usr/local/elasticsearch-2.3.3/config/elasticsearch.yml
network.host:192.168.46.130
```

```
[user1@syslog-server~]$ /usr/local/elasticsearch-2.3.3/bin/elasticsearch
```

后台运行 ElasticSearch 执行如下命令：

```
[user1@syslog-server ~]$ nohup /usr/local/elasticsearch-2.3.3/bin/elasticsearch&>/dev/null &
```

确认 ElasticSearch 的 9200 端口已监听，说明 ElasticSearch 已成功运行。

```
[root@syslog-server ~]# netstat -antpu  |grep 9200
tcp6      0      0 192.168.46.130:9200      :::*      LISTEN      30065/java
```

配置好后，通过浏览器可以看到 ElasticSearch 的版本信息，如图 6.7 所示。

```
[root@syslog-server ~]# firefox http://192.168.46.130:9200
```

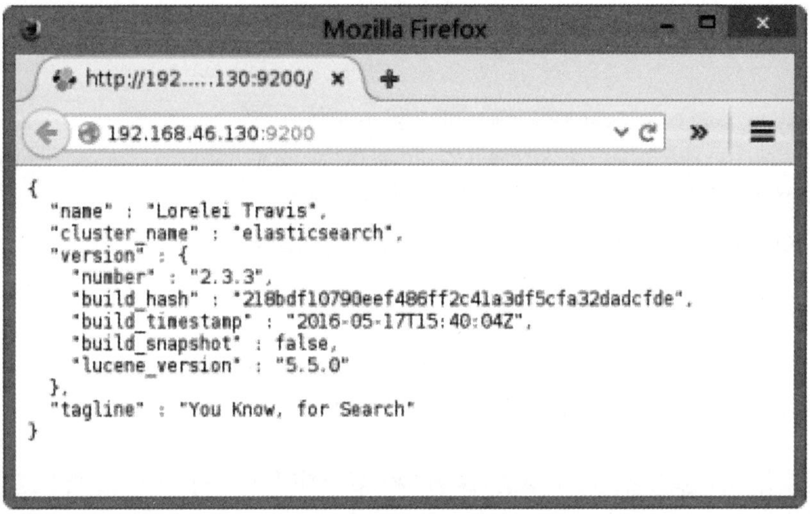

Mozilla Firefox
http://192.....130:9200/
192.168.46.130:9200


```
{
  "name" : "Lorelei Travis",
  "cluster_name" : "elasticsearch",
  "version" : {
    "number" : "2.3.3",
    "build_hash" : "218bdf10790eef486ff2c41a3df5cfa32dadcfde",
    "build_timestamp" : "2016-05-17T15:40:04Z",
    "build_snapshot" : false,
    "lucene_version" : "5.5.0"
  },
  "tagline" : "You Know, for Search"
}
```


图 6.7　ElasticSearch 版本信息

创建 Logstash 测试文件 logstash-es-example.conf，用 ElasticSearch 作为 output，使日志输出结果输出到 ElasticSearch 中。

```
[root@syslog-server ~]# vim logstash-es-example.conf
input{stdin{}}
output{
elasticsearch{hosts=>"192.168.46.130"}
}
```

使用 curl 命令发送请求来查看 ElasticSearch 是否接收到了数据，如图 6.8 所示。

```
[root@syslog-server ~]# curl 'http://192.168.46.130:9200/_search?pretty'
```

至此，已成功利用 ElasticSearch 结合 Logstash 完成收集日志数据了。

3. Kibana 部署

将下载的 Kibana 解压到对应目录。

```
    "failed" : 0
  },
  "hits" : {
    "total" : 2,
    "max_score" : 1.0,
    "hits" : [ {
      "_index" : "logstash-2016.07.04",
      "_type" : "logs",
      "_id" : "AVW0-pps6XxfDA89vVum",
      "_score" : 1.0,
      "_source" : {
        "message" : "hello loglog",
        "@version" : "1",
        "@timestamp" : "2016-07-04T08:16:09.574Z",
        "host" : "syslog-server"
      }
```

图 6.8　ElasticSearch 接收数据

```
[root@syslog-server ~]# wget  https://download.elastic.co/kibana/kibana/kibana-4.5.1-linux-x64.tar.gz
[root@syslog-server ~]# tar xzvf kibana-4.5.1-linux-x64.tar.gz -C /usr/local/
[root@syslog-server ~]# cd /usr/local/kibana-4.5.1-linux-x64/
```

启动 Kibana，监听 5601 端口。访问 Kibana，如图 6.9 所示。

```
[root@syslog-server kibana-4.5.1-linux-x64]# ./bin/kibana
[root@syslog-server ~]# netstat -antpu |grep 5601
tcp      0      0 0.0.0.0:5601   0.0.0.0:*   LISTEN      31604/./bin/../node
[root@syslog-server ~]# firefox http://192.168.46.130:5601
```

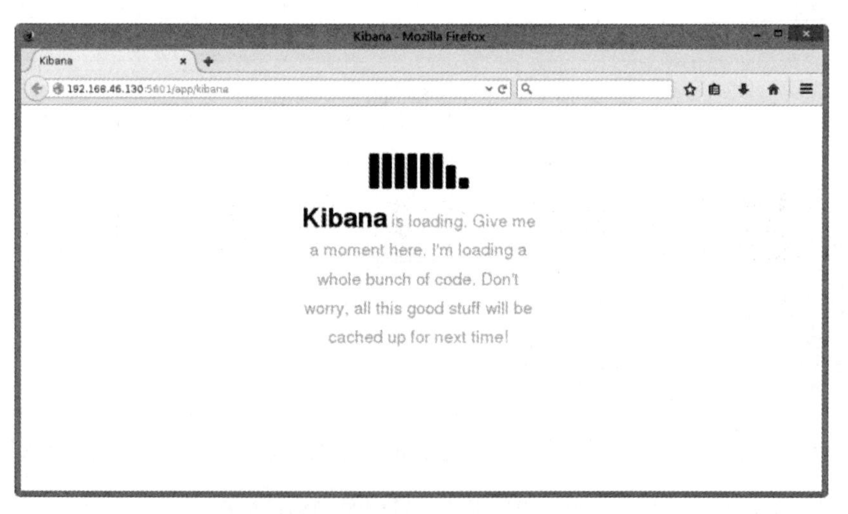

图 6.9　Kibana 启动页面

若出现如图 6.10 所示错误。

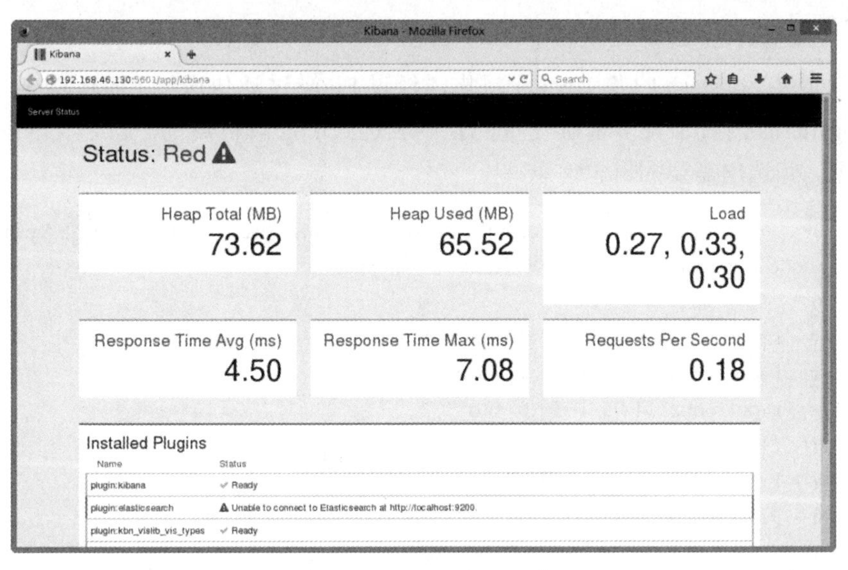

图 6.10　Kibana 报错信息

```
plugin:elasticsearch Unable to connect to Elasticsearch at http://localhost:9200.
```

解决方法：

```
[root@syslog-server kibana-4.5.1-linux-x64]# vim config/kibana.yml
# 其中的 elasticsearch 地址写为本地主机 IP 地址
elasticsearch.url: "http://192.168.46.130:9200"
```

重新启动 Kibana 服务后，再次访问 Kibana，如图 6.11 所示。

```
[root@syslog-server ~]# firefox http://192.168.46.130:5601
```


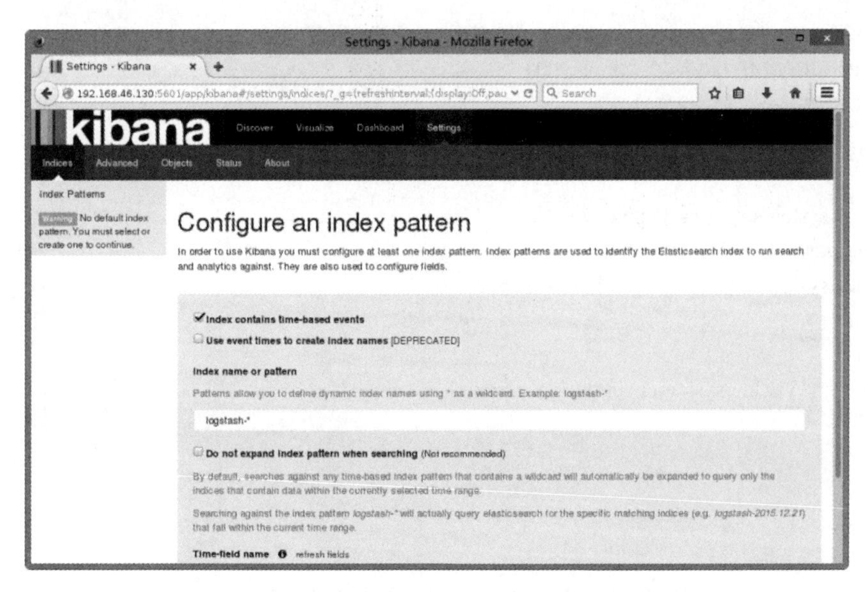

图 6.11　Kibana 首页

4. 使用 ELK 平台测试收集 Docker 日志

首先定义 Logstash 收集 Docker 日志，经过 Filter 过滤传送给 ElasticSearch。这里用 grok-patterns 内置了许多基础变量的正则表达式 Log 解析规则，自定义 Nginx 日志解析规则，筛选出需要的日志信息。

```
[root@node-1 ~]# cd logstash-2.3.3/vendor/bundle/jruby/1.9/gems/logstash-patterns-core-2.0.5/patterns/
[root@node-1 patterns]# ll      //有很多已经写好的 patterns
total 96
-rw-r--r--. 1 root root 1197 Jun 16 01:07 aws
-rw-r--r--. 1 root root 4831 Jun 16 01:07 bacula
-rw-r--r--. 1 root root 2154 Jun 16 01:07 bro
-rw-r--r--. 1 root root  879 Jun 16 01:07 exim
-rw-r--r--. 1 root root 9544 Jun 16 01:07 firewalls
-rw-r--r--. 1 root root 6008 Jun 16 01:07 grok-patterns
-rw-r--r--. 1 root root 3251 Jun 16 01:07 haproxy
-rw-r--r--. 1 root root 1339 Jun 16 01:07 java
-rw-r--r--. 1 root root 1087 Jun 16 01:07 junos
-rw-r--r--. 1 root root 1037 Jun 16 01:07 linux-syslog
-rw-r--r--. 1 root root   49 Jun 16 01:07 mcollective
-rw-r--r--. 1 root root  190 Jun 16 01:07 mcollective-patterns
-rw-r--r--. 1 root root  614 Jun 16 01:07 mongodb
-rw-r--r--. 1 root root 9597 Jun 16 01:07 nagios
-rw-r--r--. 1 root root  142 Jun 16 01:07 postgresql
-rw-r--r--. 1 root root  845 Jun 16 01:07 rails
-rw-r--r--. 1 root root  104 Jun 16 01:07 redis
-rw-r--r--. 1 root root  188 Jun 16 01:07 ruby

[root@node-1 patterns]# vim nginx     //自定义一个 Nginx 的 patterns
NGUSERNAME [a-zA-Z\_\@\-\+_%]+
NGUSER %{NGUSERNAME}
```

然后设置 Logstash 将日志数据分割为不同的数据字段。

```
[root@syslog-server bin]# pwd
/root/logstash-2.3.3/bin
[root@syslog-server bin]# vim logstash.conf
 input {
file{
 path =>"/var/log/syslog-client/docker-current.log"
}
}
filter{
  grok{
        match=>{
"message" => ["%{GREEDYDATA:prefix}:%{IPORHOST:clientip}- - \
```

```
        [%{HTTPDATE:timestamp}\] \"%{WORD:verb} %{URIPATHPARAM:request}
        HTTP/%{NUMBER:httpversion}\" %{NUMBER:response} (?:%{NUMBER:bytes}|-)
        (?:\"(?:%(URI:referrer)|-)\"|%{QS:referrer}) %{QS:agent}\"-\""]
    }
    }
    }
[root@syslog-server bin]# ./logstash -f logstash.conf  -t
Configuration OK
```

启动 Logstash，收集 Docker 日志。

```
[root@syslog-server bin]# ./logstash -f logstash.conf
```

还可以使用 Grok debug 工具：https://grokdebug.herokuapp.com，对 grok 正则表达式进行调试。

访问 Nginx，如图 6.12 所示，以便生成日志数据。

```
[root@syslog-client ~]# firefox http://localhost:8080
```

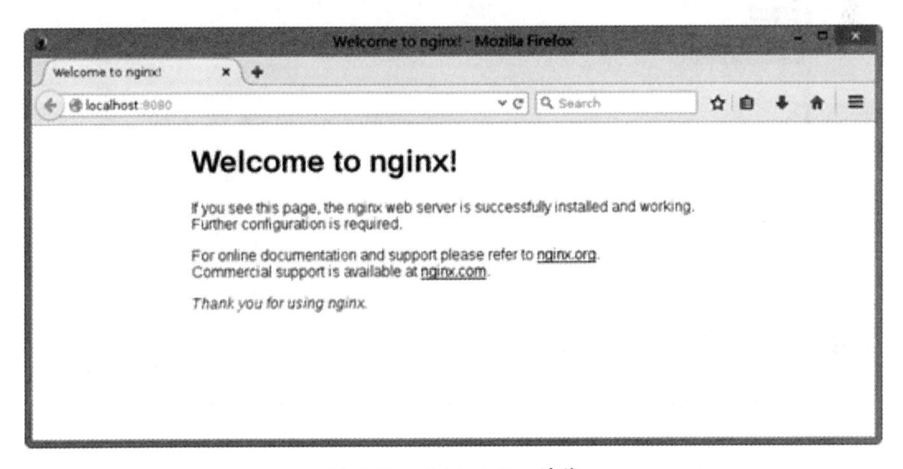

图 6.12　访问 Nginx 镜像

此时传送给 ElasticSearch 的日志会生成索引文件。

```
[root@syslog-server indices]# pwd
/usr/local/elasticsearch-2.3.3/data/elasticsearch/nodes/0/indices
[root@syslog-server indices]# ll
total 0
drwxrwxr-x. 8 user1 user1 59 Jul  5 16:11 nginx-2016.07.05
```

访问 Kibana 查找索引为“nginx-*”的内容，如图 6.13 所示。查找结果如图 6.14 所示。

```
[root@syslog-server ~]# firefox http://192.168.46.130:5601
```

点击菜单栏中的 Discovery，可以看到 Nginx 日志的数据，如图 6.15 所示。

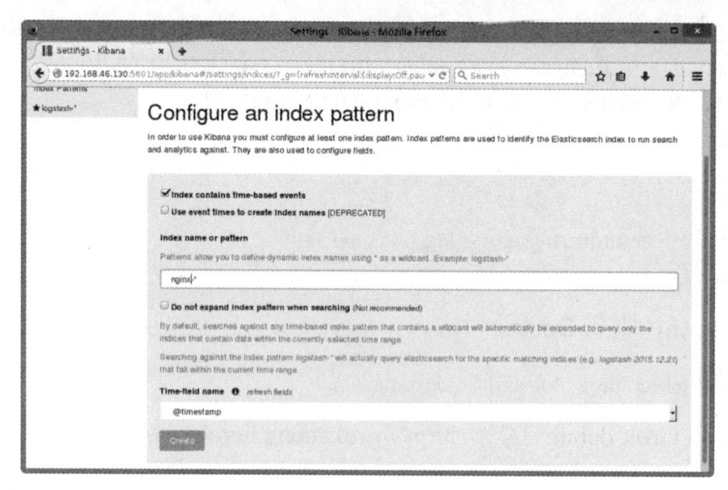

图 6.13　使用 Kibana 查找日志

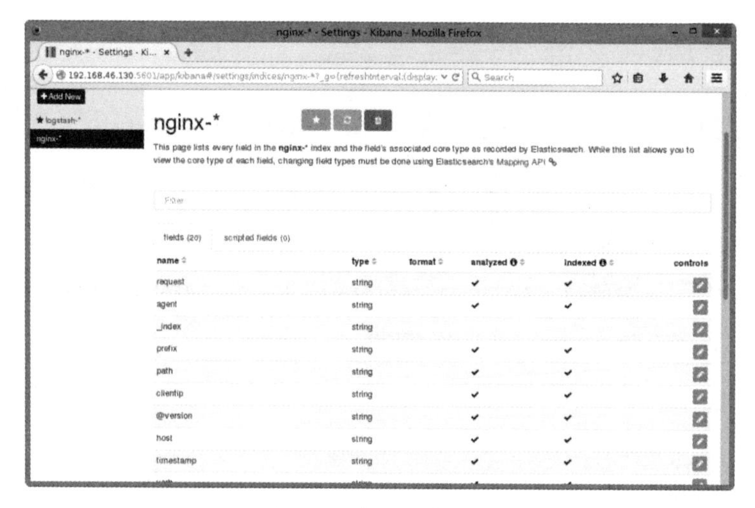

图 6.14　查找日志结果

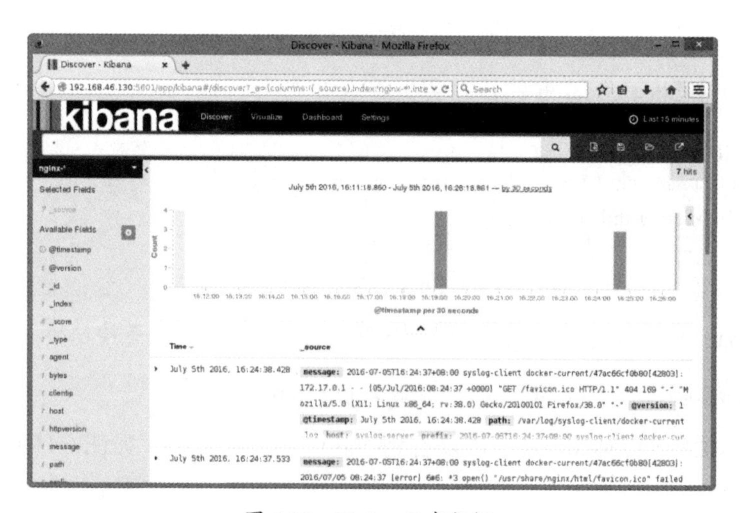

图 6.15　Nginx 日志数据

至此，Kibana 已经成功收集分析出 Docker 的日志信息。还可以利用 Kibana 收集的日志信息生成各类图表，方便管理员了解服务器情况。

6.3.3 ELK 多 ElasticSearch 集群部署

ELK 多 ElasticSearch 集群部署案例环境如表 6-3 所示。

表 6-3 ELK 多 ElasticSearch 集群案例环境

主机名	IP 地址	相关软件包
node-1	192.168.46.130/24	rsyslog-7.4.7-12.el7.x86_64.rpm jdk-8u91-linux-x64.tar.gz logstash-2.3.3.tar.gz elasticsearch-2.3.3.tar.gz kibana-4.5.1-linux-x64.tar.gz
node-2	192.168.46.138/24	jdk-8u91-linux-x64.tar.gz elasticsearch-2.3.3.tar.gz
syslog-client	192.168.46.131/24	rsyslog-7.4.7-12.el7.x86_64.rpm

Logstash 和 Kibana 的安装（略）均参考之前案例。

1. ElasticSearch 集群配置说明

cluster.name：集群名字，ElasticSearch 自动发现同一网段下的其他 ElasticSearch，配置相同集群名字的各个节点形成一个集群，可以利用这个属性来区分同一网段下的不同集群；

node.name：展示名称，ElasticSearch 启动时会自动创建节点名称，也可自行配置；

path.data：分配当前节点索引数据所在的位置，并且支持多路径；

path.logs：日志文件所在的位置；

network.host：服务绑定的 IP 地址；

http.port：HTTP 端口；

node.master/node.data：控制节点类型，其中

node.master：主节点（默认值为 true），每个节点都可以配置为主节点；

node.data：存储数据（默认值为 true），存放存储索引片段；

当 master 和 data 节点同时配置会产生不同的效果：

（1）当 master 为 false，而 data 为 true 时，会对该节点产生严重负荷；

（2）当 master 为 true，而 data 为 false 时，该节点作为一个协调者；

（3）当 master 为 false，而 data 也为 false 时，该节点作为负载均衡器。

2. 配置 ElasticSearch 集群

node-1 与 node-2 主机均安装好 JDK 与 elasticsearch-2.3.3（略），参考之前案例。

修改 config 目录下的 elasticsearch.yml，分别指定一个集群名称，配置主节点，以

及利用 Discovery 机制实现大规模集群的快速扩容。

（1）集群服务自动发现机制

discovery.zen.minimum_master_nodes: 1：此参数用来保证集群中的节点可以知道其他具有 master 资格的节点。当多于三节点时，该值可在 2 ～ 4 之间。

discovery.zen.ping.timeout: 100s 与 discovery.zen.fd.ping_timeout: 100s：设置节点与节点之间连接的 ping 时长，网络比较慢时可将该值设大。

discovery.zen.ping.multicast.enabled: falseElasticSearch：支持多播（multicast）和单播（unicast），多播需要网络设备相关协议的支持，建议使用单播功能。这里关闭组播的自动发现功能，目的是防止其他主机上的节点自动接入。

discovery.zen.ping.unicast.hosts:["host1:port1","host2:port2",…]：设置集群中 master 节点的初始列表，可以自动发现新加入的集群节点。

（2）配置两节点 ElasticSearch 集群

node-1 主机上配置

```
[root@syslog-server ~]# hostnamectl set-hostname node-1
[root@syslog-server ~]#reboot
[root@node-1 ~]# cd /usr/local/elasticsearch-2.3.3/
[root@node-1 elasticsearch-2.3.3]# vim config/elasticsearch.yml
cluster.name: my-application
node.name: node-1
path.data: /usr/local/elasticsearch-2.3.3/data
path.logs: /usr/local/elasticsearch-2.3.3/logs
network.host: 192.168.46.130
node.master: true
node.data: true
discovery.zen.minimum_master_nodes: 1
discovery.zen.ping.timeout: 100s
discovery.zen.fd.ping_timeout: 100s
discovery.zen.ping.multicast.enabled: false
discovery.zen.ping.unicast.hosts: ["192.168.46.130","192.168.46.138"]
```

启动服务

```
[root@node-1 elasticsearch-2.3.3]# su - user1
[user1@node-1 ~]$ /usr/local/elasticsearch-2.3.3/bin/elasticsearch
```

node-2 主机上配置

```
[root@node-2 ~]#chown -R user1 /usr/local/elasticsearch-2.3.3/
[root@node-2 ~]# cd /usr/local/elasticsearch-2.3.3/
[root@node-2 elasticsearch-2.3.3]# vim config/elasticsearch.yml
cluster.name: my-application
node.name: node-2
path.data: /usr/local/elasticsearch-2.3.3/data
path.logs: /usr/local/elasticsearch-2.3.3/logs
```

```
network.host: 192.168.46.138
node.master: true
node.data: true
discovery.zen.minimum_master_nodes: 1
discovery.zen.ping.timeout: 100s
discovery.zen.fd.ping_timeout: 100s
discovery.zen.ping.multicast.enabled: false
discovery.zen.ping.unicast.hosts: ["192.168.46.130","192.168.46.138"]
```

启动服务

```
[root@node-2 elasticsearch-2.3.3]# su - user1
[user1@node-2 ~]$ /usr/local/elasticsearch-2.3.3/bin/elasticsearch
```

此时，通过连接 http://localhost:9200/_cat/nodes 查看加入节点情况。

```
[root@node-1 ~]# curl http://192.168.46.130:9200/_cat/nodes
192.168.46.130 192.168.46.130 6 36 0.43 d m node-1
192.168.46.138 192.168.46.138 5 54 0.10 d * node-2
```

通过连接 http://localhost:9200/_cluster/health 查看集群状态。

```
[root@node-1 ~]# curl http://192.168.46.130:9200/_cluster/health
{"cluster_name":"my-application","status":"green","timed_out":false,"number_of_
    nodes":2,"number_of_data_nodes":2,"active_primary_shards":0,"active_
    shards":0,"relocating_shards":0,"initializing_shards":0,"unassigned_shards":0,"delayed_
    unassigned_shards":0,"number_of_pending_tasks":0,"number_of_in_flight_fetch":0,"task_
    max_waiting_in_queue_millis”:0,”active_shards_percent_as_number”:100.0}
```

（3）安装 ElasticSearch 插件 elasticsearch-kopf 查询 ElasticSearch 集群数据

```
[root@node-1 ~]# cd /usr/local/elasticsearch-2.3.3/
[root@node-1 elasticsearch-2.3.3]# ./bin/plugin install lmenezes/elasticsearch-kopf
-> Installing lmenezes/elasticsearch-kopf...
Trying https://github.com/lmenezes/elasticsearch-kopf/archive/master.zip ...
Downloading........
........DONE
Verifying https://github.com/lmenezes/elasticsearch-kopf/archive/master.zip checksums if available ...
NOTE: Unable to verify checksum for downloaded plugin (unable to find .sha1 or .md5 file to verify)
Installed kopf into /usr/local/elasticsearch-2.3.3/plugins/kopf
```

安装完成后在 plugins 目录下可以看到 kopf。

```
[root@node-1 elasticsearch-2.3.3]# ls plugins/
kopf
```

访问 kopf 可以看到 ElasticSearch 集群节点信息，如图 6.16 所示。

```
[root@node-1 elasticsearch-2.3.3]# firefox http://192.168.46.130:9200/_plugin/kopf
```

分别运行 Logstash 和 Kibana，访问 Nginx 生成日志信息，查看 Kibana 上 Nginx 收集的日志信息，如图 6.17 所示。

```
[root@node-1 ~]# firefox  http://192.168.46.130:5601
```

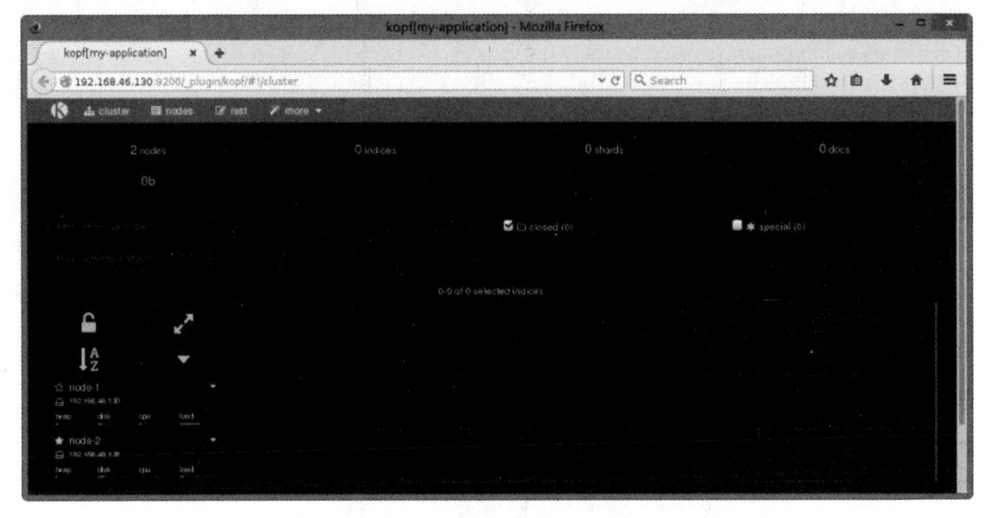

图 6.16　集群节点信息

图 6.17　Nginx 日志信息

本章总结

- Docker 可以使用 Linux 系统自带的 rsyslog 来进行日志的集中管理，也可以结合 log-driver 来进行日志的发送。
- Logstash 收集日志方案，可以对 Docker 日志进行收集与分析。
- ELK 平台是一套完整的日志集中处理解决方案，将 ElasticSearch、Logstash、Kibana 三者配合使用，完成更强大的用户对日志的查询、排序、统计需求。

随手笔记

第 7 章

Citrix 实现桌面虚拟化

技能目标

- 了解 Citrix 虚拟化平台
- 理解 Citrix Server 虚拟机基础结构解决方案
- 掌握部署 Citrix 桌面虚拟化的方法

本章导读

桌面虚拟化是指将服务器的终端系统进行虚拟化，以达到桌面使用的灵活性和安全性。桌面虚拟化依赖于服务器虚拟化，通过服务器虚拟化，生成大量的独立的桌面操作系统（虚拟机或者虚拟桌面）。用户在自己的终端上通过专有的虚拟桌面协议登录到网络上的虚拟主机，只需要输入用户名和密码等相关信息，即可随时随地通过网络访问自己的桌面系统。

知识服务

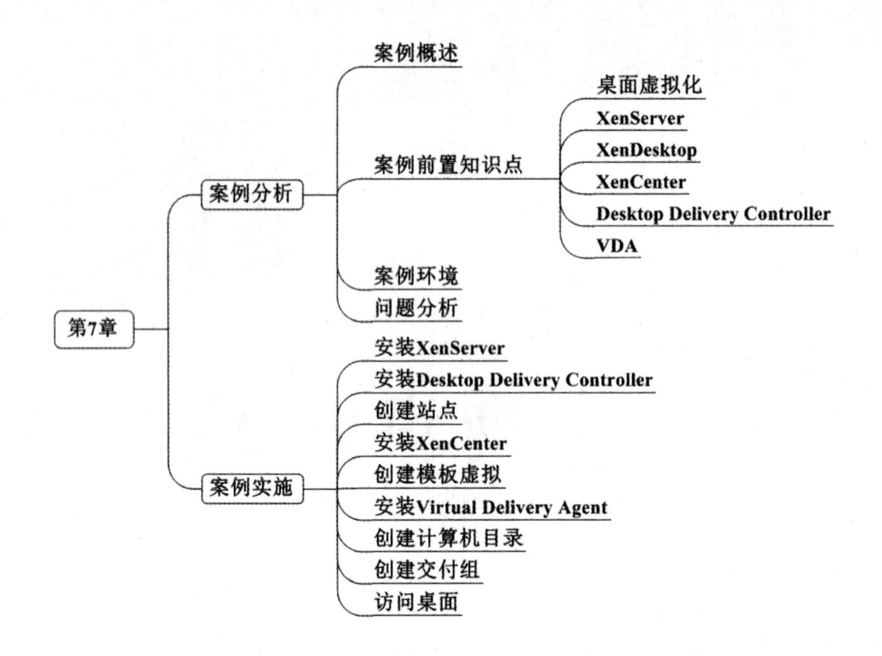

7.1 案例分析

7.1.1 案例概述

为了方便对公司办公机器桌面系统的管理，北大课工场需要搭建一个虚拟化桌面平台，公司运维工程师决定使用 Citrix 桌面虚拟化解决方案。

Citrix XenServer 服务器虚拟化系统通过更快的应用交付、更高的 IT 资源可用性和利用率，使数据中心变得更加灵活、高效。在提供关键工作负载（操作系统、应用和配置）所需的先进功能的同时，也不会牺牲大规模部署必需的易于操作的特点。

7.1.2 案例前置知识点

1. 桌面虚拟化

桌面虚拟化是指将服务器的终端系统（也称作桌面）进行虚拟化，以达到桌面使用的灵活性和安全性。

桌面虚拟化依赖于服务器虚拟化，通过服务器虚拟化，可生成大量独立的桌面操作系统（虚拟机或者虚拟桌面）。用户在自己的终端上通过专有的虚拟桌面协议登录到网络上的虚拟主机，只需要输入用户名和密码等相关信息，即可随时随地通过网络访问自己的桌面系统。

2. XenServer

XenServer 是除 VMware vSphere 之外的另一种服务器虚拟化平台，其功能强大、丰富，具有卓越的开放性架构、性能、存储集成和成本优势。它是基于开源 Xen Hypervisor 的免费虚拟化平台，该平台引进了多服务器管理控制台 XenCenter，具有关键的管理能力。

3. XenDesktop

XenDesktop 安装向导是一种工具，可自动完成大型虚拟桌面安装的创建和交付部分。此向导集成了 Citrix 组件，系统管理员可利用它快速创建多个桌面。

4. XenCenter

XenCenter 是在单独的计算机上运行的独立应用程序。通过 XenCenter 可以创建和管理虚拟服务器、虚拟机模板、快照、共享存储支持、资源池和 XenMotion 实时迁移。

（1）安装 XenCenter 的系统环境要求如下。

- Windows 7 或 8，Windows Server 2008 或 2012。
- .NET Framework 4.5。

（2）安装 XenCenter 的硬件要求如下。

- CPU 主频最低为 750MHz，建议使用 1GHz 及以上。
- 内存最低为 1GB，建议使用 2GB 及以上。
- 磁盘空间最低为 100MB。
- 网卡为 100MB/s 及以上。
- 屏幕分辨率最低为 1024×768（像素 × 像素）。

5. Desktop Delivery Controller

桌面传送控制器（Desktop Delivery Controller，DDC）是 XenDesktop 的一个组件，可以单独安装，也可以把所有组件安装在一起。该控制器安装在数据中心的服务器上，用于对用户进行身份验证、管理用户虚拟桌面环境的程序集，以及代理用户及其虚拟桌面之间的连接。DDC 控制桌面的状态，根据需要管理配置启动和停止它们。其中的 Profile Management 还可以管理物理 Windows 环境中的用户个性化设置。

6. VDA

VDA（Virtual Desktop Access）是一种授权策略，是指每个访问虚拟桌面的设备都要获取的访问许可。它是通过许可访问虚拟桌面的设备，而不是许可虚拟桌面本身。

7.1.3 案例环境

本案例环境见表 7-1。

表 7-1 Citrix 桌面虚拟化

主机	操作系统	主机名 /IP 地址	主要软件
XenServer	XenServer7.0	XenServer01/192.168.100.1	XenServer-7.0.0-install-cd.iso
XenDesktop XenCenter	Windows 2012 R2	XenDesktop/192.168.100.3	XenApp_and_XenDesktop7_12.iso XenServer-7.0.1-XenCenterSetup.l10n.exe
DC/DNS /DHCP	Windows 2012 R2	DC/192.168.100.10	
SQL 数据库	Windows 2012 R2	CitrixDB/192.168.100.4	SQL Server 2012 R2.iso
模板虚拟机	Windows 10 x64	OS-Win10/192.168.100.100	XenServer-7.0.0-install-cd.iso

7.1.4 问题分析

XenServer 对服务器的配置要求并不太高，处理器要求是一个或多个 64 位 x86 CPU，主频最低为 1.5GHz；内存要求最低为 2GB，推荐 4GB 以上；硬盘为本地连接的存储（PATA、SATA、SCSI），最低磁盘空间为 46GB，推荐 70GB 以上；千兆网卡。

注意

由于服务器上要运行虚拟机，因此建议在实际生产环境中应该根据应用规模适度调节资源配置。

7.2 案例实施

本案例中用到的 XenServer 和 XenDesktop 安装光盘镜像的最新版本为 V7.0 和 V7.12，用户可以登录 http://www.citrix.com.cn 进行下载。

本案例需要使用域服务器和 SQL Server 2012 R2 数据库服务器，这两台服务器需提前准备好。

本案例所有服务器均需配置 DNS 参数，除 XenServer 之外的服务器均需加入 kgc.com 的域。

Citrix 实现桌面虚拟化的具体拓扑图如图 7.1 所示。

7.2.1 安装 XenServer

（1）将下载好的 ISO 安装镜像刻录成光盘，放入 CD-ROM 或直接将镜像装载在虚拟机中，启动服务器并从光盘引导，安装系统经过一段时间会自动进入引导界面。

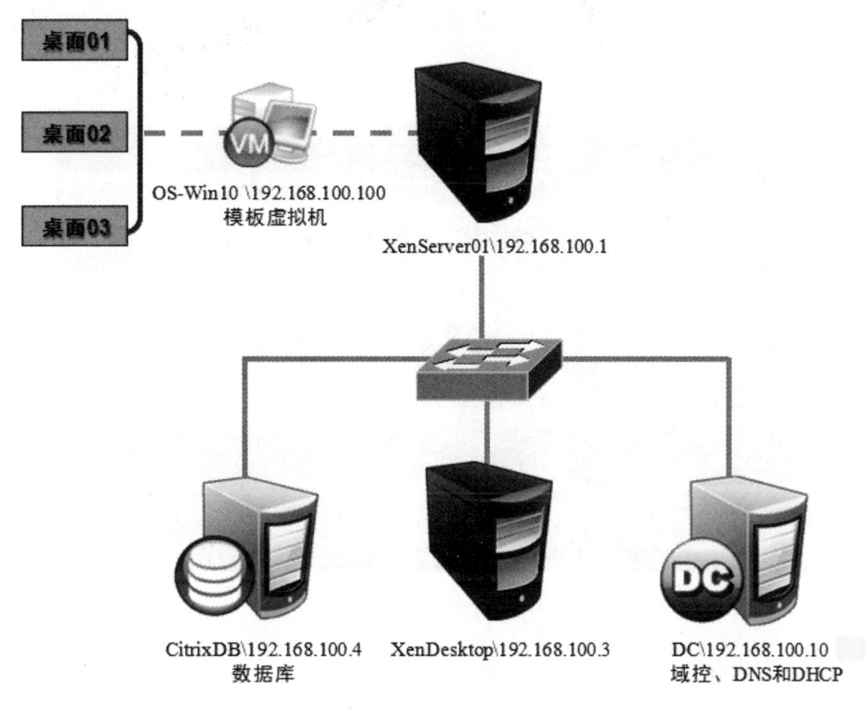

图 7.1　Citrix 实现桌面虚拟化拓扑图

在默认键盘布局界面，选择“OK”按钮后按 Enter 键确认。进入 XenServer 的欢迎界面，选择“OK”按钮后按 Enter 键确认。进入用户许可协议界面，选择“Accept EULA”按钮后按 Enter 键确认。

（2）在磁盘选择界面要将两项全部选中，如图 7.2 所示，选择“OK”按钮后按 Enter 键确认。

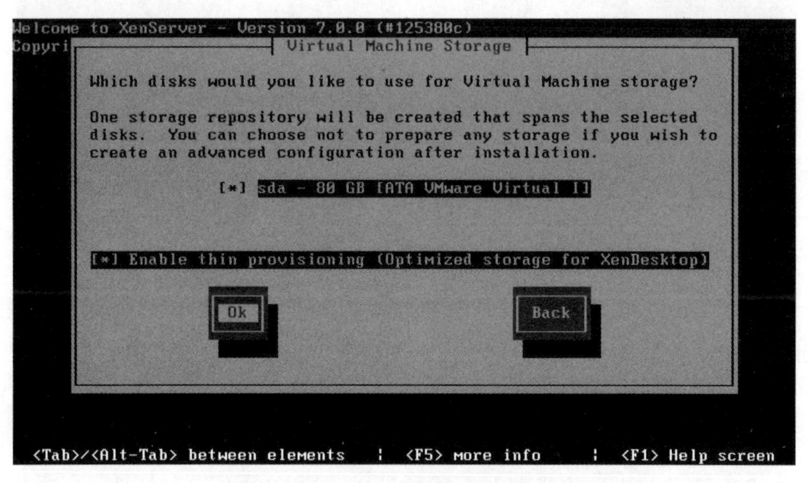

图 7.2　选择磁盘

（3）默认选择“Local Media”本地安装包，选择“OK”按钮后按 Enter 键确认。

系统提示是否还有其他补充安装包需要安装，如图 7.3 所示，选择“No”按钮后按 Enter 键确认。

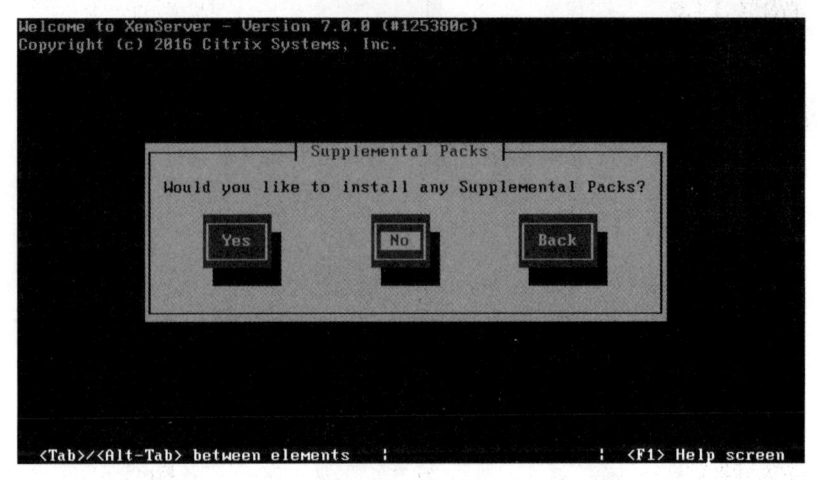

图 7.3　补充安装包

（4）选择“Skip verification”，不对安装包进行验证，如图 7.4 所示，选择“OK”按钮后按 Enter 键确认。

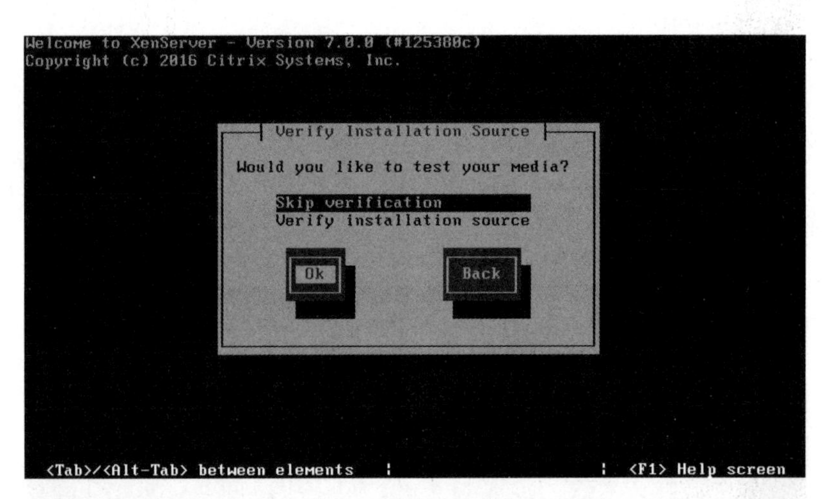

图 7.4　不验证安装包

（5）输入管理员 root 的密码，选择“OK”按钮后按 Enter 键确认。在网络配置界面输入 XenServer 服务器的 IP 地址，如图 7.5 所示，选择“OK”按钮后按 Enter 键确认。

（6）输入 XenServer 服务器的主机名和 DNS，如图 7.6 所示，选择“OK”按钮后按 Enter 键确认。

（7）选择区域“Asia”（亚洲），选择地区“Shanghai”（上海），选择“Manual time entry”手动输入时间，如图 7.7 所示；选择“Install XenServer”按钮后按 Enter 键确认开始安装。

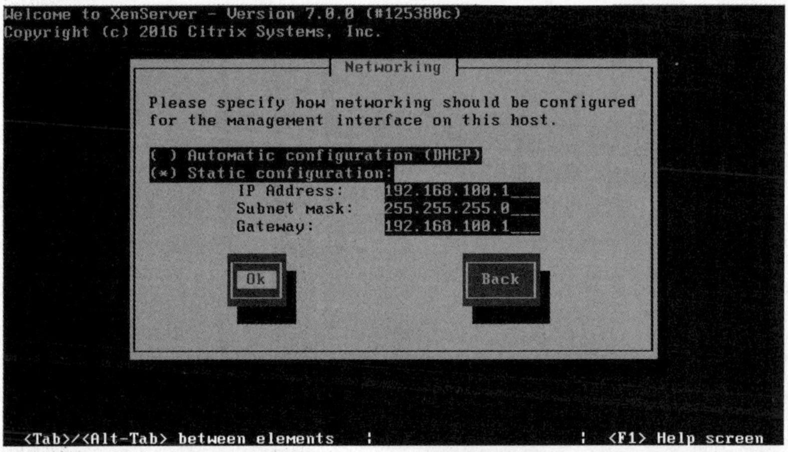

图 7.5　输入 IP 地址

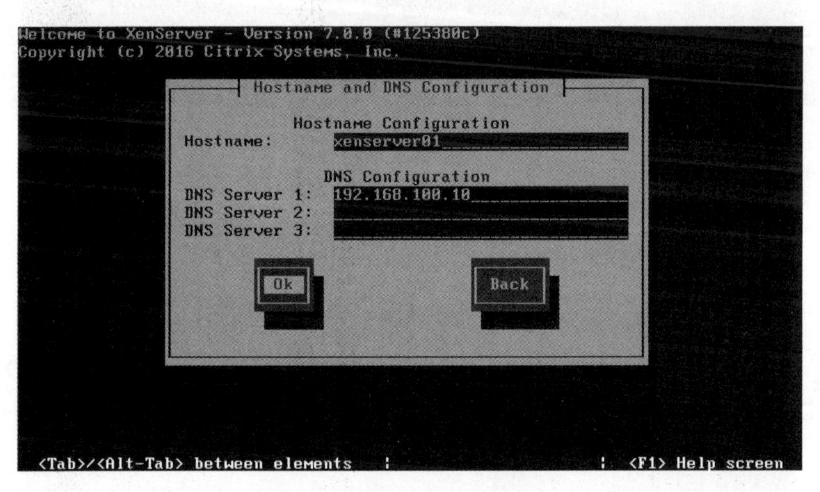

图 7.6　输入主机名和 DNS

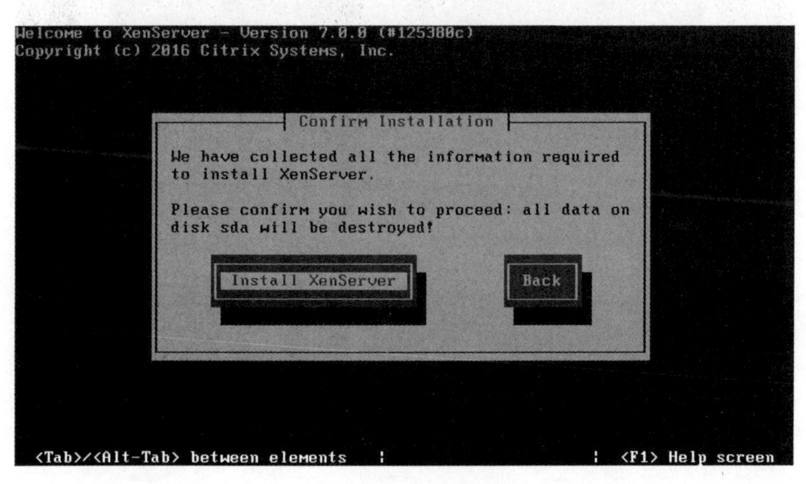

图 7.7　准备安装

（8）安装过程中输入口期和时间；安装完成选择“OK”按钮后按 Enter 键，重新启动服务器后进入 XenServer 的主界面，如图 7.8 所示，至此完成 XenServer 的安装。

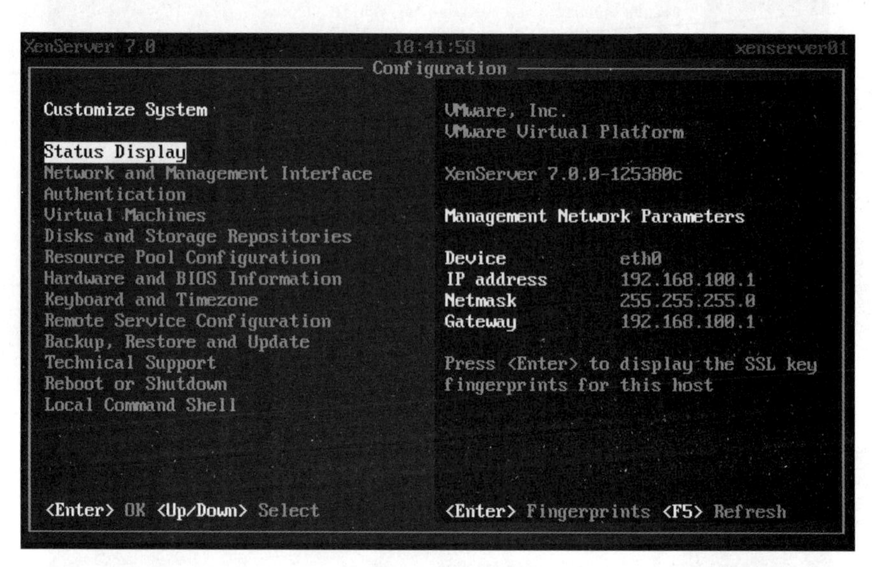

图 7.8　主界面

7.2.2　安装 Desktop Delivery Controller

（1）安装前首先将此服务器加入 DC 中，并且使用域管理员账户登录。如图 7.9 所示，将下载好的 XenDesktop 7.12 的 ISO 安装镜像刻录成光盘，放入 XenDesktop 服务器的 CD-ROM 或直接将镜像装载在虚拟机中，启动安装程序，选择“交付应用程序和桌面”，单击“启动”按钮。

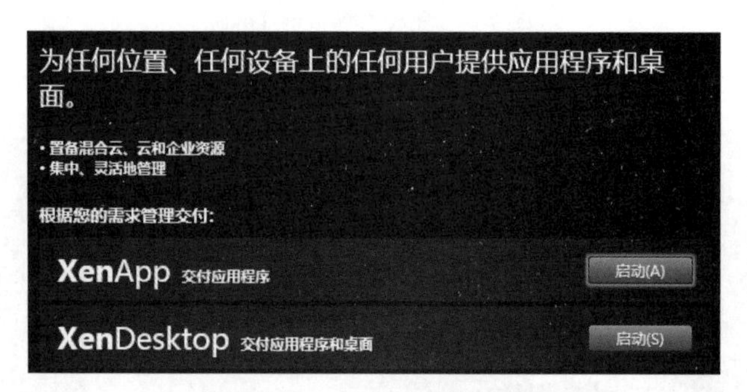

图 7.9　交付应用程序和桌面

（2）选择“Delivery Controller”进行安装，如图 7.10 所示。

（3）选择“我已阅读、理解并接受许可协议的条款”单选按钮；核心组件建议全选，如图 7.11 所示，单击“下一步”按钮。

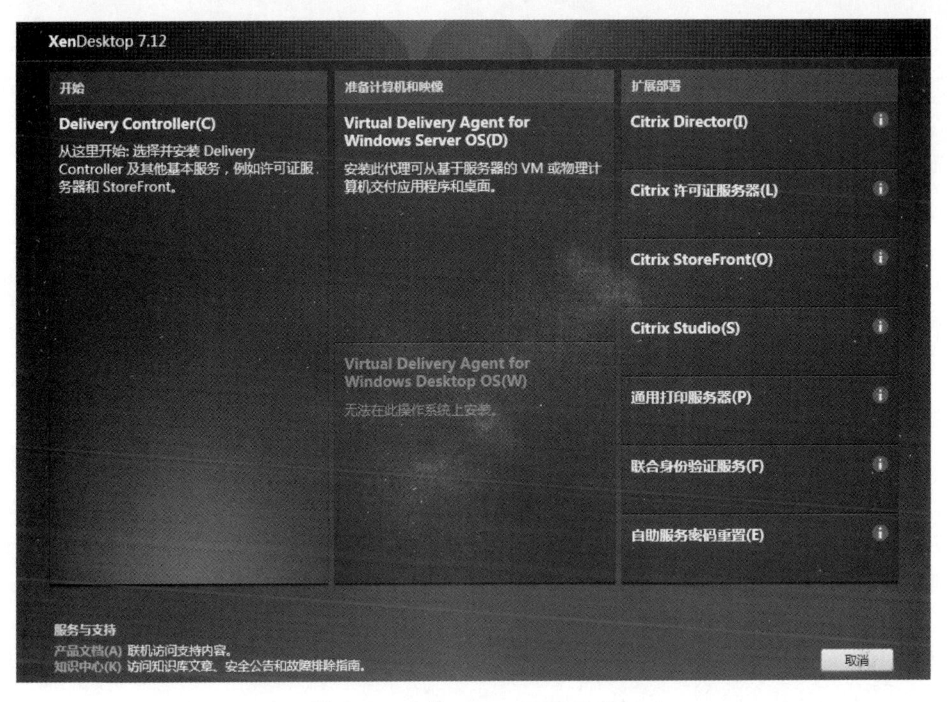

图 7.10　安装 Delivery Controller

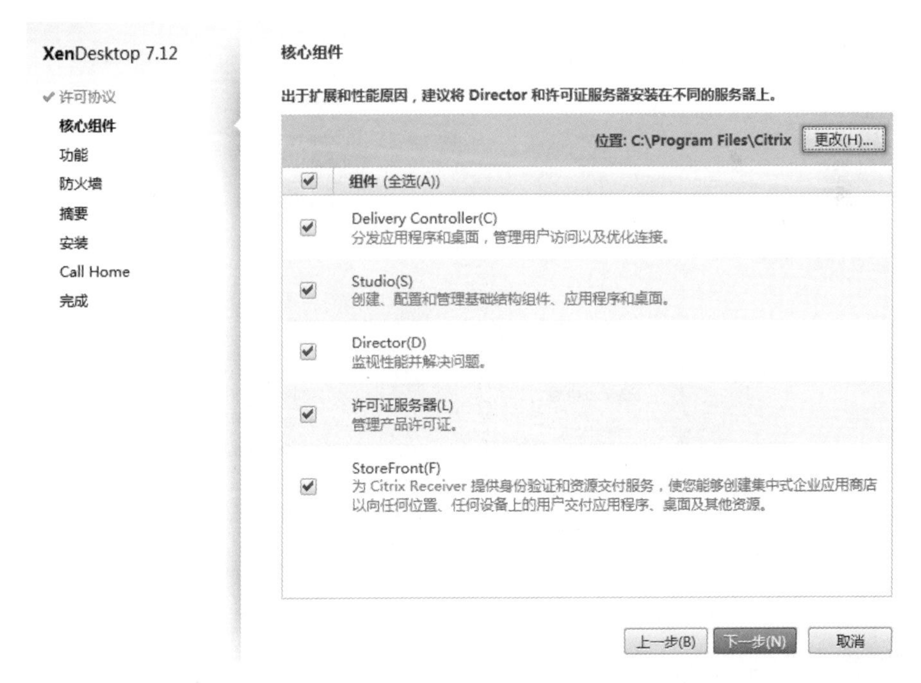

图 7.11　核心组件

（4）由于本案例已经准备了独立数据库，因此此处仅勾选“安装 Windows 远程协助”复选框，如图 7.12 所示，单击“下一步”按钮。

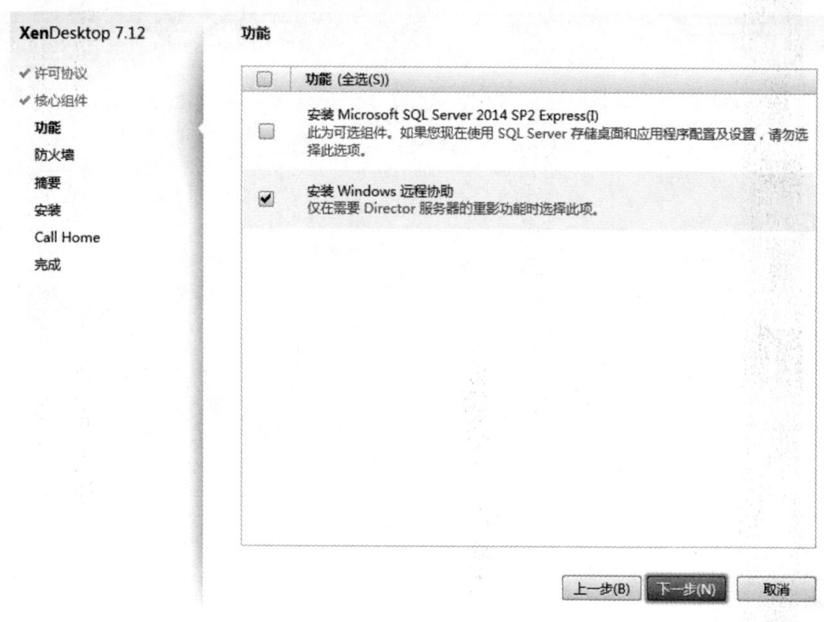

图 7.12　功能

（5）防火墙规则建议选择“自动”，如图 7.13 所示，单击“下一步”按钮。

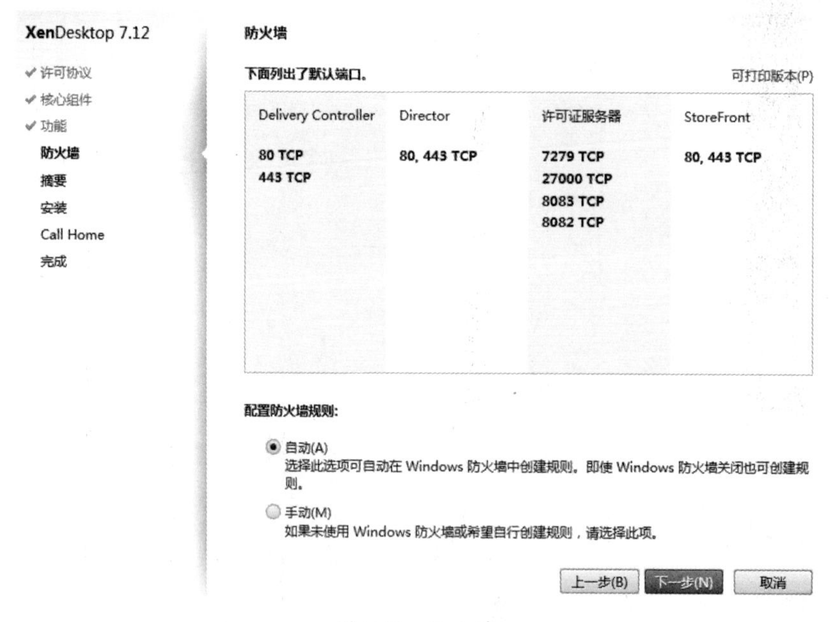

图 7.13　防火墙

（6）确认无误后，单击“安装”按钮，开始安装 Desktop Delivery Controller。完成安装，同时启动 Citrix Studio，勾选“启动 Studio”复选框，如图 7.14 所示，单击“完成”按钮。

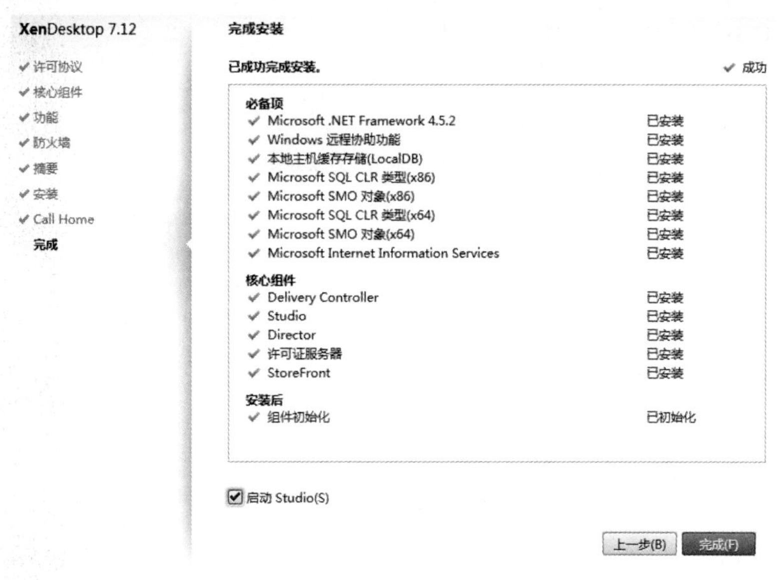

图 7.14　安装完成

7.2.3　创建站点

（1）在管理控制台的 Citrix Studio 中，选择“向用户交付应用程序和桌面”。在站点设置界面，选择“完整配置的、可随时在生产环境中使用的站点（推荐新用户创建）”单选按钮，输入站点名称，本案例名称为“CitrixSite”，如图 7.15 所示，单击“下一步”按钮。

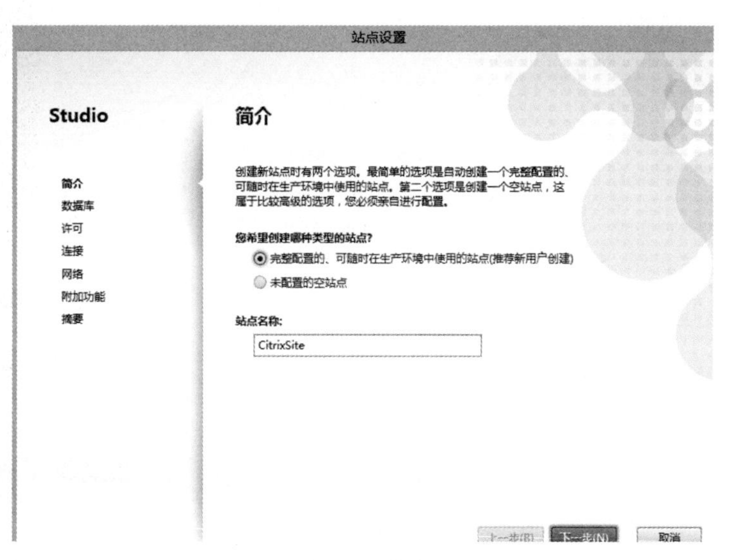

图 7.15　简介

（2）输入数据库主机名（SQL Server 数据库名称）和准备创建的数据库名（任意），

如图 7.16 所示，单击“测试连接”按钮。

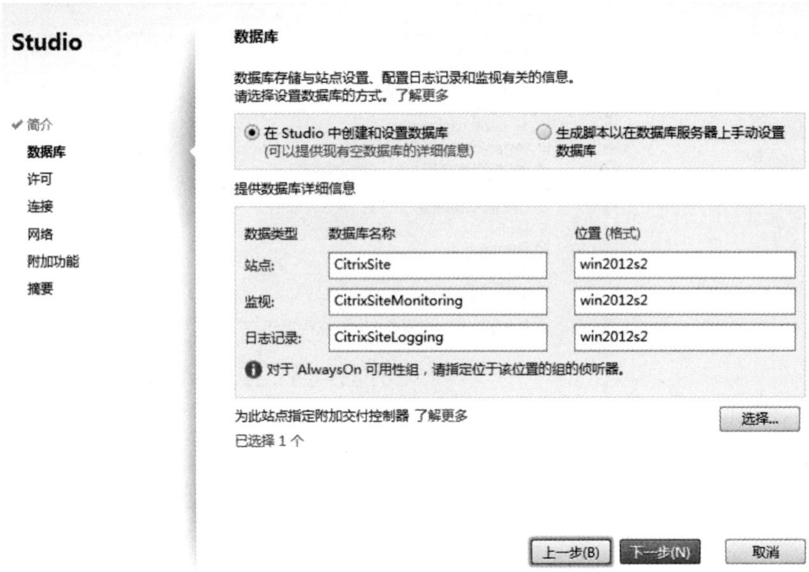

图 7.16　数据库

（3）测试数据库连接成功后，进入许可界面，暂时不输入许可证，保持默认选择，如图 7.17 所示，单击“下一步”按钮。

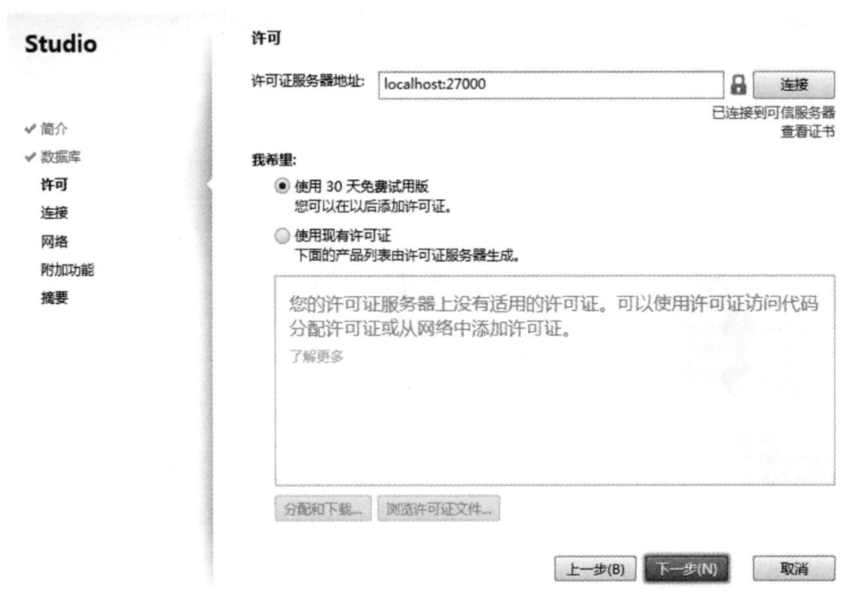

图 7.17　许可

（4）主机连接类型选择“Citrix XenServer”，然后输入 XenServer 的连接地址、用户名、密码及连接名称，如图 7.18 所示，单击“下一步”按钮。

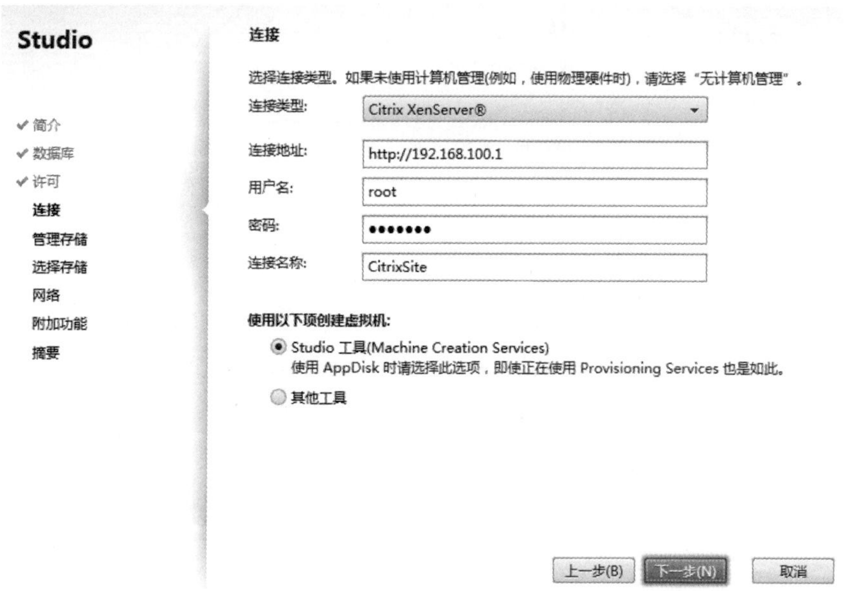

Studio

✔ 简介
✔ 数据库
✔ 许可
连接
管理存储
选择存储
网络
附加功能
摘要

连接

选择连接类型。如果未使用计算机管理(例如，使用物理硬件时)，请选择“无计算机管理”。

连接类型:　Citrix XenServer®

连接地址:　http://192.168.100.1

用户名:　root

密码:　•••••••

连接名称:　CitrixSite

使用以下项创建虚拟机:

◉ Studio 工具(Machine Creation Services)
使用 AppDisk 时请选择此选项，即使正在使用 Provisioning Services 也是如此。

○ 其他工具

上一步(B)　下一步(N)　取消

图 7.18　连接

(5) 在“管理存储”界面，配置使用本地存储资源，如图 7.19 所示，单击“下一步”按钮，在“选择存储”界面，默认单击“下一步”按钮。

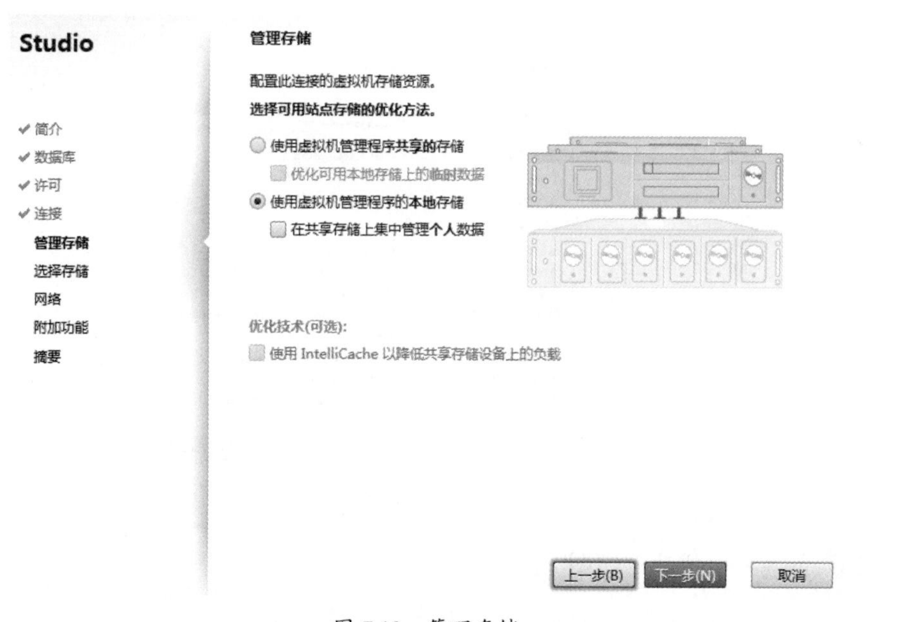

图 7.19　管理存储

(6) 输入网络资源名称，并选择虚拟机使用的网络，如图 7.20 所示，单击“下一步”按钮。

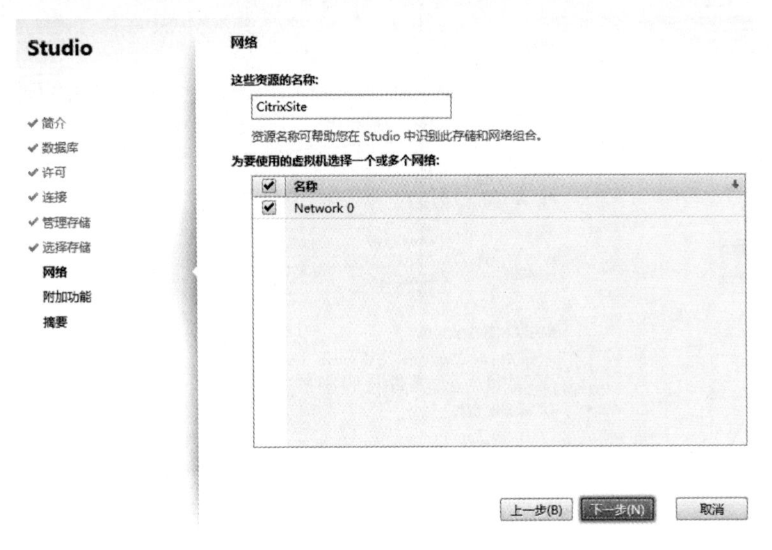

图 7.20　网络

（7）App-V 是应用程序虚拟化，本案例暂不使用。在“App-V 发布”界面，默认选择“否”，单击“下一步”按钮，在“摘要”界面确认无误后，单击“完成”按钮，开始创建站点，如图 7.21 所示。

图 7.21　摘要

（8）创建站点成功，如图 7.22 所示。

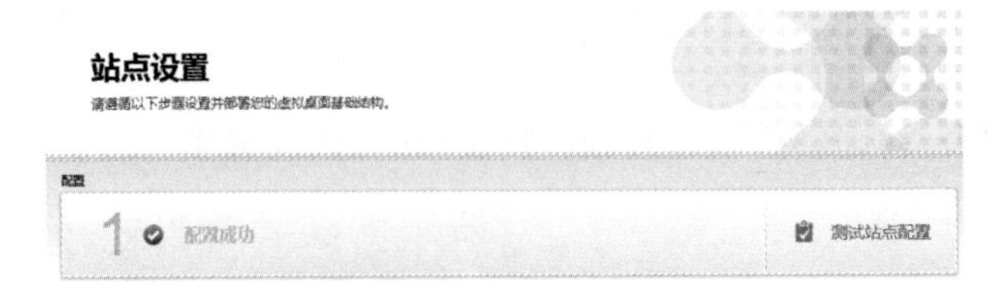

图 7.22　创建站点成功

7.2.4 安装 XenCenter

（1）运行 XenCenter 安装程序开启安装向导，单击“下一步”按钮，如图 7.23 所示；安装位置建议保持默认选择，单击“下一步”按钮；确认无误后，单击“安装”按钮开始安装 XenCenter。

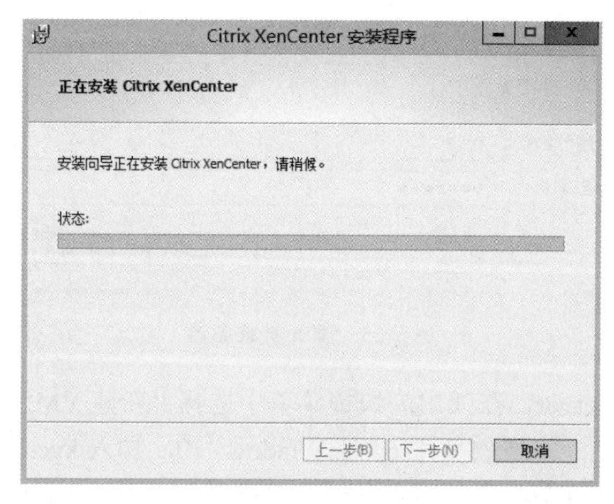

图 7.23 正在安装

（2）单击“完成”按钮，完成 XenCenter 安装。

7.2.5 创建模板虚拟机

（1）如图 7.24 所示，在 XenServer 中单击“添加服务器”按钮。

图 7.24 添加服务器

（2）在弹出的“添加新服务器”对话框中输入准备添加的XenServer服务器IP地址、用户名及密码，如图7.25所示，单击“添加”按钮。

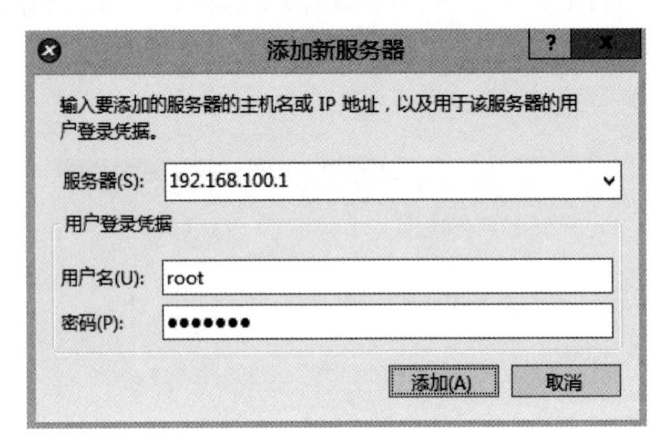

图 7.25　添加新服务器

（3）右击XenServer，在弹出的快捷菜单中选择“新建VM”，如图7.26所示，创建一台模板虚拟机。本案例使用64位Windows 10，加入kgc.com域，并且安装了XenServer Tools，用户还可以根据自己的需要对模板虚拟机进行详细优化、补丁修复等。

图 7.26　新建 VM

7.2.6　安装 Virtual Delivery Agent

（1）将XenDesktop 7.12光盘放入Win10模板虚拟机的CD-ROM中，启动安装程序，选择“交付应用程序和桌面”，单击“启动”按钮，然后选择“Virtual Delivery Agent for Windows Desktop OS”，选择“创建主映像”单选按钮，如图7.27所示，单击“下一步”按钮。

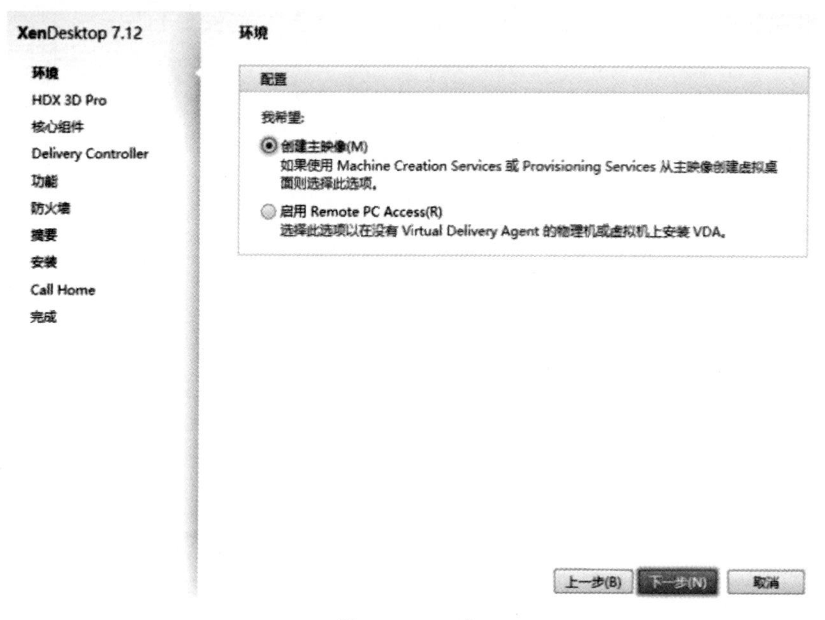

图 7.27　环境

（2）在 HDX 3D Pro 界面，因为本案例使用的是虚拟机，所以默认选择“否”，核心组件建议全部安装，单击“下一步”按钮。输入 Desktop Delivery Controller 的地址，如图 7.28 所示，此处不支持输入 IP 地址，单击“测试连接”按钮，成功后单击“添加”按钮，添加完成，单击“下一步”按钮。

图 7.28　Delivery Controller

（3）功能建议全部安装，如图 7.29 所示，单击“下一步”按钮。

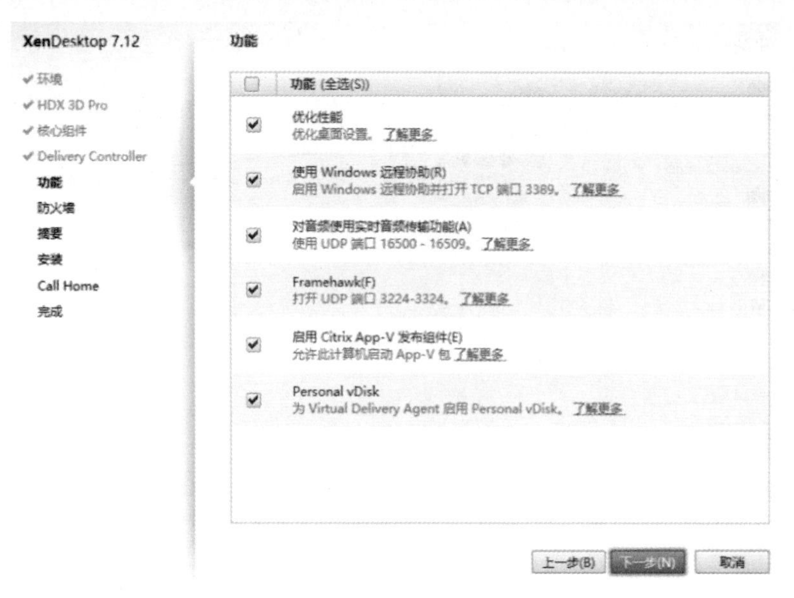

图 7.29　功能

（4）本案例防火墙配置保持默认选择，如图 7.30 所示，实际项目中还需要根据实际情况配置，单击“下一步”按钮。

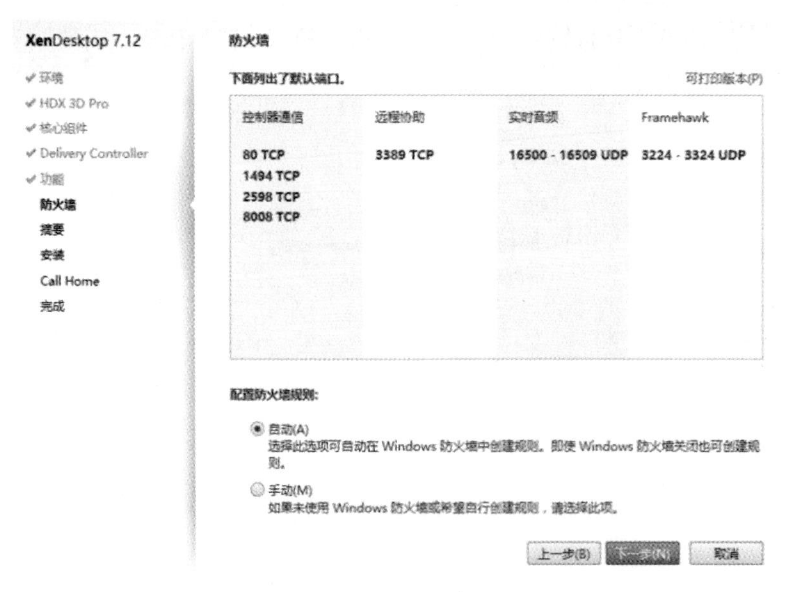

图 7.30　防火墙

（5）确认无误后，单击“安装”按钮，开始安装 Virtual Delivery Agent。勾选“重新启动计算机”复选框，如图 7.31 所示，单击“完成”按钮。

（6）在“开始”菜单选择“更新 Personal vDisk”，弹出“Citrix Personal vDisk”对话框，注意勾选“更新完成时关闭系统”复选框，如图 7.32 所示，以确保更新完成后关闭模板虚拟机。

图 7.31　安装完成

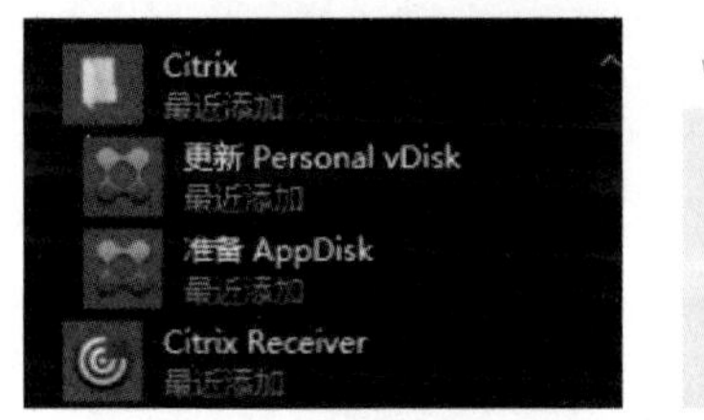

图 7.32　更新清单

（7）右击模板虚拟机，在弹出的快捷菜单中选择“生成快照”，弹出“生成快照”对话框，输入快照名称，如图 7.33 所示，单击“生成快照”按钮。

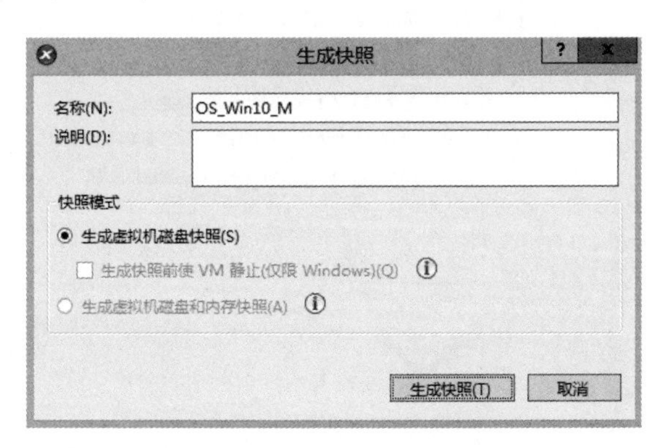

图 7.33　“生成快照”对话框

7.2.7　创建计算机目录

（1）返回 Citrix Studio，选择“为桌面和应用程序或 Remote PC Access 设置计算机”，

在 Studio 简介界面保持默认选择，单击“下一步”按钮。在操作系统界面，选择“桌面操作系统”单选按钮，单击“下一步”按钮。

（2）因为本案例使用的是虚拟机，所以计算机管理保持默认选择，如图 7.34 所示，单击“下一步”按钮。

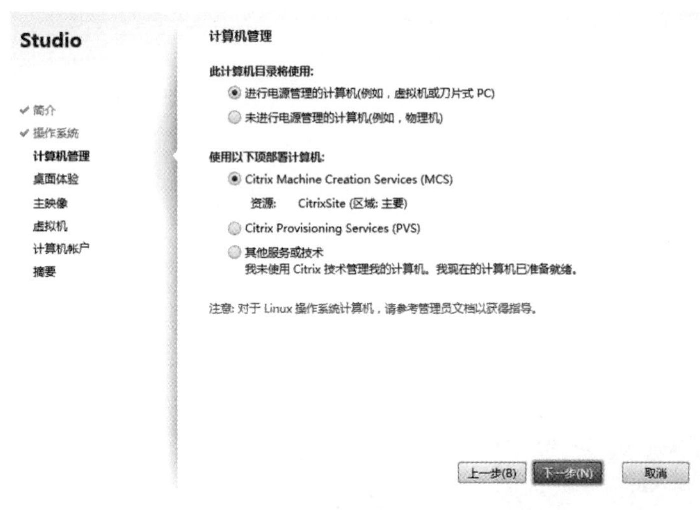

图 7.34　计算机管理

（3）桌面体验建议保持默认选择，如图 7.35 所示，也可以根据实际环境需求进行变更，单击“下一步”按钮。

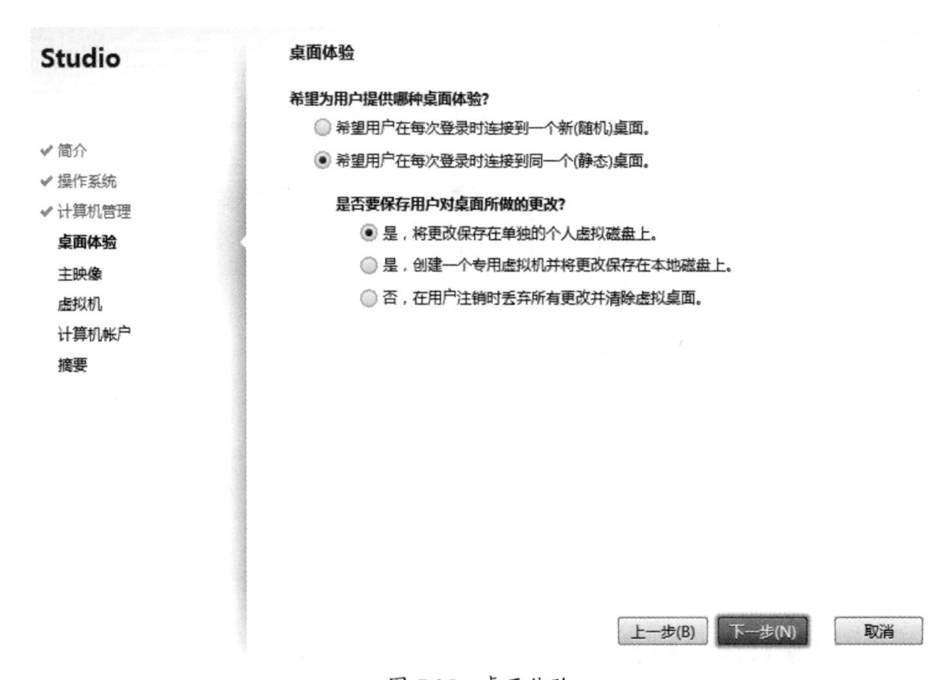

图 7.35　桌面体验

（4）选择模板虚拟机的快照，如图 7.36 所示，单击“下一步”按钮。

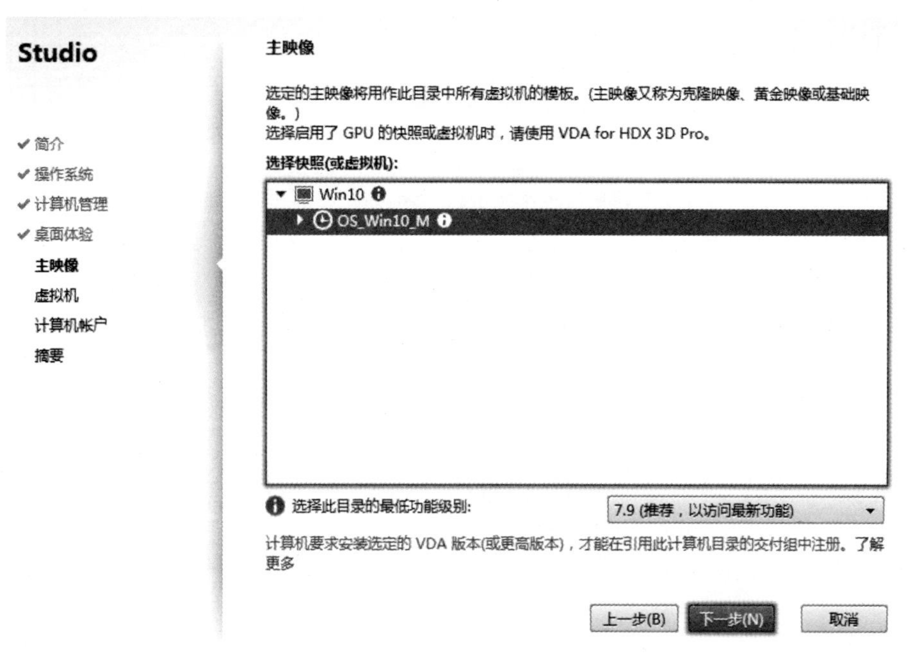

图 7.36　主映像

（5）输入创建的虚拟机数量、CPU 数量、内存大小，以及 Personal vDisk 的磁盘大小和盘符。本案例为了演示仅创建一台虚拟机、一个 CPU、2GB 内存，其他保持默认选择，如图 7.37 所示，单击“下一步”按钮。

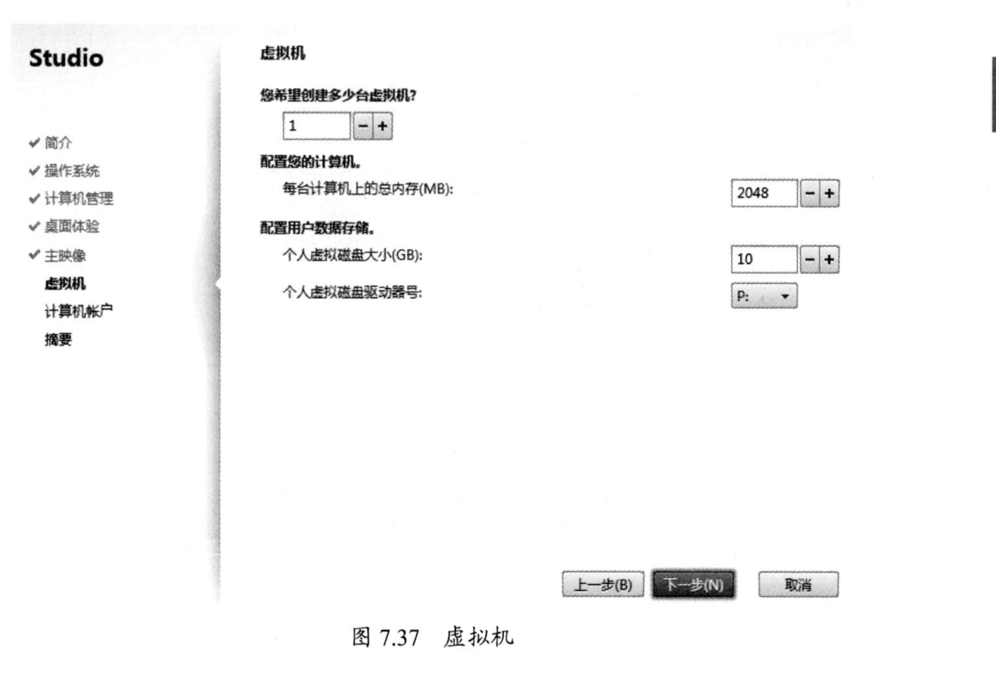

图 7.37　虚拟机

（6）创建新的域账户或使用现有的域账户，本案例选择“创建新的 Active Directory 账户”，OU 存放位置保持默认选择，根据命名规则输入准备创建的账户名，如图 7.38 所示，单击“下一步”按钮。

图 7.38　计算机账户

（7）输入计算机目录的名称，如图 7.39 所示，确认无误后，单击“完成”按钮，开始创建计算机目录。

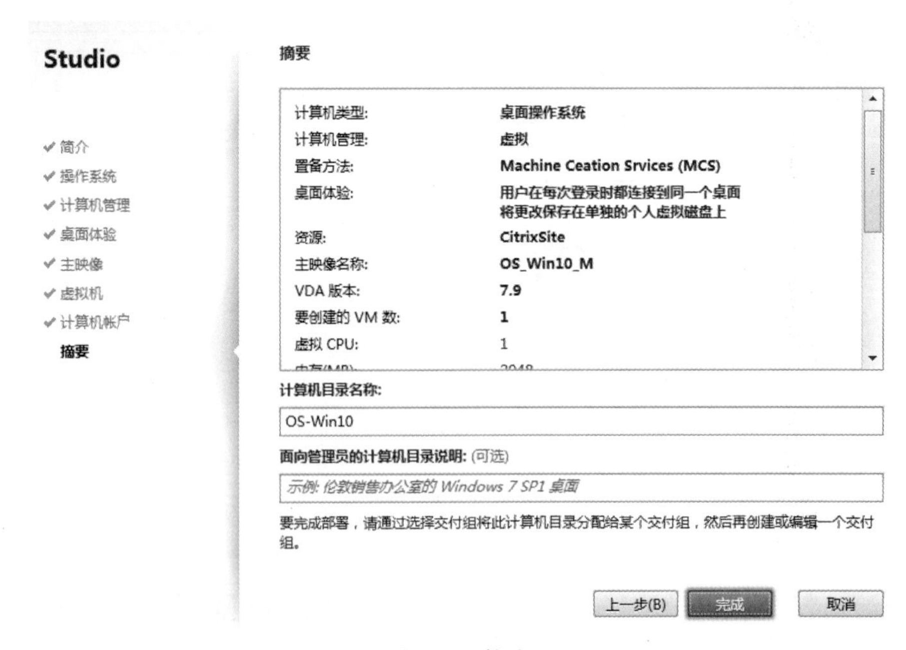

图 7.39　摘要

（8）创建完成后可以在 XenCenter 中看到创建了一台虚拟机，如图 7.40 所示。

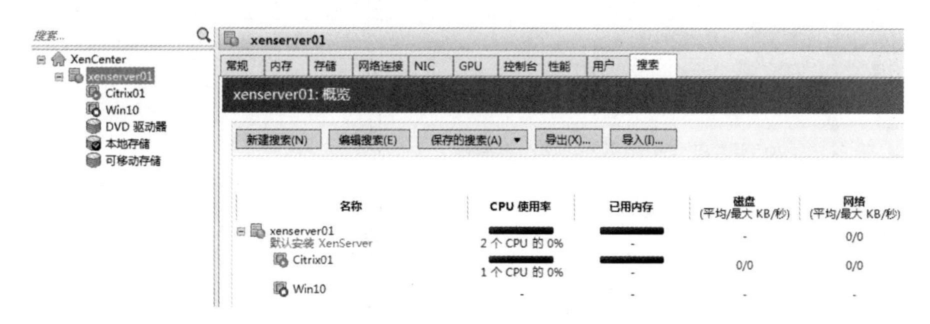

图 7.40　创建完成

7.2.8　创建交付组

（1）在 Citrix Studio 的交付组中，右击“新建交付组”按钮，单击“下一步”按钮。在“选择此交付组的计算机数量”文本框中设置准备添加计算机的数量，因为本案例只创建了一台虚拟机，所以此处只能选择一台，如图 7.41 所示，单击“下一步”按钮。

图 7.41　计算机

（2）在“交付类型”页面，默认选择“桌面”，单击“下一步”按钮。设置使用交付组的用户或组，本案例使用“Domain Users”，如图 7.42 所示。实际项目中还需要根据实际情况配置，单击“下一步”按钮。

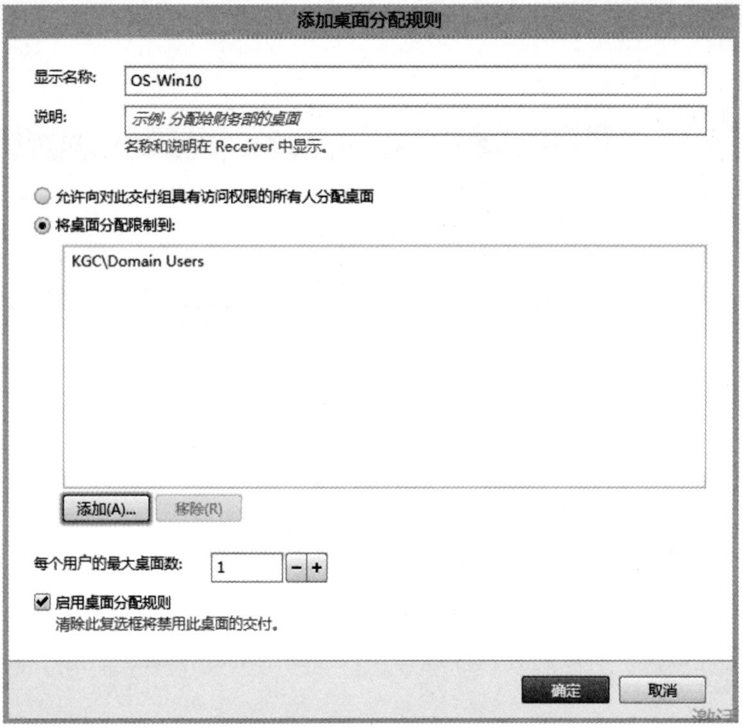

添加桌面分配规则
显示名称:
OS-Win10
说明:
示例: 分配给财务部的桌面
名称和说明在 Receiver 中显示。
允许向对此交付组具有访问权限的所有人分配桌面
将桌面分配限制到:
KGC\Domain Users
添加(A)...
移除(R)
每个用户的最大桌面数:
1
启用桌面分配规则
清除此复选框将禁用此桌面的交付。
确定
取消

图 7.42　添加桌面分配规则

（3）在桌面分配规则页面，保持默认选择，如图 7.43 所示，单击“下一步”按钮。

Studio
简介
计算机
交付类型
用户
桌面分配规则
摘要
桌面分配规则
添加要在启动桌面时向其分配计算机的用户或组。将某台计算机分配给某个用户后，该计算机将属于该用户，即使您以后编辑交付组并删除下面的分配规则也是如此。
名称
用户
每个用户的桌面数
OS-Win10
KGC\Domain Users
1
添加...
编辑...
删除...
上一步(B)
下一步(N)
取消

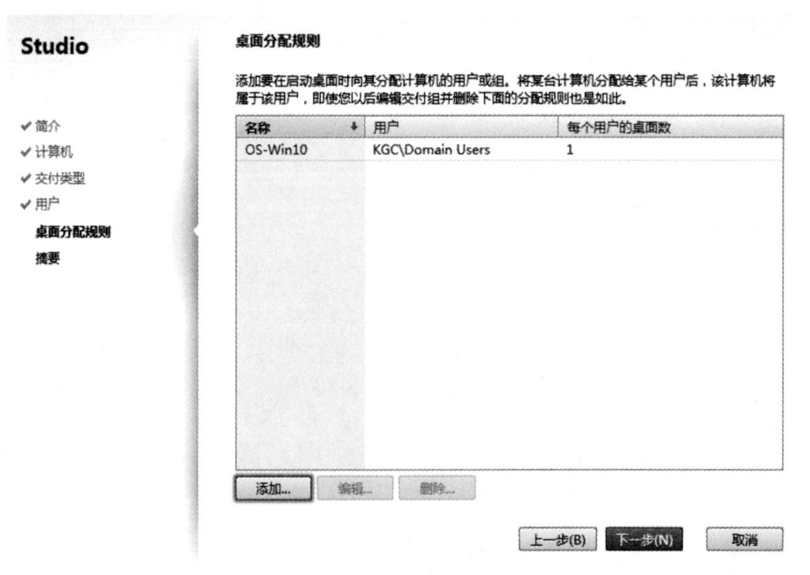

图 7.43　桌面分配规则

（4）输入交付组名称和显示名称，如图 7.44 所示，单击“完成”按钮，开始创建交付组。

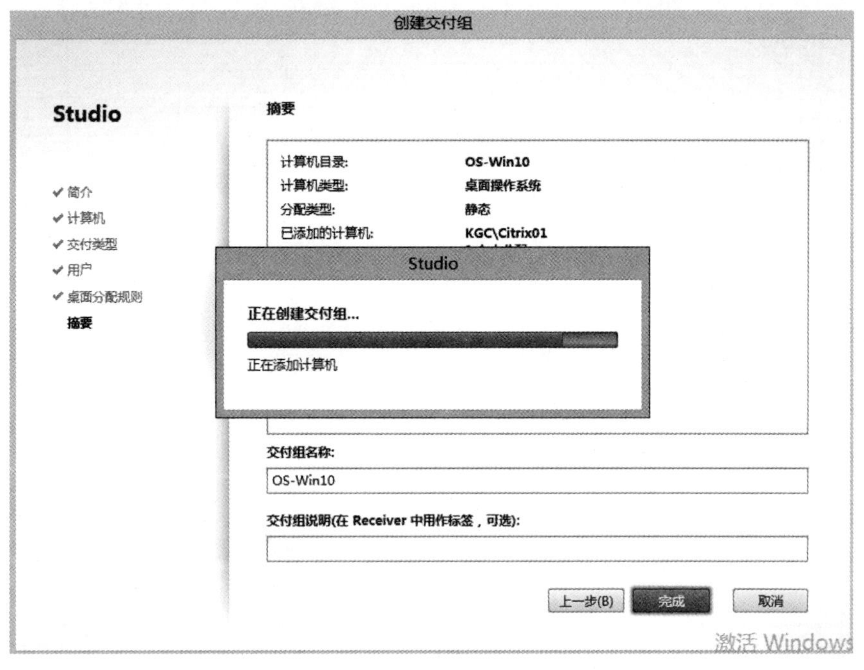

图 7.44　摘要

（5）在左侧栏选择“交付组”，右击已经创建好的交付组，在弹出的快捷菜单中选择“编辑交付组”，如图 7.45 所示。

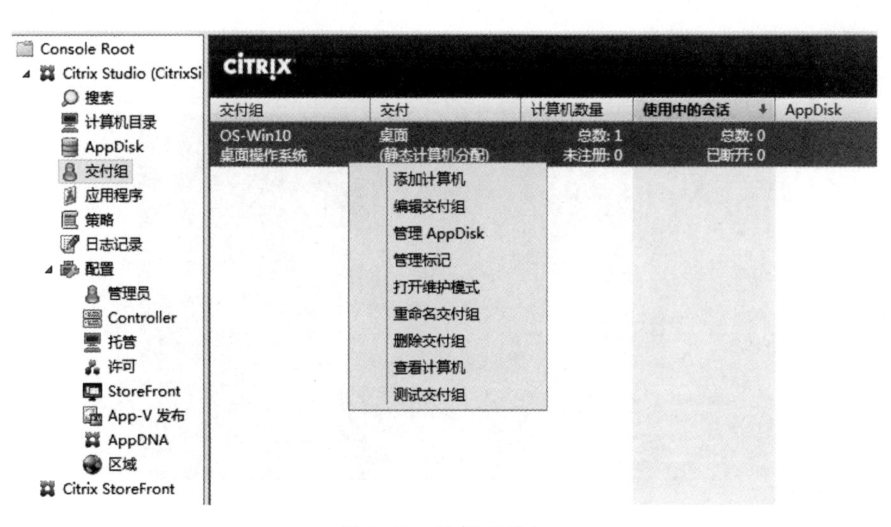

图 7.45　编辑交付组

（6）在左侧栏选择“计算机分配”，然后单击“…”按钮，如图 7.46 所示，指定计算机的使用账户，单击“确定”按钮。

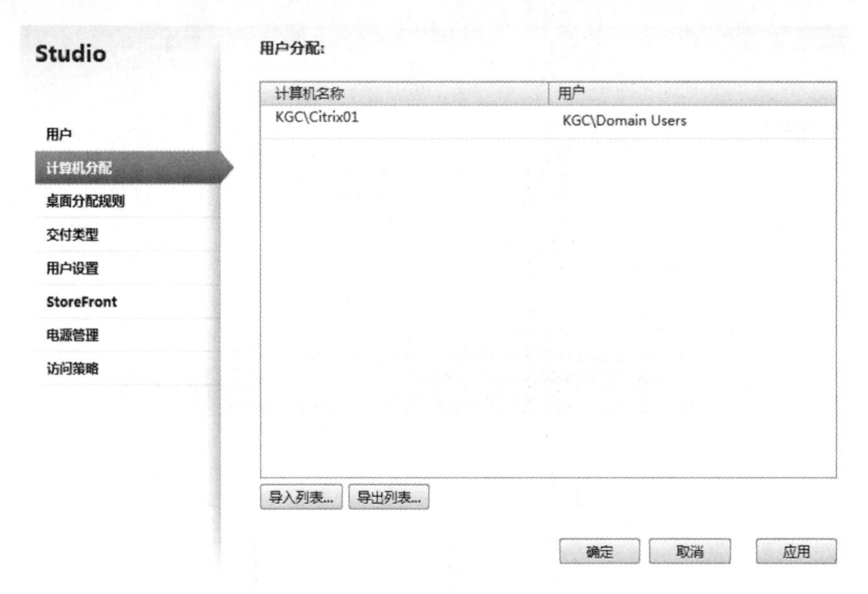

图 7.46 计算机分配

7.2.9 访问桌面

（1）打开浏览器，访问 http://192.168.100.3/Citrix/StoreWeb/，勾选“我同意 Citrix 许可协议”复选框，如图 7.47 所示，单击“安装”按钮。

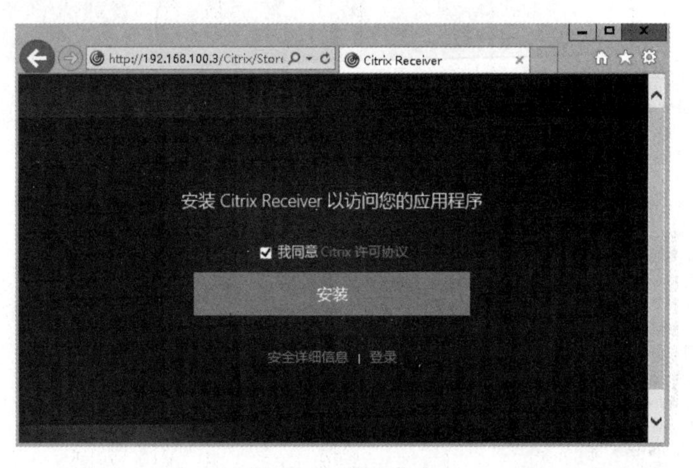

图 7.47 访问桌面

（2）下载 Citrix Receiver 安装程序并安装。Citrix Receiver 的安装比较简单，本案例中就不介绍了，安装完成后单击“登录”按钮。输入域用户名及密码，如图 7.48 所示，单击“登录”按钮。

（3）如图 7.49 所示，此处会列出所有可用的桌面供用户连接，因为本案例只创建了一台虚拟机，所以只显示一台可供连接，选择好后单击即可。

图 7.48　用户名及密码

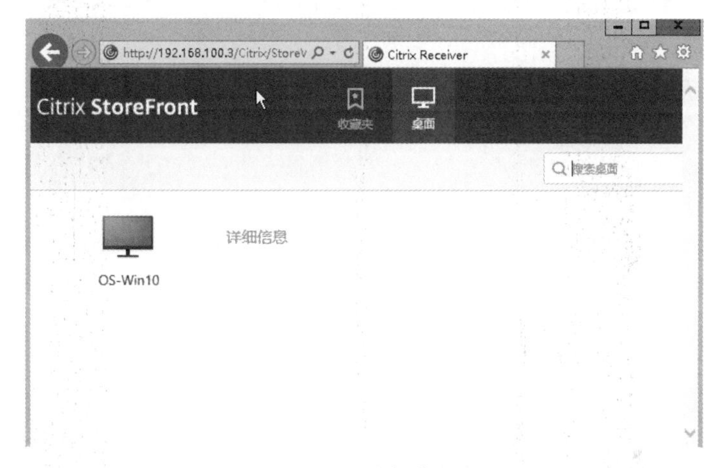

图 7.49　选择桌面

（4）如图 7.50 所示，此时已经成功连接并可以正常使用 Citrix 虚拟化的桌面了。

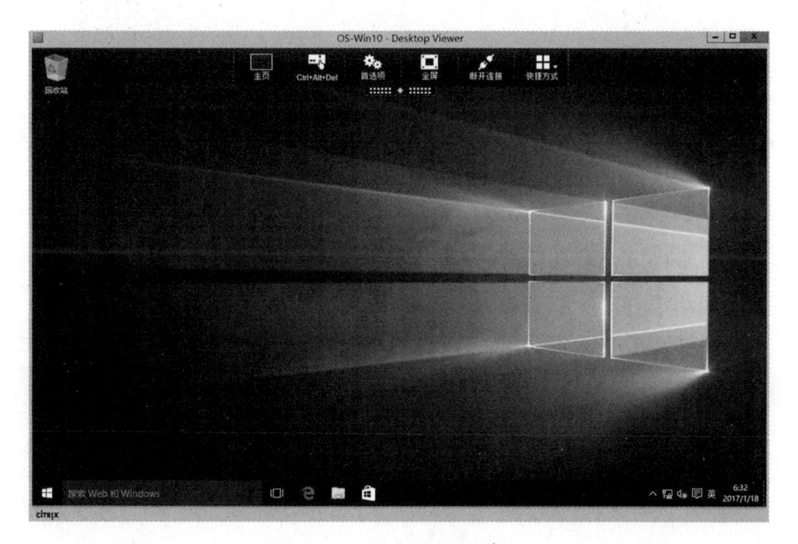

图 7.50　已成功访问桌面

本章总结

- XenServer 是一个企业级的虚拟机基础结构解决方案。
- XenDesktop 除了可以将桌面传送给运行 Microsoft Windows 操作系统的用户设备，还支持运行 Mac OS X 和 Linux 系统的用户设备。
- 在生产环境中，可以根据需要将基础结构组件分发给其他物理设备并创建运行 XenServer 的服务器，以支持大量的虚拟桌面。
- Citrix 高级版、企业版和铂金版要求使用的每台 XenServer 主机都有一个许可证。

第8章

服务器监控 Cacti

技能目标

- 了解 Cacti 系统的工作方式
- 学会配置 Cacti 服务器、客户机
- 学会集中监测多台服务器

本章导读

在企业网络运维过程中，管理员必须随时关注各服务器和网络的运行状况，以便及时发现问题，尽可能减少故障的发生。当网络中的设备、服务器等数量较多时，为了更加方便、快捷地获得各种监控信息，通常会借助一些集中监测软件。

本章将以著名的 Cacti 套件为例，介绍服务器集中监测体系的构建和使用。

知识服务

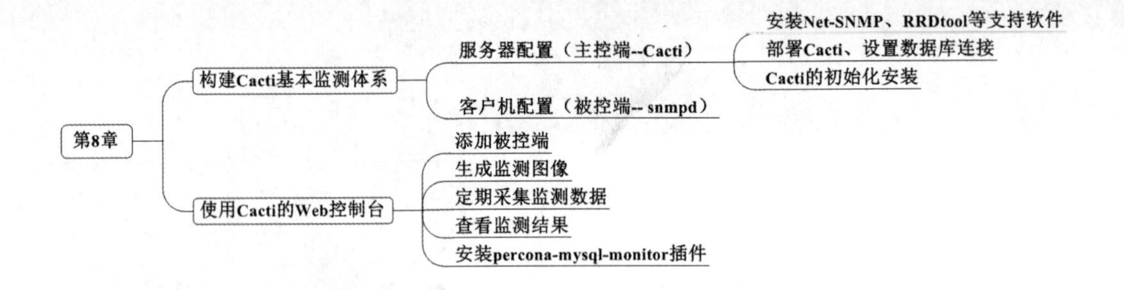

8.1 构建 Cacti 基本监测体系

Cacti 是一款使用 PHP 语言开发的性能与流量监测工具，监测的对象可以是 Linux 或 Windows 服务器，也可以是路由器、交换机等网络设备，主要基于 SNMP（Simple Network Management Protocol，简单网络管理协议）来搜集 CPU 占用、内存使用、运行进程数、磁盘空间、网卡流量等各种数据。

实际上 Cacti 本身只是一个 Web 界面的管理套件，通过调用 Net-SNMP 工具采集监测数据，并结合 RRDTool（Round Robin Database Tool，轮询数据库工具）记录数据并绘制图片，如图 8.1 所示，最终以 Web 页面的形式展现给管理员用户。

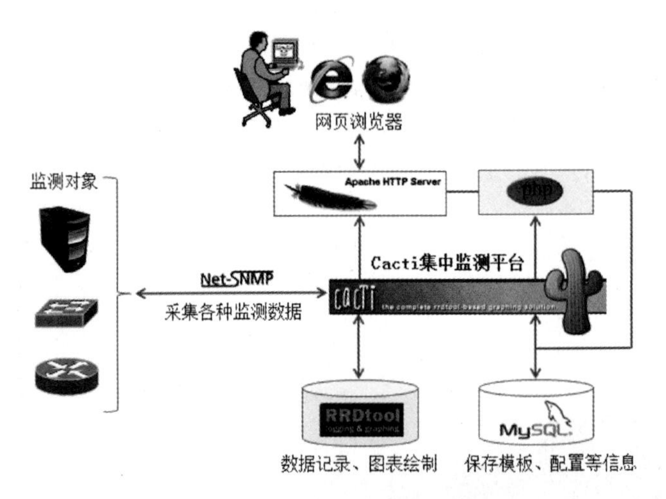

图 8.1　Cacti 工作原理示意

Cacti 提供了优秀的整合和协调能力，充分利用 LAMP 基础平台、SNMP 协议工具、RRDtool 数据引擎，不仅配置简单、直观，而且支持插件和数据模板，使用时非常灵活，便于进一步扩展监测功能。

8.1.1 服务器配置（主控端——Cacti）

构建 Cacti 集中监测平台的服务端时，应提前安装好可用的 Apache、MySQL、

PHP 网站平台，以及 Net-SNMP、RRDtool 等支持软件，然后下载 Cacti 源码包进行部署。

1．安装 Net-SNMP、RRDtool 等支持软件

（1）构建数据库及 Web 平台。

本节以使用 CentOS 6.5 系统光盘中的 rpm 包构建 LAMP 环境为例，所需安装的主要软件包如下所述。若还提示缺少其他依赖包，请根据提示从光盘中安装相应的软件包即可。

```
[root@localhost ~]# yum –y install httpd
[root@localhost ~]# yum –y install mysql mysql-server mysql-devel
[root@localhost ~]# yum –y install zlib freetype libjpeg fontconfig gd libxml2
    php-gd                                   // 安装需要的库文件
[root@localhost ~]# yum –y install php php-mysql
[root@localhost ~]# service httpd start
[root@localhost ~]# service mysqld start
```

安装完成以后，配置并启动 mysqld、httpd 服务，确保 LAMP 协作平台工作正常。还可以写一个 php 测试页，如图 8.2 所示。

```
[root@localhost ~]# more /var/www/html/test.php
<?php
phpinfo();
?>
```

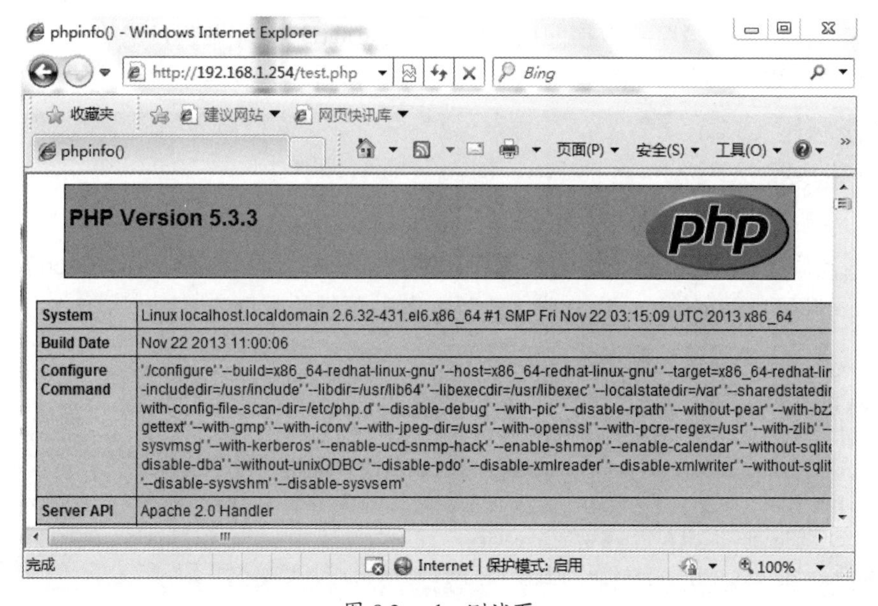

图 8.2　php 测试页

（2）安装 net-snmp-utils 软件包。

Cacti 平台通过 SNMP 协议采集监测数据，这些工具程序由 net-snmp-utils 软件包提供，所需安装的软件包及依赖包如下所述。

```
[root@localhost ~]# yum -y install net-snmp net-snmp-utils
[root@localhost ~]# service snmpd start
[root@localhost ~]# chkconfig snmpd on
```

（3）安装 rrdtool 软件包。

- 下载 rrdtool-1.4.8.tar.gz 软件包至目录 /root。
- 通过 YUM 确认并安装相关的软件包。

```
[root@localhost ~]# yum -y install cairo-devel zlib libxml2 libxml2-devel glib2
    glib2-devel libpng libpng-devel freetype freetype_devel libart_lgpl pango
    pango-devel pear pear-devel perl-CPAN
```

安装 rddtool 源码包。

```
[root@localhost ~]# tar zxvf rrdtool-1.4.8.tar.gz
[root@localhost ~]# cd rrdtool-1.4.8
[root@localhost ~]# ./configure --prefix=/usr/local/rrdtool-1.4.8 && make &&
    make install
```

2. 部署 Cacti、设置数据库连接

（1）部署 Cacti 源码包。

将下载的 Cacti 源码包释放至 Web 服务器的网页目录。

```
[root@localhost ~]# tar zxf cacti-0.8.8b.tar.gz
[root@localhost ~]# mv cacti-0.8.8b/ /var/www/html/cacti
```

添加一个用来读写监测数据的用户账号（如 Cacti），并调整目录的属主，以便正常读取及写入数据。

```
[root@localhost ~]# useradd cacti
[root@localhost ~]# chown -R cacti.cacti /var/www/html/cacti/
```

（2）建立数据库、表结构。

先创建用于 Cacti 监测平台的数据库，并授权一个数据库用户（如 Cacti），然后使用 Cacti 源码目录下的 cacti.sql 脚本，导入各种预设的数据表。

```
[root@localhost ~]# mysql -u root -p
Enter password:
mysql> CREATE DATABASE cacti DEFAULT CHARACTER SET utf8;
mysql> GRANT all ON cacti.* TO 'cacti'@'localhost' IDENTIFIED BY 'cacti';
mysql> QUIT
[root@localhost ~]# cd /var/www/html/cacti
[root@localhost cacti]# mysql -u cacti -p cacti < cacti.sql          // 导入预设库
```

上述操作中，创建 Cacti 库时将默认的字符集编码指定为 utf8，便于支持中文。导入预设库时，最好以之前授权的数据库用户 Cacti 执行。

（3）调整 Cacti 配置文件。

Cacti 的配置文件位于源码目录中的 include/ 文件夹下，名称为 config.php。要使

Cacti 系统能够正确访问并使用数据库，必须修改 config.php 文件，确保数据库连接参数正确无误。

```
[root@localhost cacti]# vi include/config.php
<?php
$database_type = "mysql";                    // 数据库类型
$database_default = "cacti";                 // 数据库名称
$database_hostname = "localhost";            // 数据库服务器的地址
$database_username = "cacti";                // 授权用户
$database_password = "cacti";                // 授权密码
$database_port = "3306";                     // 数据库服务的端口
$url_path = "/";
......                                       // 省略部分内容
?>
```

3. Cacti 的初始化安装

（1）调整 httpd 配置。

修改 httpd 服务的主配置文件，设置好网站根目录、自动索引页、默认字符集等相关参数，然后重新加载 httpd 服务。

```
[root@localhost ~]# vi /etc/httpd/conf/httpd.conf
Listen 80
DocumentRoot "/var/www/html/cacti"           // cacti 源码目录作为网站根目录
<Directory "/var/www/html/cacti">            // 设置目录访问权限
 Options None
 AllowOverride None
 Order allow,deny
 Allow from all
</Directory>
DirectoryIndex index.php index.html          // 第一默认首页为 index.php
AddDefaultCharset utf-8                      // 默认字符集为 UTF-8
……                                           // 省略部分内容
[root@localhost ~]# service httpd reload
```

（2）初始化 Cacti 系统。

在浏览器中访问 Cacti 服务器的 Web 服务，如 http://192.168.1.254/，初次访问时将会自动跳转至 Cacti 安装指南界面，如图 8.3 所示。

根据提示单击“Next”按钮，接受默认的“New Install”（全新安装），再次单击“Next”按钮后可以看到 Cacti 的程序调用设置页面，如图 8.4 所示。在初始化过程中，程序调用设置是比较重要的环节。如果已安装的支持程序（如 php、rrdtool、snmpwalk 等）不在默认的搜索范围中，则需要管理员手动指定实际路径，否则不做任何改动。另外需要指定 rrdtool 的版本是 1.4.x。

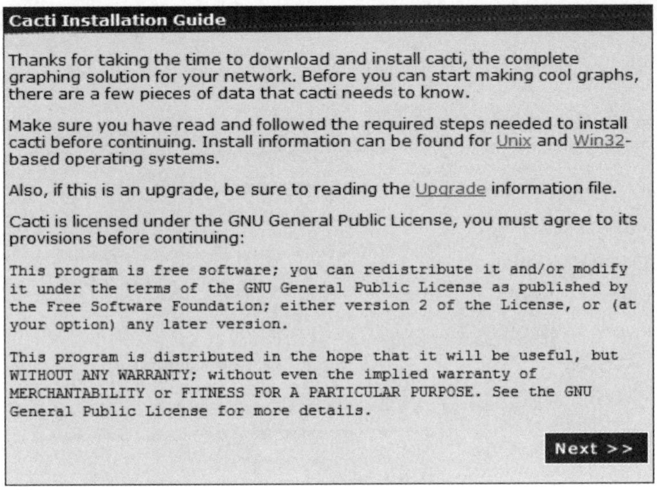

Cacti Installation Guide
Thanks for taking the time to download and install cacti, the complete graphing solution for your network. Before you can start making cool graphs, there are a few pieces of data that cacti needs to know.
Make sure you have read and followed the required steps needed to install cacti before continuing. Install information can be found for Unix and Win32-based operating systems.
Also, if this is an upgrade, be sure to reading the Upgrade information file.
Cacti is licensed under the GNU General Public License, you must agree to its provisions before continuing:
This program is free software; you can redistribute it and/or modify it under the terms of the GNU General Public License as published by the Free Software Foundation; either version 2 of the License, or (at your option) any later version.
This program is distributed in the hope that it will be useful, but WITHOUT ANY WARRANTY; without even the implied warranty of MERCHANTABILITY or FITNESS FOR A PARTICULAR PURPOSE. See the GNU General Public License for more details.
Next >>

图 8.3　Cacti 安装指南

Cacti Installation Guide
Make sure all of these values are correct before continuing.
[FOUND] RRDTool Binary Path: The path to the rrdtool binary.
/usr/local/rrdtool-1.4.8/bin/rrdtool
[OK: FILE FOUND]
[FOUND] PHP Binary Path: The path to your PHP binary file (may require a php recompile to get this file).
/usr/bin/php
[OK: FILE FOUND]
[FOUND] snmpwalk Binary Path: The path to your snmpwalk binary.
/usr/bin/snmpwalk
[OK: FILE FOUND]
[FOUND] snmpget Binary Path: The path to your snmpget binary.
/usr/bin/snmpget
[OK: FILE FOUND]
[FOUND] snmpbulkwalk Binary Path: The path to your snmpbulkwalk binary.
/usr/bin/snmpbulkwalk
[OK: FILE FOUND]
[FOUND] snmpgetnext Binary Path: The path to your snmpgetnext binary.
/usr/bin/snmpgetnext
[OK: FILE FOUND]
[FOUND] Cacti Log File Path: The path to your Cacti log file.
/var/www/html/cacti/log/cacti.log
[OK: FILE FOUND]
SNMP Utility Version: The type of SNMP you have installed. Required if you are using SNMP v2c or don't have embedded SNMP support in PHP.
NET-SNMP 5.x
RRDTool Utility Version: The version of RRDTool that you have installed.
RRDTool 1.4.x
NOTE: Once you click "Finish", all of your settings will be saved and your database will be upgraded if this is an upgrade. You can change any of the settings on this screen at a later time by going to "Cacti Settings" from within Cacti.
Finish

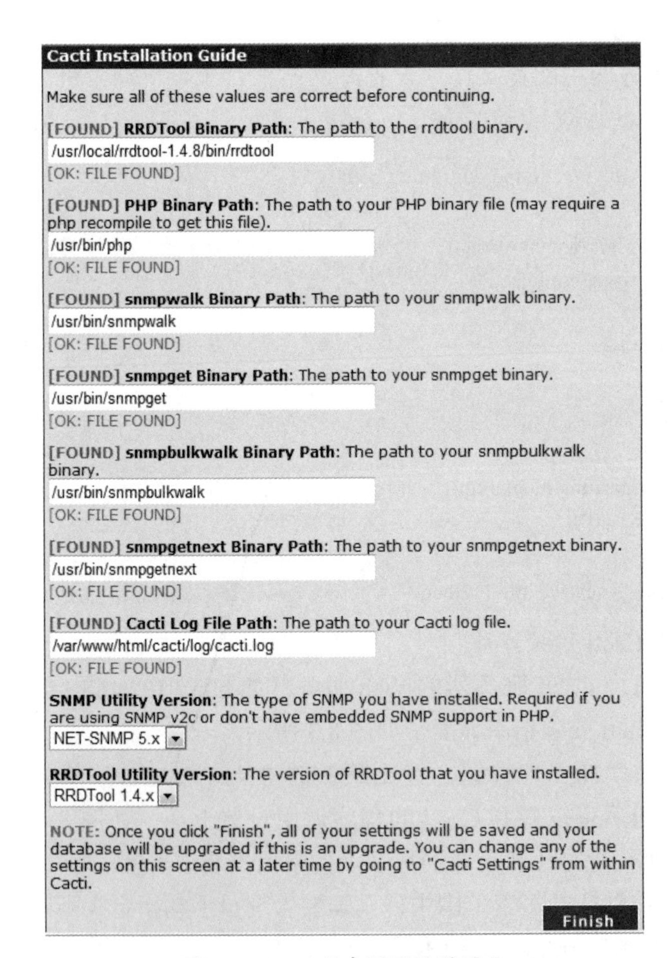

图 8.4　Cacti 程序调用设置页面

确认各项设置无误后，单击右下角的“Finish”按钮即可完成初始化安装，接下来自动进入 Cacti 系统的登录页面，如图 8.5 所示。至此 Cacti 的服务器端就配置完成了，在 8.2 节将会介绍 Cacti 系统的具体使用。

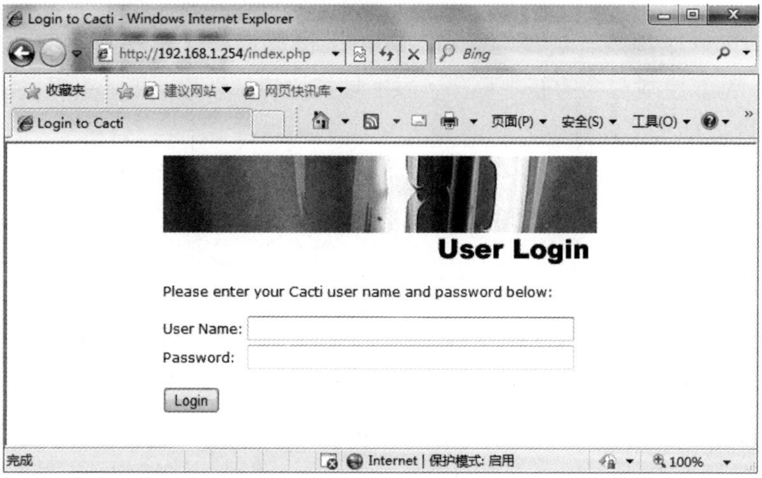

图 8.5　Cacti 系统的登录页面

8.1.2　客户机配置（被控端——snmpd）

无论是交换机、路由器，还是 Linux 或 Windows 服务器，只要正确支持 SNMP 协议，并允许 Cacti 服务器采集数据，就能够进行集中监测。下面仅介绍在 Linux 服务器中启用 SNMP 支持并设置共同体名（识别及验证字串）的简单方法。

需要安装光盘中的 net-snmp、lm_sensors 软件包，然后适当修改配置文件 /etc/snmpd/snmpd.conf，并启动 snmpd 服务。snmpd 服务默认在 UDP 协议的 161 端口响应 SNMP 查询。

```
[root@localhost ~]# vi /etc/snmp/snmpd.conf
……                                                     // 省略部分内容
com2sec notConfigUser  192.168.1.254    public
access  notConfigGroup ""  any   noauth   exact  all none none
view all    included  .1                  80
[root@localhost ~]# service snmpd start                 // 启动 snmpd 服务
[root@localhost ~]# netstat -anpu | grep "snmpd"        // 确认正常监听
udp       0      0  0.0.0.0:161       0.0.0.0:*        1171/snmpd
```

在文件 snmpd.conf 中改动的三条配置位于第 41、62、85 行，其作用如下所述。

第 41 行，192.168.1.254 对应 Cacti 服务器地址（默认是 default），表示允许其查询本机数据；public 表示 SNMP 共同体名称，用来识别及验证。

第 62 行，all 表示开放所有的 SNMP 查询权限（默认是 SystemView）。

第 85 行，去掉开头的注释符号，以便支持各种查询访问。

8.2 使用 Cacti 的 Web 控制台

配置好 Cacti 主控端、被控端以后，就可以设置集中监测任务了。本节将学习在 Cacti 系统的 Web 控制台中的基本操作（添加被控主机、创建图形、查看监测结果等），以及如何通过插件来扩展集中监测能力。

在浏览器中访问 Cacti 系统，如 http://192.168.1.254/，输入正确的管理员账号 / 密码（默认均为 admin）——首次登录时应根据提示重新设置密码，即可进入到 Web 管理控制台，如图 8.6 所示。

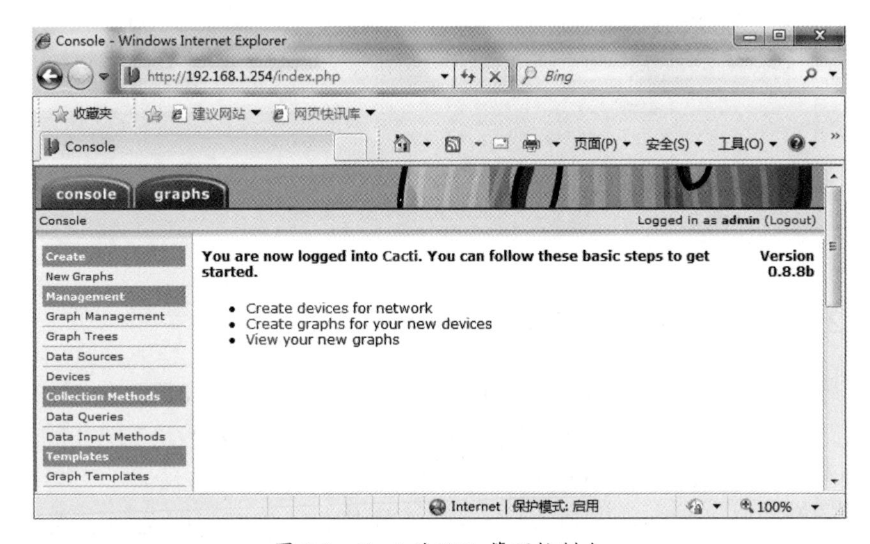

图 8.6　Cacti 的 Web 管理控制台

下面讲解使用 Web 管理控制台的基本操作，主要包括如何添加被控主机、设置监控项目，以及生成监测图像、查看监测图像。

1. 添加被控端

（1）添加被控设备或主机。

单击导航栏中“Management”下的“Devices”链接，可以管理被控设备或主机。通过右上方的“Add”链接，可以打开添加新设备的页面，如图 8.7 所示。需要填写的内容主要包括“Description”（描述）、“Hostname”（主机名或 IP 地址），“Host Template”（主机模板），这里选用“ucd/net SNMP Host”，另外“SNMP Community”处应填写被控端实际使用的共同体名称（如 public），“SNMP Version”选择“Version 2”，最后单击“Create”按钮完成添加。

创建新的被控设备以后，将自动连接目标执行 SNMP 查询。若查询成功则可以继续后面的监测项目设置，否则应检查被控端的 SNMP 设置、网络连接、防火墙限制、共同体名称等相关因素以排除故障。

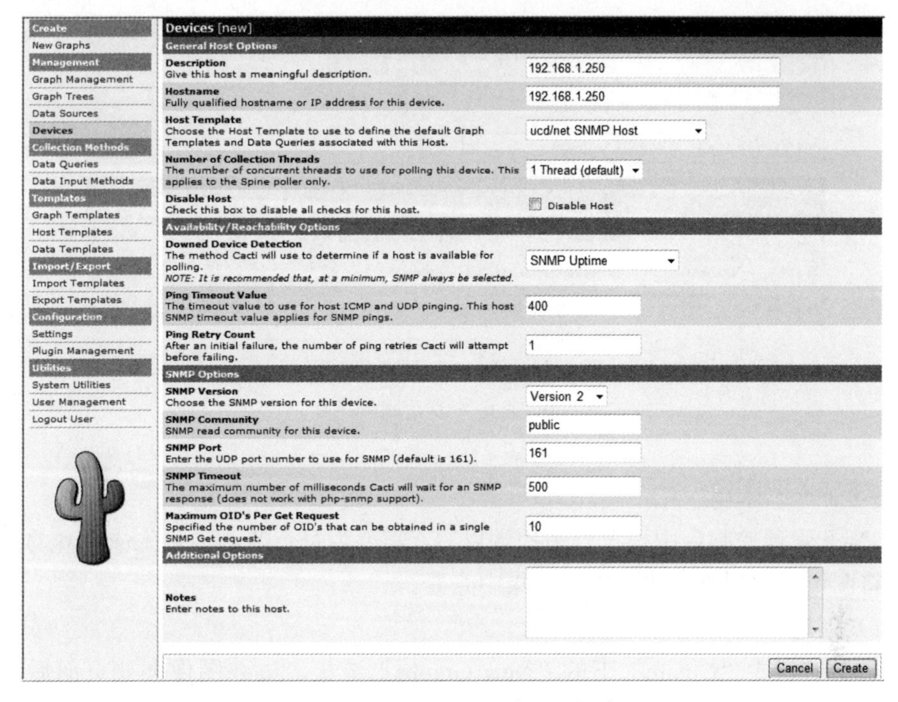

图 8.7　设置被监测的设备 / 主机参数

（2）设置要监测的项目。

成功连接被控端后会看到“Save Successful”的提示信息，页面下方可看到默认监测的项目，如图 8.8 所示。关联的图像模板（Graph Templates）默认已包括 CPU 占用、平均负载、内存使用，而数据查询（Data Queries）默认包括接口统计、获取分区信息。

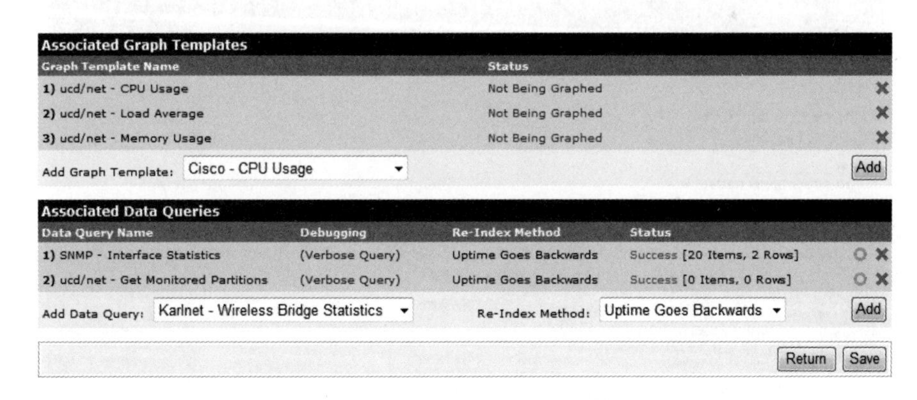

图 8.8　默认关联的监测项目模板

其中有些数据查询可能并不适用于当前设备，因此若在 Status 列看到“0 Items”的信息，表示并未获得有效数据。针对 Linux 被控端，若要添加对系统进程的监测，应在“Associated Graph Templates”栏目下添加“Unix - Processes”项；若要添加对磁盘分区使用情况的监测，可以在“Associated Data Queries”栏目下添加“SNMP - Get Mounted Partitions”项，添加完成后的结果如图 8.9 所示。其他无效的查询项可以将其删除掉，最终确定无误后单击右下方的“Save”按钮保存设置。

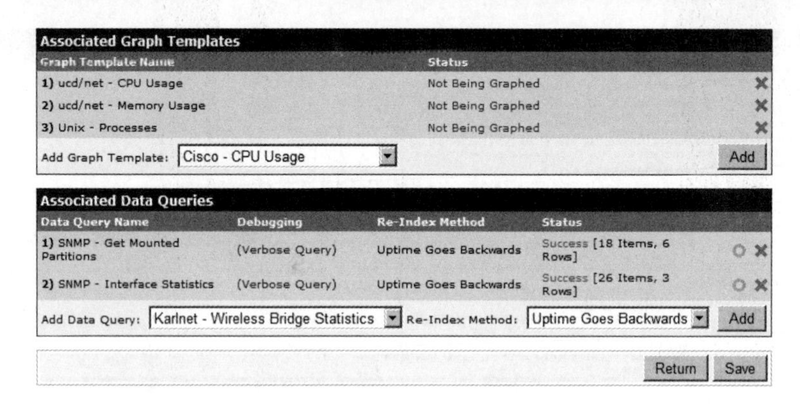

图 8.9　自定义要监测的项目

2. 生成监测图像

在 Cacti 管理控制台中设置好被控端以后，需要为每个监测项目生成直观的图像，然后再将图像添加到监测树，以方便集中查看。

（1）创建图像。

单击导航栏中“Create”下的“New Graphs”链接，进入图像创建页面后，选择指定的被控主机或设备，并选择其中最需要的图像条目，如图 8.10 所示。最后单击下方的“Create”按钮，在出现的页面中再次单击“Create”按钮即完成图像创建。

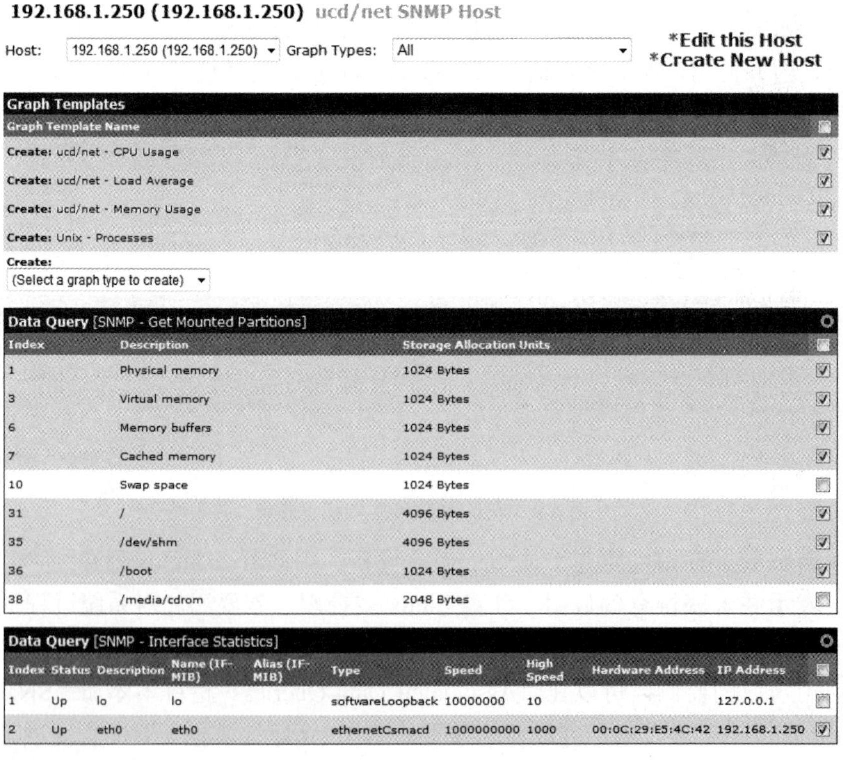

图 8.10　为监测项目创建图像

实际上并不要求为所有项目都创建图像，如针对网卡流量统计的监测，更多的是关注 eth0、eth1 等物理网卡，而像 lo 等虚接口就无需生成图像了；对磁盘分区的统计也一样，如交换分区、光盘、软盘等也可以不选择。

（2）添加图像至监测树。

被控端的各种监测图像在 Cacti 系统中以树形结构进行展示，因此对于新创建的图像对象，应该将其添加到“Graph Trees”中，以方便用户分类查看。单击导航栏中“Management”下的“Graph Trees”链接，再单击“Default Tree”，可以对默认的图像监测树进行管理，如图 8.11 所示。

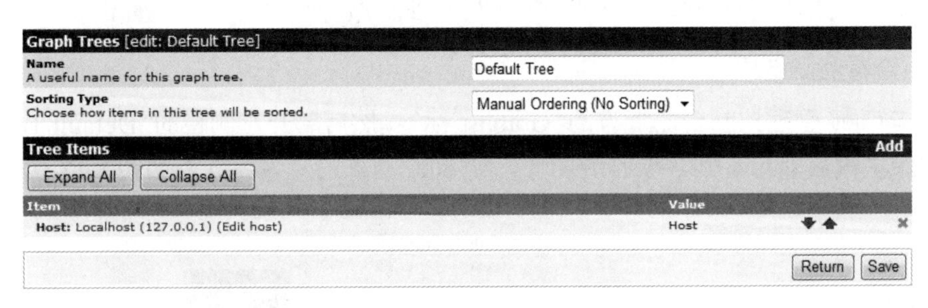

图 8.11　管理默认监测树

单击最右边的“Add”链接，可以向监测树中添加“树项目”节点。“树项目”作为监测树的分支，包括三种不同类型：Host（主机）、Graph（图像）和 Header（标头），其中最常用的是 Host。

Host（主机）：以整个被控主机或设备作为树节点，自动包括所有监测图像。这种方式操作最为简单、快捷，适合同时监测一个服务器的多个项目。例如，若要将被控机“Linux 论坛服务器”添加到监测树，应将“Tree Item Type”设为“Host”，然后选中对应的被控主机，如图 8.12 所示，最后单击右下方的“Create”按钮，在接下来的页面中单击“Save”按钮完成添加。

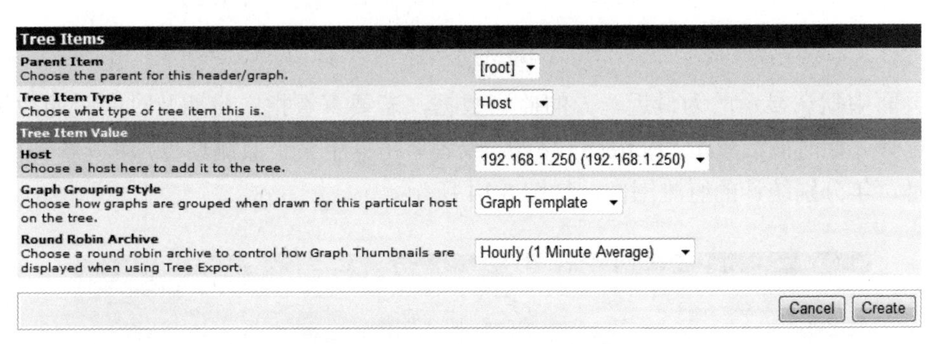

图 8.12　在监测树中添加被控主机

3. 定期采集监测数据

Cacti 系统通过 poller.php 页面来采集监测数据，需使用 PHP 程序解释执行。为了获得持续稳定的数据，应结合计划任务定期进行采集，如每 5 分钟（这是 poller.php 页面的默认刷新间隔）。

```
[root@localhost ~]# /usr/bin/php /var/www/html/cacti/poller.php
                                        // 执行首次数据采集
OK u:0.01 s:0.01 r:1.00
OK u:0.01 s:0.01 r:1.01
OK u:0.01 s:0.01 r:1.01
OK u:0.01 s:0.01 r:1.01
[root@localhost ~]#  crontab –u cacti –e
*/5 * * * * /usr/bin/php /var/www/html/cacti/poller.php > /dev/null
```

4. 查看监测结果

单击 Cacti 管理控制台左上方的“Graphs”标签，然后展开左侧栏的“Default Tree”树，选择被控主机后即可看到各项监测图像，如 eth0 网卡的流量统计，如图 8.13 所示。

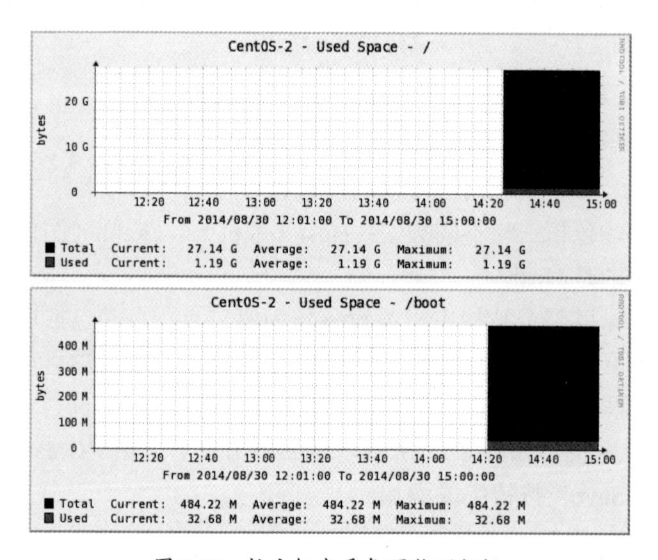

图 8.13　按主机查看各项监测数据

页面中默认显示的为最近一天的监测数据，若要查看指定日期及时间段的数据，可以选择起始时间后单击“Refresh”按钮。或者单击其中某个监测项目，可以看到按日、周、月、年分别统计的监测图像，如图 8.14 所示。

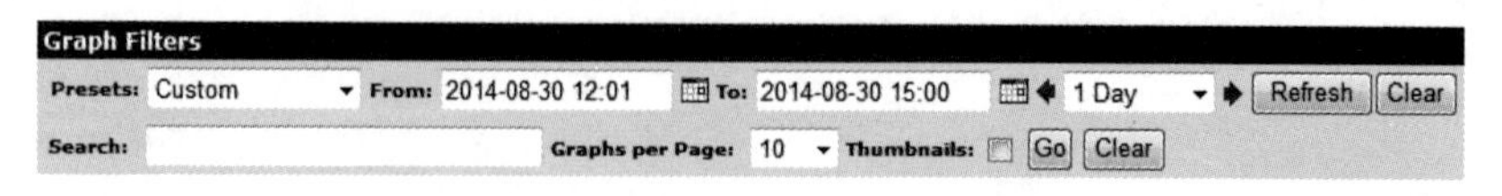

图 8.14　查看不同周期的监测数据

5. 安装 percona-mysql-monitor 插件

Cacti 工具默认的模板只能监控机器的 CPU、内存和磁盘等信息，如果要监控

MySQL，则要从 Percona 公司的网站 http://www.percona.com/donwloads/ 上下载监控 MySQL 的模板并安装。命令如下。

```
[root@localhost ~]#  tar zxf percona-monitoring-plugins-1.1.4.tar.gz
[root@localhost ~]#  cd percona-monitoring-plugins-1.1.4 /cacti/scripts
[root@localhost scripts]# cp ss_get_mysql_stats.php /var/www/html/cacti/scripts/
```

然后在 Cacti 中进行设置，依次进入“控制面板”→“导入模板”→“从本地文件中导入”，然后单击“浏览”按钮，选择解压缩后的 cacti\templates 目录下的 cacti_host_template_percona_ mysql_server_ht_0.8.6i-sver1.1.4.xml，然后单击“Import”按钮，导入到 Cacti，如图 8.15 所示。

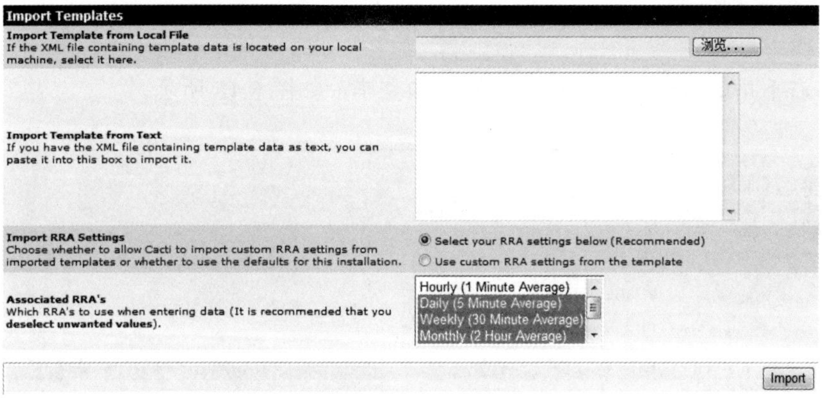

Import Templates

Import Template from Local File
If the XML file containing template data is located on your local machine, select it here.　浏览...

Import Template from Text
If you have the XML file containing template data as text, you can paste it into this box to import it.

Import RRA Settings
Choose whether to allow Cacti to import custom RRA settings from imported templates or whether to use the defaults for this installation.
Select your RRA settings below (Recommended)
Use custom RRA settings from the template

Associated RRA's
Which RRA's to use when entering data (It is recommended that you deselect unwanted values).
Hourly (1 Minute Average)
Daily (5 Minute Average)
Weekly (30 Minute Average)
Monthly (2 Hour Average)

Import

图 8.15　导入模板

导入后的情况，如图 8.16 所示。

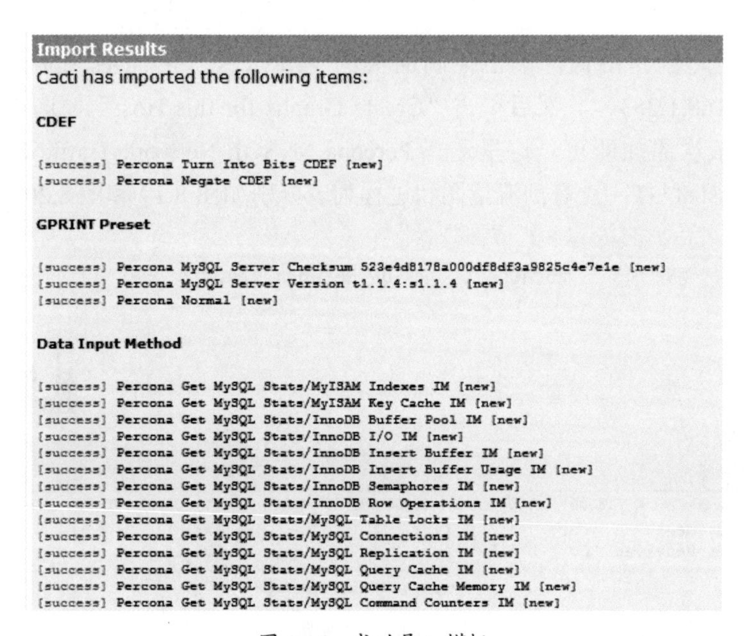

图 8.16　成功导入模板

导入完以后，添加模板，如图 8.17 所示。

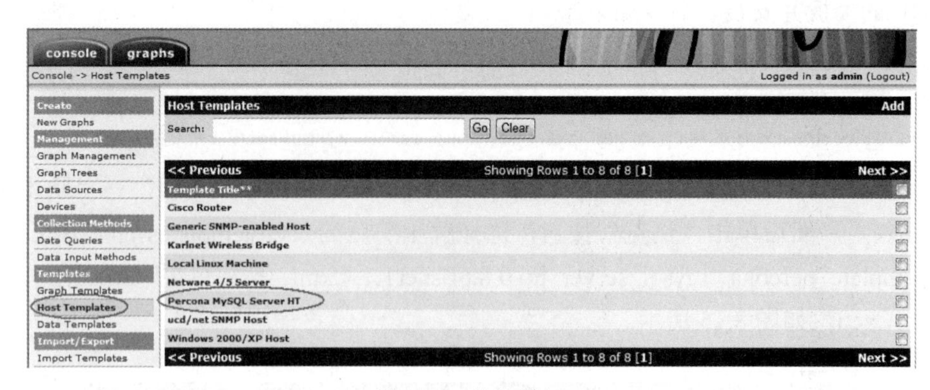

图 8.17　添加模板

单击右下角的“Save”按钮，模板添加完毕，如图 8.18 所示。

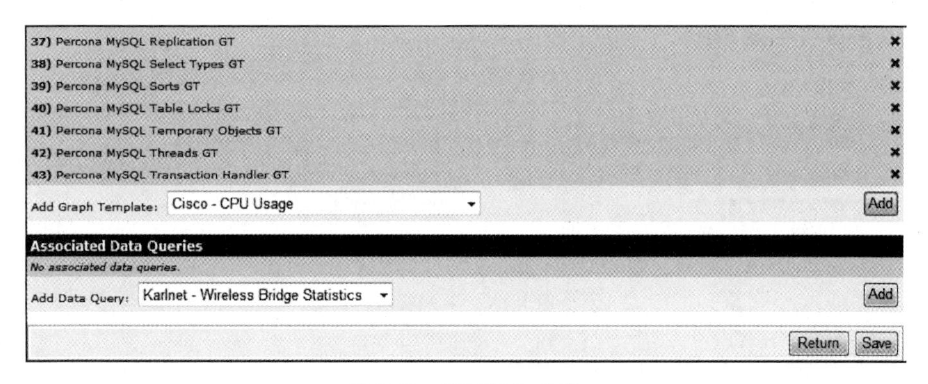

图 8.18　模板添加完毕

接下来开始创建图像，单击控制面板的“Devices”→“Description”，选择目标地址（192.168.1.253），然后单击“Create Graphs for this Host”，选择想要监控的 MySQL 项，依次添加即可。这里选择 Percona MySQL Network Traffic GT 和 Percona MySQL Processlist GT，查看到流量图和进程列表分别如图 8.19 和图 8.20 所示。

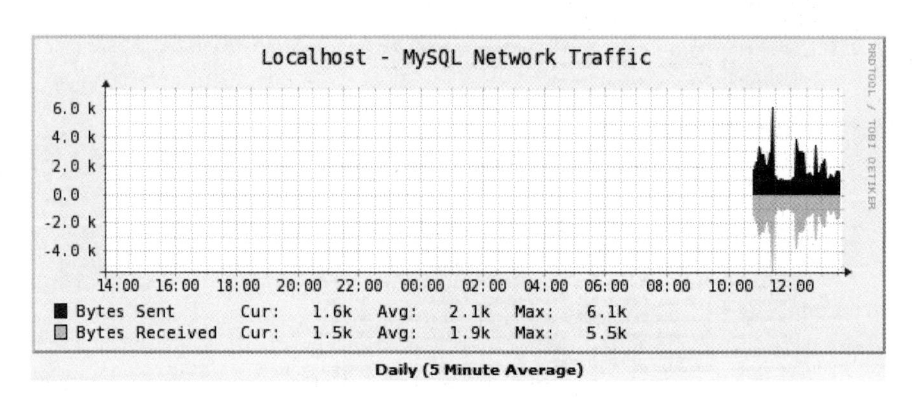

图 8.19　流量图

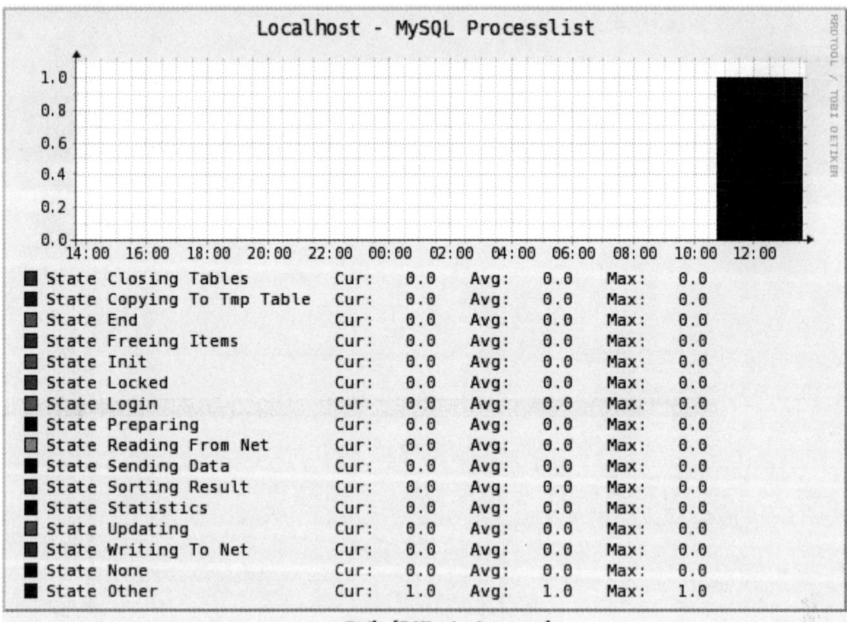

图 8.20　进程列表

本章总结

- Cacti 可用来监测网络设备或服务器的 CPU、内存及网络流量等性能参数，基于 SNMP 协议采集数据。
- 将 Linux 服务器作为 Cacti 的被监测主机时，需要安装 net-snmp 软件包以提供 snmpd 服务。

本章作业

1. 简述 Cacti 监测系统的工作方式。
2. 将 Linux 服务器、Windows 服务器作为 Cacti 的被监测端时，分别需做哪些配置？
3. 简述在 Cacti 系统中添加一台被控主机的基本步骤。
4. 用课工场 APP 扫一扫，完成在线测试，快来挑战吧！

随手笔记

第9章

Nagios 监控系统

技能目标

- 熟悉 Nagios 工作原理
- 会搭建 Nagios 监控系统
- 会配置 Nagios 监控邮件报警
- 会利用第三方插件监控服务性能
- 会配置 Nagios 监控用图形显示
- 会使用 shell 编写简单的 nrpe 插件

本章导读

Nagios 是一款开源的计算机系统和网络监视工具，能有效监控 Windows、Linux 和 UNIX 的主机和服务的状态，在系统或服务状态异常时会发出电子邮件或短信报警第一时间通知网站运维人员，在状态恢复后会发出正常的电子邮件或短信通知。

知识服务

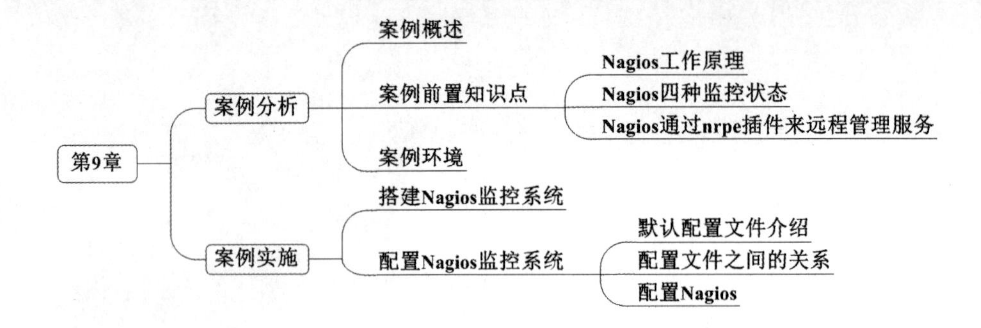

9.1 案例分析

1. 案例概述

要想实时地了解服务器的运行状况并且能在出现问题时及时解决，利用监控软件是一个很好的途径。就目前而言，有服务器的地方就少不了监控系统。截至目前，没有一家公司不采用监控系统。现有的监控系统软件很多，但是 Nagios 可以灵活地监控服务器资源，所以某些方面采用 Nagios 更多一些。

2. 案例前置知识点

（1）Nagios 工作原理

Nagios 的功能是监控服务和主机，但是其自身并不包括这部分功能，所有的监控、检测功能都是通过各种插件来完成的。启动 Nagios 后，它会周期性地自动调用插件去检测服务器状态，同时 Nagios 会维持一个队列，所有插件返回来的状态信息都进入队列，Nagios 每次都从队首读取信息，进行处理后，再把状态结果通过 Web 显示出来。这就是所谓的被动模式，经常用于监控主机的系统资源，比如系统负载、磁盘使用率、内存使用率、网络状态、系统进程数等等。另一种是主动模式，主要是 Nagios 服务器主动去获取数据，常用于探测 URL 的监控和服务的状态监控。相比于主动模式中服务器主动去被监控机上轮询获取监控数据的方式，这样做的一个很大优势就是将除去数据处理的其他工作都放在了被监控机上面（包括数据的传输），就避免了被监控机数量大时，一次轮询时间过长而导致监控反应延迟，这也是被动模式能承担更大监控量的关键。Nagios 提供了许多插件，利用这些插件可以方便地监控很多服务状态。安装完成后，在 Nagios 主目录下的 /libexec 里放有 Nagios 自带的可以使用的所有插件，如 check_disk 是检查磁盘空间的插件，check_load 是检查 CPU 负载的插件，等等。每一个插件都可以通过运行 ./check_xxx -h 命令来查看其使用方法和功能。

（2）Nagios 四种监控状态

Nagios 可以识别四种状态返回信息：0(OK) 表示状态正常 / 绿色，1(WARNING) 表示出现警告 / 黄色，2(CRITICAL) 表示出现非常严重的错误 / 红色，3(UNKNOWN) 表示未知错误 / 深黄色。Nagios 根据插件返回的值，来判断监控对象的状态，并通过

Web 显示出来，以供管理员及时发现故障。

（3）Nagios 通过 nrpe 插件来远程管理服务

- Nagios 执行安装在它里面的 check_nrpe 插件，并告诉 check_nrpe 去检测哪些服务。
- 通过 SSL，check_nrpe 连接远端机器上的 NRPE daemon。
- NRPE 运行本地的各种插件去检测本地的服务和状态 (check_disk,..etc)。
- NRPE 把检测的结果传给主机端的 check_nrpe，check_nrpe 再把结果送到 Nagios 状态队列中。
- Nagios 依次读取队列中的信息，再把结果显示出来。

3. 案例环境

案例使用 3 台服务器来配置 Nagios 监控系统，具体的拓扑如图 9.1 所示。

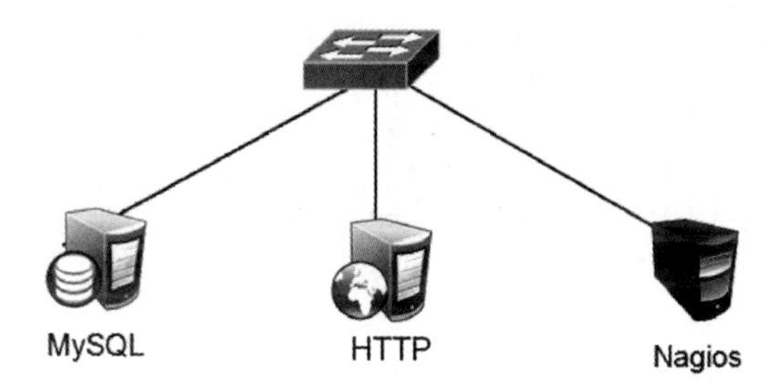

图 9.1 Nagios 监控系统拓扑

案例环境如表 9-1 所示 (系统都是最小化安装)。

表 9-1 案例环境

主机	操作系统	IP 地址	主要软件
Nagios	CentOS 7.3 x86_64	192.168.168.188	nagios-4.2.4.tar.gz nagios-plugins-2.1.4 nrpe-3.0.1.tar.gz
MySQL	CentOS 7.3 x86_64	192.168.168.189	nagios-plugins-2.1.4 nrpe-3.0.1.tar.gz
HTTP	CentOS 7.3 x86_64	192.168.168.190	nagios-plugins-2.1.4 nrpe-3.0.1.tar.gz

9.2 案例实施

1. 搭建 Nagios 监控系统

（1）关闭防火墙和 SELinux。

```
[root@localhost ~]#systemctl stop firewalld
[root@localhost ~]#systemctl disabled firewalld
[root@localhost ~]# setenforce 0
```

（2）创建 nagios 用户和用户组。

```
[root@localhost ~]#useradd -s /sbin/nologin nagios
```

（3）同步系统时间（3 台主机上都执行）

```
[root@localhost ~]# ntpdate pool.ntp.org
```

（4）编译安装 Nagios。

下载地址：https://www.nagios.org/，采用 4.2.4 版本。

```
[root@localhost ~]# tar xvf nagios-4.2.4.tar.gz
[root@localhost ~]# cd nagios-4.2.4
[root@localhost nagios-4.2.4]# yum install gcc perl unzip –y
[root@localhost nagios-4.2.4]# ./configure --prefix=/usr/local/nagios
[root@localhost nagios-4.2.4]# make all
[root@localhost nagios-4.2.4]# make install
[root@localhost nagios-4.2.4]# make install-init
[root@localhost nagios-4.2.4]# make install-commandmode
[root@localhost nagios-4.2.4]# make install-config
```

（5）验证安装是否成功

```
[root@localhost nagios-4.2.4]# ls /usr/local/nagios/
bin  etc  libexec  sbin  share  var
```

（6）安装 Apache 和 php

```
[root@localhost nagios-4.2.4]# yum install httpd php
```

生成 nagios 模板文件：

```
[root@localhost nagios-4.2.4]# make install-webconf
```

创建访问认证文件（文件位置是 /etc/init.d/conf.d/nagios.conf 文件里面定义好的）。

```
[root@localhost ~]# htpasswd -c /usr/local/nagios/etc/htpasswd.users nagiosadm
用户名：nagiosadm   密码：nagiosadm
```

注意，这个用户名不要随便修改，如果修改还需要修改 cgi.conf 文件。

启动 Apache 和 nagios 服务：

```
[root@localhost conf.d]# systemctl start httpd
[root@localhost conf.d]# systemctl start nagios
```

加入开机自启动：

```
[root@localhost conf.d]# systemctl enable httpd
[root@localhost conf.d]# systemctl enable nagios
```

输入 URL 访问测试，如图 9.2 所示。

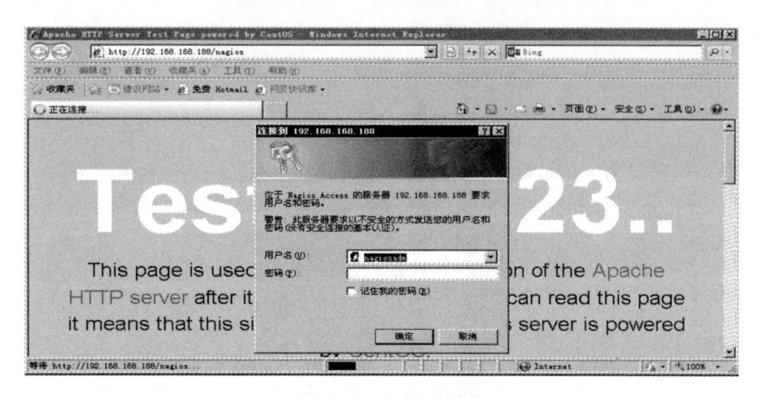

图 9.2　访问测试

登录后界面如图 9.3 所示，说明 Nagios web 界面窗口正常。

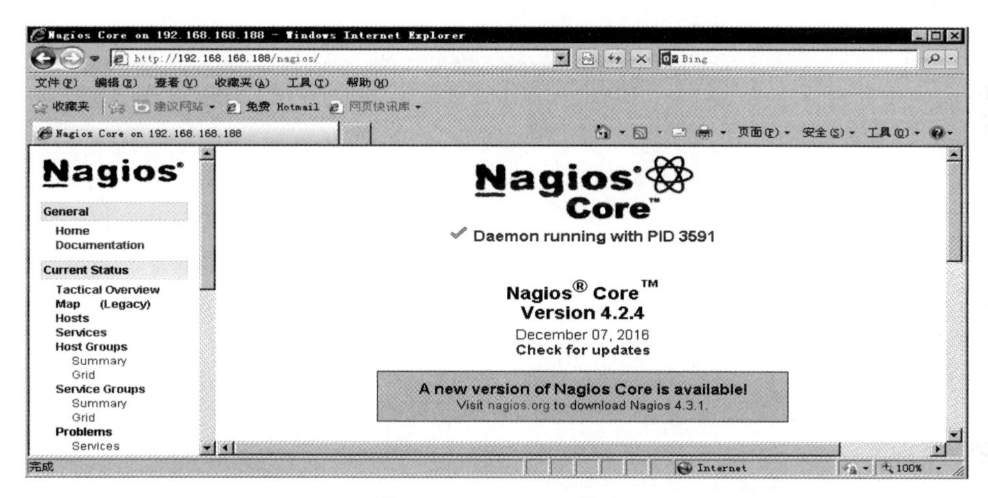

图 9.3　Nagios web 界面

（7）安装 Nagios 插件。

Nagios 提供的各种监控功能基本上都是通过插件来完成的，下载地址：https://www.nagios.org/。

```
[root@localhost ~]# tar xvf nagios-plugins-2.1.4.tar.gz
[root@localhost ~]# cd nagios-plugins-2.1.4
[root@localhost nagios-plugins-2.1.4]# ./configure --prefix=/usr/local/nagios
[root@localhost nagios-plugins-2.1.4]# make
[root@localhost nagios-plugins-2.1.4]# make install
```

（8）安装 nrpe 软件。

可能这里会有人产生疑问，nrpe 是客户端需要安装的软件，为什么还需要安装在 nagios 服务端呢？有两个原因：第一，nagios 作为服务端，本地资源也需要监控；第二，nagios 服务端需要 check_nrpe 插件做被动检查。

监控端与被监控主机之间使用 SSL 安全通道，首先需要安装 openssl-devel。

```
[root@localhost ~]# yum install openssl-devel
[root@localhost ~]# tar xvf nrpe-3.0.1.tar.gz
[root@localhost ~]# cd nrpe-3.0.1
[root@localhost nrpe-3.0.1]# ./configure
[root@localhost nrpe-3.0.1]# make all
[root@localhost nrpe-3.0.1]# make install-plugin
[root@localhost nrpe-3.0.1]# make install-daemon
                    // 将 check_nrpe 插件安装到 /usr/local/nagios/libexec 目录下
```

2. 配置 Nagios 监控系统

接下来配置 Nagios，在配置之前我们先要了解 Nagios 配置文件参数的作用及目录层次结构，Nagios 安装完毕后，默认的配置文件在 /usr/local/nagios/etc 目录下。

（1）默认配置文件介绍

```
[root@localhost ~]#cd /usr/local/nagios/etc/
cgi.cfg                  // 控制 CGI 访问的配置文件
nagios.cfg               // Nagios 主配置文件
resource.cfg
    // 变量定义文件，又称为资源文件，在这些文件中定义变量，以便由其他配置文件引用，
    // 如 $USER1$
objects        //objects 是一个目录，在此目录下有很多配置文件模板，用于定义 Nagios 对象
objects/commands.cfg   // 定义命令配置文件，其中定义的命令可以被其他配置文件引用
objects/contacts.cfg     // 定义联系人和联系人组的配置文件
objects/localhost.cfg    // 定义监控本地主机的配置文件
objects/printer.cfg      // 定义监控打印机的一个配置文件模板，默认没有启用此文件
objects/switch.cfg       // 定义监控路由器的一个配置文件模板，默认没有启用此文件
objects/templates.cfg    // 定义主机和服务的一个模板配置文件，可以在其他配置文件中引用
objects/timeperiods.cfg // 定义 Nagios 监控时间段的配置文件
objects/windows.cfg      // 定义监控 Windows 主机的一个配置文件模板，默认没有启用此文件
```

（2）配置文件之间的关系

在 Nagios 的配置过程中涉及到主机、主机组，服务、服务组，联系人、联系人组，监控时间和监控命令等定义。从这些定义可以看出，Nagios 各个配置文件之间是互为关联、彼此引用的。成功配置一台 Nagios 监控系统，必须弄清楚每个配置文件之间依赖与被依赖的关系，最重要的有四点。

- 定义监控哪些主机、主机组，服务和服务组。
- 定义这个监控要用什么命令实现。
- 定义监控的时间段。
- 定义主机或服务出现问题时要通知的联系人和联系人组。

（3）配置 Nagios

为了能更清楚地说明问题，同时也为了维护方便，建议为 Nagios 各个定义对象创建独立的配置文件。

- 创建 conf 目录来定义 host 主机。

- 创建 hostgroups.cfg 文件来定义主机组。
- 用默认的 contacts.cfg 文件来定义联系人和联系人组。
- 用默认的 commands.cfg 文件来定义命令。
- 用默认的 timeperiods.cfg 文件来定义监控时间段。
- 用默认的 templates.cfg 文件作为资源引用文件。

初步了解 Nagios 的配置文件后，接下来开始修改配置文件。

（1）/usr/local/nagios/etc/nagios.cfg // 主配置文件。

```
[root@localhost ~]#vim /usr/local/nagios/etc/nagios.cfg
cfg_file=/usr/local/nagios/etc/objects/commands.cfg
cfg_file=/usr/local/nagios/etc/objects/contacts.cfg
cfg_file=/usr/local/nagios/etc/objects/contactgroup.cfg
cfg_file=/usr/local/nagios/etc/objects/timeperiods.cfg
cfg_file=/usr/local/nagios/etc/objects/templates.cfg
cfg_file=/usr/local/nagios/etc/objects/hostgroups.cfg
cfg_dir=/usr/local/nagios/etc/conf  // 为了把每台监控主机信息都放置在此文件夹下方便管理
```

注意把 cfg_file=/usr/local/nagios/etc/objects/localhost.cfg 这行注释掉

```
[root@localhost ~]#mkdir /usr/local/nagios/etc/conf
```

（2）/usr/local/nagios/etc/objects/commands.cfg // 加上如下配置参数分别对应的就是电子邮件、nrpe 插件。

最小化安装默认没有安装 mail 这个命令，要实现 Nagios 自带的 mail 命令通过本机发送邮件，必须启动本机的 postfix 服务。

```
[root@localhost ~]# yum install mailx –y
[root@localhost ~]# systemctl start postfix
```

测试简单的发送邮件：

```
[root@localhost ~]# mail -s "test" 316189480@qq.com < /etc/hosts
[root@localhost ~]# mailq
/var/spool/mqueue is empty
                Total requests: 0
```

登录 QQ 邮箱查看邮件是否正常收到，如图 9.4 所示，可以看到邮件在垃圾箱里。

test ☆
发件人：root <root@localhost.localdomain>
时　间：2017年2月25日(星期六) 下午2:24
收件人：split_two <316189480@qq.com>
这是一封垃圾箱中的邮件。请勿轻信中奖、汇款等虚假信息，勿轻易拨打陌生电话。 举报垃圾邮件 移回收件箱

127.0.0.1　localhost localhost.localdomain localhost4 localhost4.localdomain4
::1　　　localhost localhost.localdomain localhost6 localhost6.localdomain6

图 9.4　查看邮件

如果公司有邮件服务器或者使用第三方邮件商提供的服务，因为邮件服务没有做MX记录及反向解析，所以一般会被当成垃圾邮件或者收不到。另外Nagios自带的mail工具发送邮件不是很好用，一般都是使用开源的sendEmail插件来发送邮件。下载地址：http://caspian.dotconf.net/menu/Software/SendEmail/。

```
[root@localhost ~]# tar zxvf sendEmail-v1.56.tar.gz
[root@localhost ~]# cd sendEmail-v1.56
[root@localhost sendEmail-v1.56]# cp sendEmail /usr/local/bin/
```

用插件sendEmail调用公司外网的电子邮件服务器里面的www用户，给Nagios指定的管理员用户发送相关的服务器报警信息，其中我们可以看出www用户密码为yunjisuan。

下面描述了各选项的作用：

$NOTIFICATIONTYPE$ 通知类型

$HOSTNAME$ 主机名

$HOSTSTATE$ 主机状态

$HOSTADDRESS$ 主机别名

$HOSTOUTPUT$ 主机附加信息输出

$LONGDATETIME$ 此时此刻的长格式日期和时间

$CONTACTEMAIL$ 联系人电子邮件

-f 指定发送电子邮箱用户

-t 指定接收者的电子邮箱

-s 电子邮件服务器

-o message-content-type=html 邮件内容的格式，html表示它是html格式

-o message-charset=utf8 邮件内容编码

-u 主机状态信息

-xu 指定用户

-xp 指定用户密码

（3）开始编辑comands.cfg文件

```
[root@localhost ~]#vim /usr/local/nagios/etc/objects/commands.cfg
##################################################################################
    #################
# 'notify-host-by-email' command definition
// 定义通知方式，主机发生故障时，以电子邮件的形式发送到指定的管理员电子邮箱
define command{
    command_name    notify-host-by-email
    command_line    /usr/bin/printf "%b" "***** Nagios *****\n\nNotification Type:
      $NOTIFICATIONTYPE$\nHost: $HOSTNAME$\nState: $HOSTSTATE$\nAddress:
      $HOSTADDRESS$\nInfo: $HOSTOUTPUT$\n\nDate/Time: $LONGDATETIME$\n" | /usr/
      local/bin/sendEmail -o fqdn=FQDN -f 发件人邮箱 -t $CONTACTEMAIL$ -s 发件人邮件服务
      器 -u "** $NOTIFICATIONTYPE$ Host Alert: $HOSTNAME$ is $HOSTSTATE$ **" -xu
```

```
    发件人账户 -xp 发件人账户密码
    }

define command{
    command_name    notify-service-by-email
    command_line    /usr/bin/printf "%b" "***** Nagios *****\n\nNotification Type:
      $NOTIFICATIONTYPE$\n\nService: $SERVICEDESC$\nHost: $HOSTALIAS$\nAddress:
      $HOSTADDRESS$\nState: $SERVICESTATE$\n\nDate/Time: $LONGDATETIME$\n\
      nAdditional Info:\n\n$SERVICEOUTPUT$" | /usr/local/bin/sendEmail -o fqdn=FQDN -f 发
      件人邮箱 -t $CONTACTEMAIL$ -s 发件人邮件服务器 -u "** $NOTIFICATIONTYPE$
      Service Alert: $HOSTALIAS$/$SERVICEDESC$ is $SERVICESTATE$ **" -xu 发件人账户
      -xp 发件人账户密码
```

注意这个是对服务的监控，上面是对主机的监控，拷贝的时候要注意换行，它们成对出现。这里因为飞信的升级导致不能使用，所以不再介绍飞信的配置。

```
################################################################################
    ##################
################################################################################
    ##################
// 定义一个 check_nrpe 监控命令
define command{
    command_name  check_nrpe
    command_line  $USER1$/check_nrpe -H $HOSTADDRESS$ -c $ARG1$
    }
################################################################################
    ##################
```

（4）/usr/local/nagios/etc/objects/contacts.cfg // 定义监控服务联系人。

```
[root@localhost ~]#vim /usr/local/nagios/etc/objects/contacts.cfg
define contact{
    contact_name                 ywgcsz         // 定义联系人名称
    alias                        ywgcsz         // 别名
    service_notification_period  24×7           // 监控主机服务 7×24 小时
    host_notification_period     24×7           // 监控主机服务 7×24 小时
    service_notification_options w,u,c,r        // 告警级别参数
    host_notification_options    d,u,r          // 定义主机在什么状态下需要发送通
                                                // 知给使用者，d 即 down，表示宕机
                                                // 状态；u 即 unreachable，不可到
                                                // 达状态；r 即 recovery，表示重新
                                                // 恢复状态
    service_notification_commands notify-service-by-email
                                                // 调用邮件名称
    host_notification_commands   notify-host-by-email

    email 316189480@qq.com                      // 定义发送到哪个电子邮箱

    }
```

这里只介绍邮箱报警，至于短信报警可以查一些相关资料。推荐测试的时候大家可以使用移动的 139 邮箱，给 139 邮箱发邮件同时也会收到短信通知，但是好像每天有条数限制。如果是公司生产环境建议同时配置邮件和短信报警，邮件配置公司的邮箱，短信报警可以使用 http 短信网关（需要收费）。

（5）定义联系人组

```
[root@localhost ~]# vim /usr/local/nagios/etc/objects/contactgroup.cfg

define  contactgroup{
        contactgroup_name        ywgcsz
        alias                System Administrator
        members                  ywgcsz
        }
```

（6）/usr/local/nagios/etc/objects/timeperionds.cfg // 定义时间段配置文件。

```
[root@localhost ~]#vim /usr/local/nagios/etc/objects/timeperionds.cfg
define timeperiod{
        timeperiod_name 24x7                          // 定义时间段名称
        alias      24 Hours A Day, 7 Days A Week      // 别名
        sunday              00:00-24:00               // 具体的时间定义
        monday              00:00-24:00               // 一天 24 小时
        tuesday             00:00-24:00
        wednesday           00:00-24:00
        thursday            00:00-24:00
        friday              00:00-24:00
        saturday            00:00-24:00
        }
```

（7）/usr/local/nagios/etc/objects/hostgroups.cfg // 定义主机组。

```
[root@localhost ~]#vim /usr/local/nagios/etc/objects/hostgroups.cfg        // 手动创建
define hostgroup{
        hostgroup_name 网站服务器
        alias          网站服务器
        members        192.168.168.190
        }
define hostgroup{
        hostgroup_name 数据库服务器
        alias          数据库服务器
        members        192.168.168.189
}
```

（8）相应的配置文件已经修改完毕。下面开始具体监控 MySQL、HTTP 主机的存活、负载、进程。

```
[root@localhost ~]#cd /usr/local/nagios/etc/conf
[root@localhost conf]#vi 192.168.168.189.cfg
define host {
      host_name                 192.168.168.189    // 定义监控哪台主机
      alias                     192.168.168.189
      address                   192.168.168.189
      check_command             check-host-alive
      max_check_attempts        5
      check_period              24x7
      contact_groups            ywgcsz
      notification_period       24x7
      notification_options      d,u,r
      }define service{
        host_name               192.168.168.189    // 定义监控这台主机的存活
        service_description     check-host-alive
        check_command           check-host-alive
        max_check_attempts      3
        normal_check_interval   2
        retry_check_interval    2
        check_period            24x7
        notification_interval   10
        notification_period     24x7
        notification_options    w,u,c,r
        contact_groups          ywgcsz
        }
define service{
        host_name               192.168.168.189              // 定义这台主机进程数
        service_description     check-procs
        check_command           check_nrpe!check_total_procs
        max_check_attempts      3
        normal_check_interval   2
        retry_check_interval    2
        check_period            24x7
        notification_interval   10
        notification_period     24x7
        notification_options    w,u,c,r
        contact_groups          ywgcsz
        }
define service{
        host_name               192.168.168.189              // 定义这台主机负载
        service_description     check-load
        check_command           check_nrpe!check_load
        max_check_attempts      3
        normal_check_interval   2
        retry_check_interval    2
        check_period            24x7
        notification_interval   10
        notification_period     24x7
        notification_options    w,u,c,r
        contact_groups          ywgcsz
```

```
    }
define service{
        host_name               192.168.168.189     // 定义这台主机的 mysql
        service_description     check-mysql
        check_command           check_tcp!3306
        max_check_attempts      3
        normal_check_interval   2
        retry_check_interval    2
        check_period            24x7
        notification_interval   10
        notification_period     24x7
        notification_options    w,u,c,r
        contact_groups          ywgcsz
        }
```

同理可得 192.168.168.190.cfg 也是这样，只要把对应的 IP 换成这台主机的 IP 即可。另外把最后面的描述修改成 httpd，端口修改成 apache 服务的 80 端口即可！还记得上面在 nagios 主配置文件里面注释掉的 localhost.cfg 吗？如果需要对本机监控也只需要复制一个主机的模板文件，然后修改为 192.168.168.188.cfg。最后在 hostgroups.cfg 里面添加如下代码即可！这里不作配置。

```
define hostgroup {
    hostgroup_name  监控主机
    alias           监控主机
    members         192.168.168.188
}
```

（9）修改 /usr/local/nagios/etc/cgi.cfg，不然在 Web 点击 hostsgroups 界面会报错。将 use-authentication=1 修改为 0。

检查配置文件是否有语法错误。

```
[root@localhost ~]# /etc/init.d/nagios checkconfig
Running configuration check...
OK.
```

（10）重启 nagios 服务端

```
[root@localhost ~]# systemctl restart nagios
```

至此服务端配置完成。

这时需要回到被监控端的服务器上安装 Nagios 插件：

```
[root@mysql ~]#yum -y install openssl-devel gcc vim
[root@mysql ~]#useradd nagios -s /sbin/nologin
[root@mysql ~]#tar zxvf nagios-plugins-2.1.4.tar.gz
[root@mysql ~]#cd nagios-plugins-2.1.4
[root@mysql nagios-plugins-2.1.4]#./configure --prefix=/usr/local/nagios
[root@mysql nagios-plugins-2.1.4]#make && make install
[root@mysql nagios-plugins-2.1.4]#chown -R nagios:nagios /usr/local/nagios
```

```
[root@mysql ~]#tar zxvf nrpe-3.0.1.tar.gz
[root@mysql ~]#cd nrpe-3.0.1
[root@mysql nrpe-3.0.1]#./configure
[root@mysql nrpe-3.0.1]#make all && make install-plugin && make install-config && make install-daemon
[root@mysql ~]#ps -ef | wc -l                    // 查看进程数，进程阈值根据总进程数来调整
[root@mysql ~]#more /proc/cpuinfo | grep proc | wc –l
                                                 // 负载是根据服务有几颗 CPU 来调整阈值的
[root@mysql ~]#vim /usr/local/nagios/etc/nrpe.cfg
allowed_hosts=127.0.0.1,192.168.168.188
                                                 // 在配置文件找到这一行，添加监控服务器的 IP 地址
command[check_total_procs]=/usr/local/nagios/libexec/check_procs -w 150 -c 200
command[check_load]=/usr/local/nagios/libexec/check_load -w 15,10,5 -c 30,25,20
[root@mysql ~]# /usr/local/nagios/bin/nrpe -c /usr/local/nagios/etc/nrpe.cfg -d
                                                 // 启动 nrpe
[root@mysql ~]# yum install mariadb-server -y
[root@mysql ~]# systemctl start mariadb
```

注意

生产环境被监控机如果开通了防火墙，请开通监控机对 5666 端口的访问权限。

然后在监控服务器上测试 NRPE 运行是否正常。

```
[root@localhost ~]#  /usr/local/nagios/libexec/check_nrpe -H 192.168.168.189
NRPE v3.0.1
```

以同样的方法在 HTTP 服务器安装即可，这里不再赘述。

监控截图如图 9.5 和图 9.6 所示，其中的 Pending 表示需要等待。

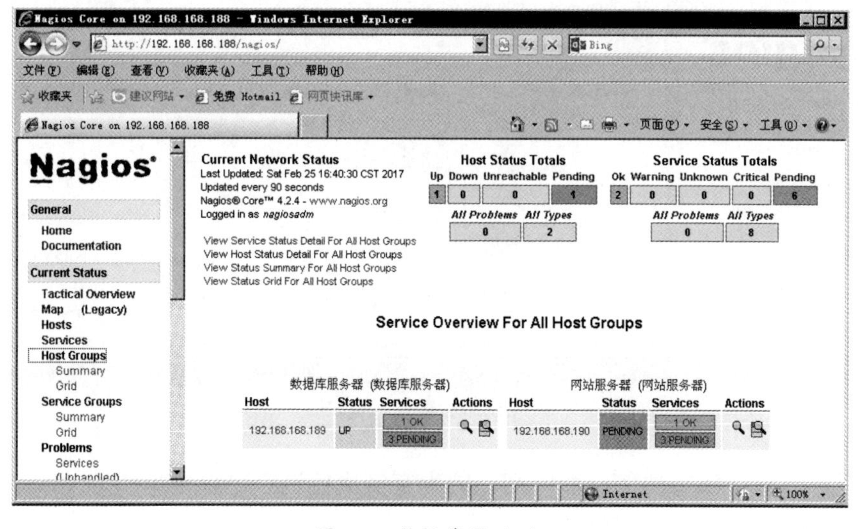

图 9.5　监控截图（1）

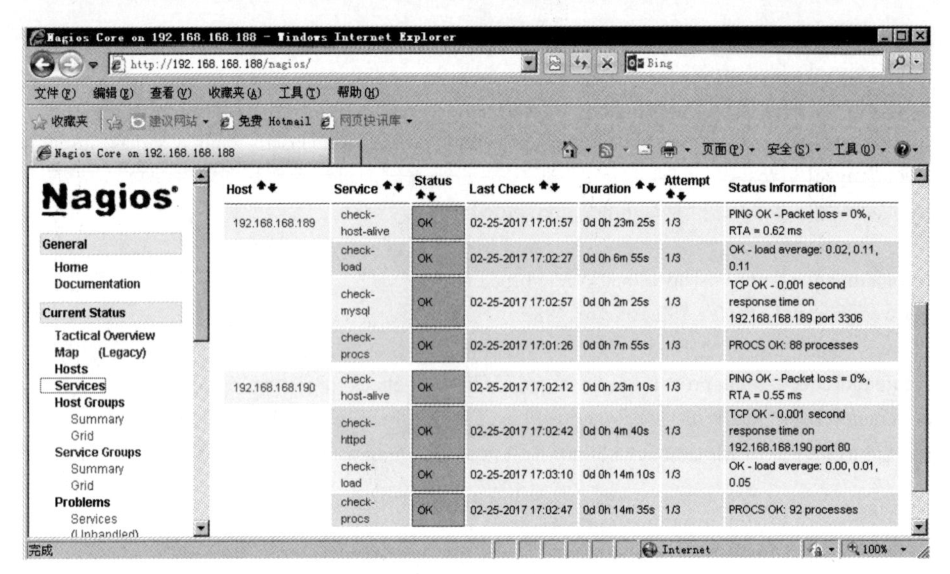

图 9.6　监控截图（2）

上述内容只是简单地搭建了一个监控系统。大家一定要知道什么时候客户端需要安装 nagios-plugins 插件和 nrpe 插件，什么时候不需要安装。

下面是一个报警的示例，手动关闭 mysql 服务。

```
[root@mysql ~]# systemctl stop mariadb
```

界面报警会显示，如图 9.7 所示。

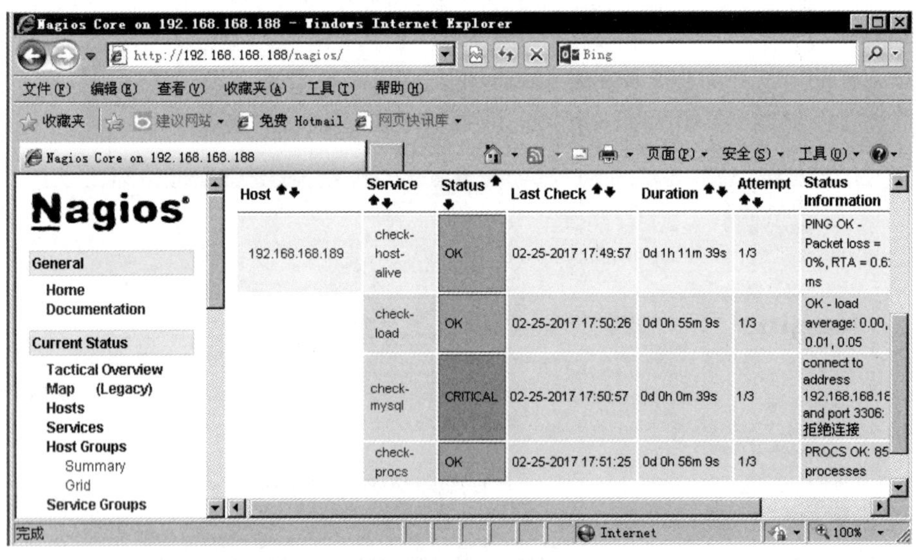

图 9.7　界面报警

但是邮件报警还需要等一段时间，因为有多次检测。可以根据实际情况调整监控次数和检测时间，如图 9.8 所示。

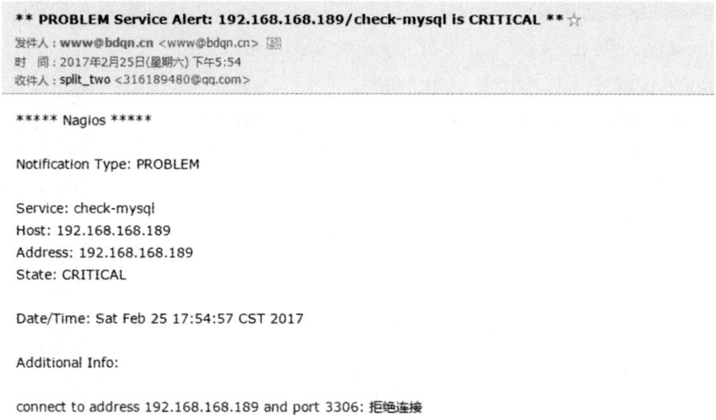

**** PROBLEM Service Alert: 192.168.168.189/check-mysql is CRITICAL ****

发件人：www@bdqn.cn <www@bdqn.cn>
时　间：2017年2月25日(星期六) 下午5:54
收件人：split_two <316189480@qq.com>

***** Nagios *****

Notification Type: PROBLEM

Service: check-mysql
Host: 192.168.168.189
Address: 192.168.168.189
State: CRITICAL

Date/Time: Sat Feb 25 17:54:57 CST 2017

Additional Info:

connect to address 192.168.168.189 and port 3306: 拒绝连接

图 9.8　邮件报警

相信大家都知道 Nagios 是一个实时监控的开源软件，如果没做一些相应配置想要查以往的历史数据，肯定没有任何办法。下面介绍一下 Nagios 的图形监控 pnp4nagios 工具的安装及使用。

```
[root@localhost ~]#  yum install -y rrdtool perl-rrdtool perl-Time-HiRes gd gd-devel
```

pnp4nagios 下载地址：http://docs.pnp4nagios.org/

```
[root@localhost ~]# tar zxf pnp4nagios-0.6.25.tar.gz
[root@localhost ~]# cd pnp4nagios-0.6.25
[root@localhost pnp4nagios-0.6.25]# ./configure
[root@localhost pnp4nagios-0.6.25]# make all
[root@localhost pnp4nagios-0.6.25]# make install
[root@localhost pnp4nagios-0.6.25]# make install-webconf
[root@localhost pnp4nagios-0.6.25]# make install-config
[root@localhost pnp4nagios-0.6.25]# make install-init
```

开启日志文件

```
[root@localhost ~]# vim /usr/local/pnp4nagios/etc/npcd.cfg
log_type = file
```

启动 pnp4nagios 服务

```
[root@localhost ~]# /etc/init.d/npcd start
```

修改配置文件

```
[root@localhost pnp4nagios-0.6.25]# cp contrib/ssi/* /usr/local/nagios/share/ssi/
[root@localhost ~]# chmod a+x /usr/local/nagios/share/ssi
[root@localhost ~]# chown -R nagios.nagios /usr/local/nagios/share/ssi
[root@localhost ~]# cd /usr/local/pnp4nagios/etc/
[root@localhost etc]# mv misccommands.cfg-sample misccommands.cfg
[root@localhost etc]# mv rra.cfg-sample rra.cfg
[root@localhost etc]# mv nagios.cfg-sample nagios.cfg
```

```
[root@localhost etc]# cd pages/
root@localhost pages]# mv web_traffic.cfg-sample web_traffic.cfg
[root@localhost pages]# cd ../check_commands/
[root@localhost check_commands]# mv check_all_local_disks.cfg-sample check_all_local_disks.cfg
[root@localhost check_commands]# mv check_nrpe.cfg-sample check_nrpe.cfg
[root@localhost check_commands]# mv check_nwstat.cfg-sample check_nwstat.cfg
[root@localhost ~]# vi /usr/local/nagios/etc/nagios.cfg
process_performance_data=1

# *** the template definition differs from the one in the original nagios.cfg
#
service_perfdata_file=/usr/local/pnp4nagios/var/service-perfdata
service_perfdata_file_template=DATATYPE::SERVICEPERFDATA\tTIMET::$TIMET$\
    tHOSTNAME::$HOSTNAME$\tSERVICEDESC::$SERVICEDESC$\tSERVICEPERFDATA::
    $SERVICEPERFDATA$\tSERVICECHECKCOMMAND::$SERVICECH
ECKCOMMAND$\tHOSTSTATE::$HOSTSTATE$\tHOSTSTATETYPE::$HOSTSTATETYPE$\
    tSERVICESTATE::$SERVICESTATE$\tSERVICESTATETYPE::$SERVICESTATETYPE$
service_perfdata_file_mode=a
service_perfdata_file_processing_interval=15
service_perfdata_file_processing_command=process-service-perfdata-file

# *** the template definition differs from the one in the original nagios.cfg
##
host_perfdata_file=/usr/local/pnp4nagios/var/host-perfdata
host_perfdata_file_template=DATATYPE::HOSTPERFDATA\tTIMET::$TIMET$\tHOSTNAME::
    $HOSTNAME$\tHOSTPERFDATA::$HOSTPERFDATA$\tHOSTCHECKCOMMAND::
    $HOSTCHECKCOMMAND$\tHOSTSTATE::$HOSTSTATE$\tHOSTSTATE
TYPE::$HOSTSTATETYPE$
host_perfdata_file_mode=a
host_perfdata_file_processing_interval=15
host_perfdata_file_processing_command=process-host-perfdata-file

[root@localhost ~]# cd /usr/local/nagios/etc/objects/
[root@localhost objects]# vim commands.cfg

# 配置命令文件
[root@Cagios objects]# vi commands.cfg
# 'process-host-perfdata' command definition
# 注释默认的 process-host-perfdata 和 process-service-perfdata，添加以下
define command{
  command_name process-service-perfdata-file
  command_line /bin/mv /usr/local/pnp4nagios/var/service-perfdata /usr/local/pnp4nagios/var/spool/
    service-perfdata.$TIMET$
 }

define command{
```

9 Chapter

```
    command_name process-host-perfdata-file
    command_line /bin/mv /usr/local/pnp4nagios/var/host-perfdata /usr/local/pnp4nagios/var/spool/host-
        perfdata.$TIMET$
  }

# 配置模板文件
[root@Cagios objects]# vi templates.cfg
define host {
  name      host-pnp
  action_url /pnp4nagios/graph?host=$HOSTNAME$&srv=_HOST_
  register   0
  process_perf_data 1
}
define service {
  name      service-pnp
  action_url /pnp4nagios/graph?host=$HOSTNAME$&srv=$SERVICEDESC$
  register   0
  process_perf_data 1
}
```

配置 192.168.168.189 被监控主机测试，只是在 189 的基础上添加了一行 use，如下所示：

```
define host {
     use                         host-pnp
     host_name                   192.168.168.189
     alias                       192.168.168.189
     address                     192.168.168.189
     check_command               check-host-alive
     max_check_attempts          5
     check_period                24x7
     contact_groups              ywgcsz
     notification_period         24x7
     notification_options        d,u,r
     }
define service{
       use                       service-pnp
       host_name                 192.168.168.189
       service_description       check-host-alive
       check_command             check-host-alive
       max_check_attempts        3
       normal_check_interval     2
       retry_check_interval      2
       check_period              24x7
       notification_interval     10
       notification_period       24x7
       notification_options      w,u,c,r
```

```
        contact_groups              ywgcsz
        }
define service{
        use                         service-pnp
        host_name                   192.168.168.189
        service_description         check-procs
        check_command               check_nrpe!check_total_procs
        max_check_attempts          3
        normal_check_interval       2
        retry_check_interval        2
        check_period                24x7
        notification_interval       10
        notification_period         24x7
        notification_options        w,u,c,r
        contact_groups              ywgcsz
        }
define service{
        use                         service-pnp
        host_name                   192.168.168.189
        service_description         check-load
        check_command               check_nrpe!check_load
        max_check_attempts          3
        normal_check_interval       2
        retry_check_interval        2
        check_period                24x7
        notification_interval       10
        notification_period         24x7
        notification_options        w,u,c,r
        contact_groups              ywgcsz
        }
define service{
        use                 service-pnp
        host_name               192.168.168.189
        service_description         check-mysql
        check_command               check_tcp!3306
        max_check_attempts          3
        normal_check_interval       2
        retry_check_interval        2
        check_period            24x7
        notification_interval       10
        notification_period         24x7
        notification_options        w,u,c,r
        contact_groups              ywgcsz
        }
```

重启 nagios 和 npcd 服务：

```
[root@Cagios ~]# /etc/init.d/nagios restart
[root@Cagios ~]# /etc/init.d/npcd restart
```

从图 9.9 中可以看到 192.168.168.189 主机和所有服务都已经添加了图形界面。

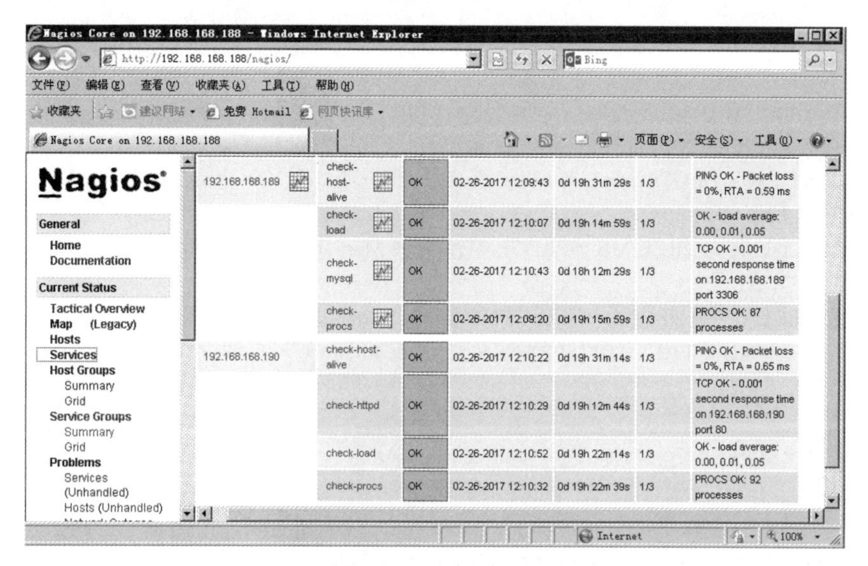

图 9.9　添加了图形界面

点击 192.168.168.189 的 check-load 后面的带曲线图标，就可以看到数据了。如果没数据出现耐心等待几分钟即可，如图 9.10 所示。

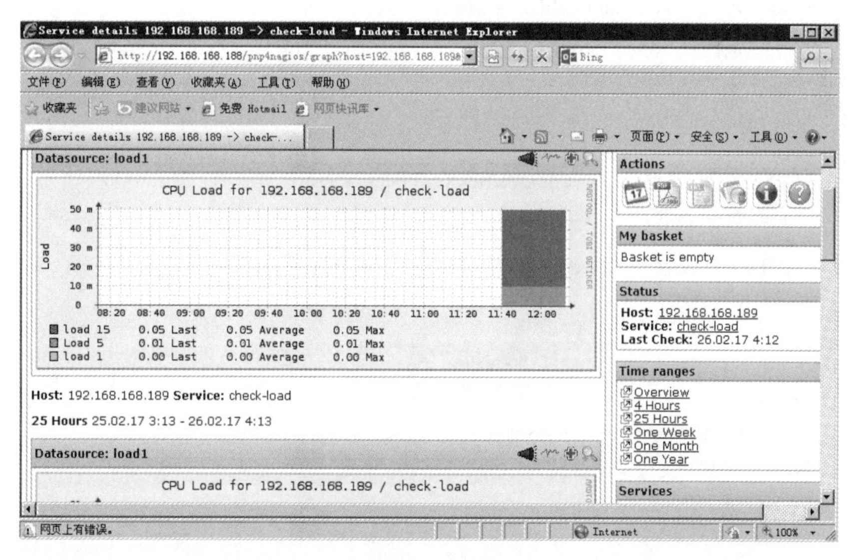

图 9.10　监控数据

其他主机如果需要配置图形界面，参考 192.168.168.189 上的配置即可。

下面介绍自己编写简单的 shell 脚本监控服务器信息，例如监控 MySQL 数据库服务器的内存使用状态。

在 MySQL 服务器上创建文件。

```
[root@mysql ~]# vim /usr/local/nagios/libexec/check_mem
#!/bin/bash
OK=0
WARNING=1
CRITICAL=2
TOTAL=`free -m | head -2 | tail -1 | awk '{print $2}'`
FREE=`free -m | head -2 | tail -1 | awk '{print $7}'`
PRECENT=`awk 'BEGIN{printf "%.2f\n",('$FREE'/'$TOTAL')*100}' | cut -b 1-2`
if [ $PRECENT -lt 20 ];then
echo "CRITICAL - $FREE MB ($PRECENT%) Free Memory"
exit $CRITICAL
elif [ $PRECENT -ge 20 ] && [ $PRECENT -le 30 ];then
echo "WARNING - $FREE MB ($PRECENT%) Free Memory"
exit $WARNING
else
echo "OK - $FREE MB ($PRECENT%) Free Memory"
exit $OK
fi
[root@mysql ~]# chmod +x /usr/local/nagios/libexec/check_mem
[root@mysql ~]# free -m
       total   used   free   shared  buff/cache   available
Mem:   1839    175    920    8       743          1490
Swap:  0       0      0
[root@mysql ~]# /usr/local/nagios/libexec/check_mem
OK - 1489 MB (80%) Free Memory
编辑 mysql 服务器的 nrpe 文件
[root@mysql ~]# vi /usr/local/nagios/etc/nrpe.cfg
增加内存监控
command[check_mem]=/usr/local/nagios/libexec/check_mem
重启 mysql 的 nrpe 进程
```

在服务端 192.168.168.189.cfg 文件增加如下内容：

```
define service{
        use                         service-pnp
        host_name                   192.168.168.189
        service_description         check-mem
        check_command               check_nrpe!check_mem
        max_check_attempts          3
        normal_check_interval       2
        retry_check_interval        2
        check_period                24x7
        notification_interval       10
        notification_period         24x7
        notification_options        w,u,c,r
```

```
        contact_groups              ywgcsz
        }
```

重启 nagios 服务

```
[root@localhost ~]# systemctl restart nagios
```

如图 9.11 所示，查看监控内存正常。

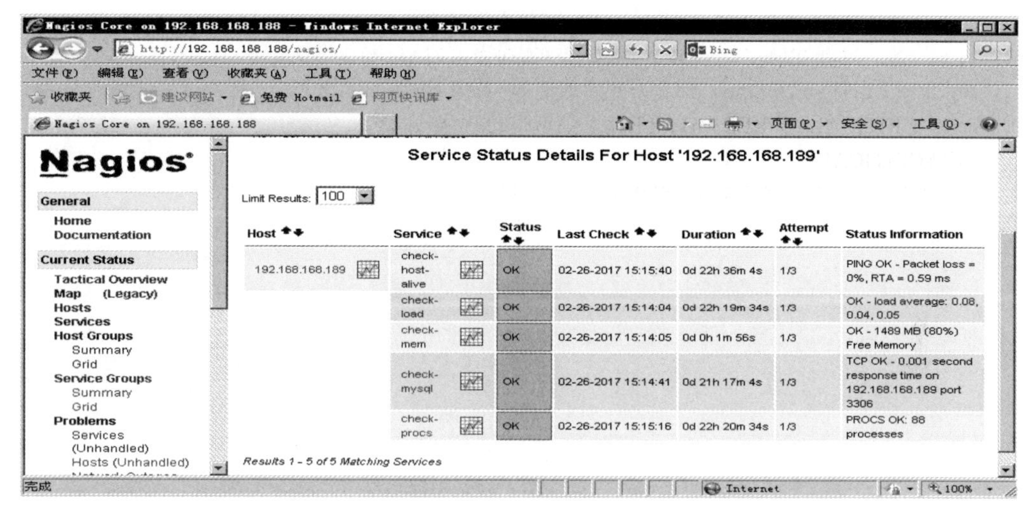

图 9.11　监控内存

本章总结

- Nagios 的功能是监控服务和主机，但其自身并不包括这些功能，所有的监控、检测功能都是通过各种插件来完成的，利用这些插件可以方便地监控很多服务状态。
- 在 Nagios 的配置过程中涉及到主机、主机组，服务、服务组，联系人、联系人组，监控时间和监控命令等定义，Nagios 各个配置文件之间是互为关联、彼此引用的。
- Nagios 监控系统报警的方式有很多种，可以通过电子邮件报警、短信报警等，如果是公司生产环境，建议同时配置邮件和短信报警。

本章作业

1. 画图说明 NRPE 监控远程主机的运行原理。
2. 利用 Nagios 监控两台网站服务器，并将它们放在一个主机组中。

随手笔记

第10章

部署 Zabbix 集中监控系统

技能目标

- 会安装配置 Zabbix 服务
- 会添加监控

本章导读

Zabbix 是一个高度集成的企业级开源网络监控解决方案，与 Cacti、Nagios 类似，提供分布式监控以及集中的 Web 管理界面。Zabbix 具备常见商业监控软件所具备的功能，例如主机性能监控、网络设备性能监控、数据库性能监控、ftp 等通用协议的监控，能够利用灵活的可定制警告机制，允许用户对事件发送基于 E-mail 的警告，保证相关维护人员对问题做出快速解决；还能够利用存储数据提供杰出的报表及实时的图形化数据处理，实现对 Linux、Windows 主机的 7×24 小时集中监控。

知识服务

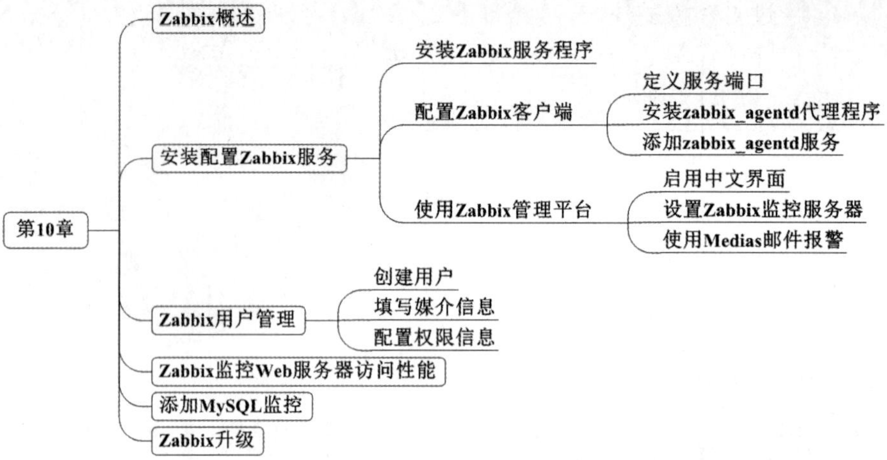

- 第10章
  - Zabbix概述
  - 安装配置Zabbix服务
    - 安装Zabbix服务程序
    - 配置Zabbix客户端
      - 定义服务端口
      - 安装zabbix_agentd代理程序
      - 添加zabbix_agentd服务
    - 使用Zabbix管理平台
      - 启用中文界面
      - 设置Zabbix监控服务器
      - 使用Medias邮件报警
  - Zabbix用户管理
    - 创建用户
    - 填写媒介信息
    - 配置权限信息
  - Zabbix监控Web服务器访问性能
  - 添加MySQL监控
  - Zabbix升级

10.1 Zabbix 概述

Zabbix 是一个高度集成的企业级开源网络监控解决方案，与 Cacti、Nagios 类似，提供分布式监控以及集中的 Web 管理界面。被监控对象只要支持 SNMP 协议或者运行 Zabbix_agents 代理程序即可。Zabbix 的官方网址为 http://www.zabbix.com/，软件可以自由下载使用。

Zabbix 具备常见商业监控软件所具备的功能：主机性能监控、网络设备性能监控、数据库性能监控、ftp 等通用协议的监控，能够利用灵活的可定制警告机制，允许用户对事件发送基于 E-mail 的警告，可以保证相关维护人员对问题做出快速响应，还可以利用存储数据提供杰出的报表及实时的图形化数据处理，实现对 Linux、Windows 主机的 7×24 小时集中监控，监控的项目可包括 CPU、内存、磁盘、网卡流量、服务可用性等各种资源。

本章将分别从如何部署 Zabbix 监控，如何使用 Zabbix 的基本服务监控项，使用 Zabbix 自带模板监控 Web 以及 MySQL 服务来进行讲解。

10.2 安装配置 Zabbix 服务

案例环境：Zabbix 使用 2.0.12 版本的源码包，使用 1 台服务器，1 台客户机，如表 10-1 所示。

表 10-1　Zabbix 案例环境

主机	操作系统	IP 地址	主要软件
Zabbix 服务器	CentOS6.5	10.0.0.29/24	Zabbix-2.0.12.tar.gz
Linux 客户机	CentOS6.5	10.0.0.30/24	Zabbix-2.0.12.tar.gz

Zabbix 通过 C/S 模式采集数据，通过 B/S 模式在 Web 端展示和配置。其中 Zabbix_Server 可运行在 CentOS、RHEL、SUSE、Ubuntu 等 Linux 系统上，还需要使用 LAMP 平台来承载数据库和 Web 界面。

```
[root@zabbix ~]# yum install httpd mysql-server mysql mysql-devel php php-mysql
```

要获得 Zabbix_Server 的正确安装环境，还需要配置 PHP 环境，修改 PHP 配置文件 /etc/php.ini 来满足 Zabbix 的 Web 代码要求。

```
[root@zabbix ~]# vim /etc/php.ini
date.timezone=Asia/Shanghai
max_execution_time=300
post_max_size=32M
max_input_time=300
memory_limit=128M
mbstring.func_overload=2
[root@zabbix~]# /etc/init.d/httpd start
[root@zabbix~]# /etc/init.d/mysqld start
[root@zabbix ~]#chkconfig httpd on
[root@zabbix ~]#chkconfig mysqld on
```

10.2.1 安装 Zabbix 服务程序

下面的 Zabbix 安装过程是采用源码编译安装的方式，需要基本的编译安装环境。

1. 准备工作

安装 Zabbix 环境所需依赖包。

```
[root@zabbix ~]# yum  install gcc gcc-c++ autoconf httpd-manual mod_ssl mod_perl mod_auth_mysql
    php-gd php-xml php-ldap php-pear php-xmlrpc mysql-connector-odbc libdbi-dbd-mysql net-snmp-
    devel curl-devel unixODBC-devel java-devel openldap openldap-devel php-pdo ncurses-devel
[root@zabbix ~]# ls
OpenIPMI-2.0.16-14.el6.x86_64.rpm
OpenIPMI-devel-2.0.16-14.el6.x86_64.rpm
OpenIPMI-libs-2.0.16-14.el6.x86_64.rpm
php-bcmath-5.3.3-3.el6_2.5.x86_64.rpm
php-mbstring-5.3.3-3.el6_2.5.x86_64.rpm
…
[root@zabbix ~]# rpm -ivh OpenIPMI-libs-2.0.16-14.el6.x86_64.rpm
Preparing...           ########################################### [100%]
1:OpenIPMI-libs        ########################################### [100%]
[root@zabbix ~]# rpm -ivh OpenIPMI-2.0.16-14.el6.x86_64.rpm
Preparing...           ########################################### [100%]
1:OpenIPMI             ########################################### [100%]
[root@zabbix ~]# rpm -ivh OpenIPMI-devel-2.0.16-14.el6.x86_64.rpm
```

```
Preparing...          ########################################### [100%]
1:OpenIPMI-devel      ########################################### [100%]
[root@zabbix ~]# rpm -ihv php-* --nodeps
Preparing...          ########################################### [100%]
1:php-mbstring        ########################################### [ 50%]
2:php-bcmath   ###########################################[100%]
```

增加 Zabbix 用户。

```
[root@zabbix ~]# useradd -s /sbin/nologin zabbix
```

创建 Zabbix 日志文件和配置文件存放目录。

```
[root@zabbix ~]# mkdir /var/log/zabbix  /etc/zabbix
[root@zabbix ~]# chown zabbix.zabbix /var/log/zabbix/
```

2. 编译安装 zabbix_server

```
[root@zabbix ~]# tar zxf zabbix-2.0.12.tar.gz
[root@zabbix ~]# cd zabbix-2.0.12
[root@zabbix zabbix-2.0.12]# ./configure --prefix=/usr/local --sysconfdir=/etc/zabbix --enable-server
  --enable-proxy --enable-agent --enable-ipv6 --with-mysql=/usr/bin/mysql_config --with-net-snmp
  --with-libcurl --with-openipmi --with-unixodbc --with-ldap --enable-java
```

如果仅安装服务端，只需开启 --enable-server 即可，其他参数可以不选，这里为使后面的各项功能都可用，所以开启了非常多的参数。安装过程中如果缺少相应的依赖，可根据 configure 过程给出的提示使用 yum 安装即可。

```
[root@zabbix zabbix-2.0.12]# make && make install
```

3. 创建 zabbix 服务配置

拷贝 Zabbix 服务启动脚本。

```
[root@zabbix zabbix-2.0.12]# cp misc/init.d/fedora/core/zabbix_* /etc/init.d/
[root@zabbix zabbix-2.0.12]#chmod 755 /etc/init.d/zabbix_*
```

配置 Zabbix 服务配置端文件。

```
[root@zabbix zabbix-2.0.12]# vim /etc/zabbix/zabbix_server.conf
# 在原有基础上修改
LogFile=/var/log/zabbix/zabbix_server.log
DBHost=localhost  // 数据库主机
DBName=zabbix     // 数据库名称
DBUser=zabbix     // 数据库用户
DBPassword=zabbix // 数据库密码
DBSocket=/var/lib/mysql/mysql.sock
DBPort=3306
```

4. 创建 zabbix_agentd 服务

agentd 的作用就是获得 host 数据，然后把收集到的数据发送给 Server（主动模式）或者是 Server 主动来拿取数据（被动模式）。

需要对 Server 本身进行监控，所以需修改配置文件 zabbix_agentd.conf。

```
[root@zabbix zabbix-2.0.12]#vim /etc/zabbix/zabbix_agentd.conf
ServerActive=10.0.0.29:10051 // 此处修改为服务端的 IP 地址
LogFile=/var/log/zabbix/zabbix_agentd.log // 修改日志路径
Server=127.0.0.1,10.0.0.29 // 此处添加服务端的 IP 地址，如服务端不为本机则需要填写远程主机地址
UnsafeUserParameters=0 // 默认是不启用自定义脚本功能的，如果需要开启，设置为 1
Include=/etc/zabbix/zabbix_agentd.conf.d/  // 自定义 agentd 配置文件路径
Hostname=web_server
```

Server 采用主动模式，将数据上传到 Server 端，需要指定 Server 的端口号，默认是 10051。可以指定多个 Server 端，中间使用逗号隔开即可。

Server 采用被动模式，Server 端要获取数据，需要在允许访问的 IP 地址中填写 Server 端 IP 地址。

5. 建立监控数据库

```
[root@zabbix ~]# mysqladmin -u root -p password '123'
[root@zabbix ~]# mysql -u root -p
mysql> create database zabbix character set utf8; // 注意数据库字符集问题，不设置会导致 Web 页
    // 面显示中文时乱码
Query OK, 1 row affected (0.00 sec)

mysql> grant all on zabbix.* to zabbix@localhost identified by 'zabbix';
Query OK, 0 rows affected (0.04 sec)
mysql> exit;
Bye
```

导入 Zabbix 数据库。

```
[root@zabbix ~]# mysql -u zabbix -p zabbix < zabbix-2.0.12/database/mysql/schema.sql
[root@zabbix ~]# mysql -u zabbix -p zabbix < zabbix-2.0.12/database/mysql/images.sql
[root@zabbix ~]# mysql -u zabbix -p zabbix < zabbix-2.0.12/database/mysql/data.sql
```

6. 使用 Web 页面完成 Zabbix 配置

将源码目录下的 Zabbix PHP 部署页面复制到 Apahce 网站页面目录下。

```
[root@zabbix ~]# cp -rf zabbix-2.0.12/frontends/php/ /var/www/html/zabbix
[root@zabbix ~]# chown -R apache:apache /var/www/html/zabbix/  // 调整权限
```

浏览器访问 http://10.0.0.29/zabbix/，根据页面提示完成安装，如图 10.1 所示。

需满足所要求的 PHP 先决条件，即 php.ini 填入的相关信息，如图 10.2 所示。

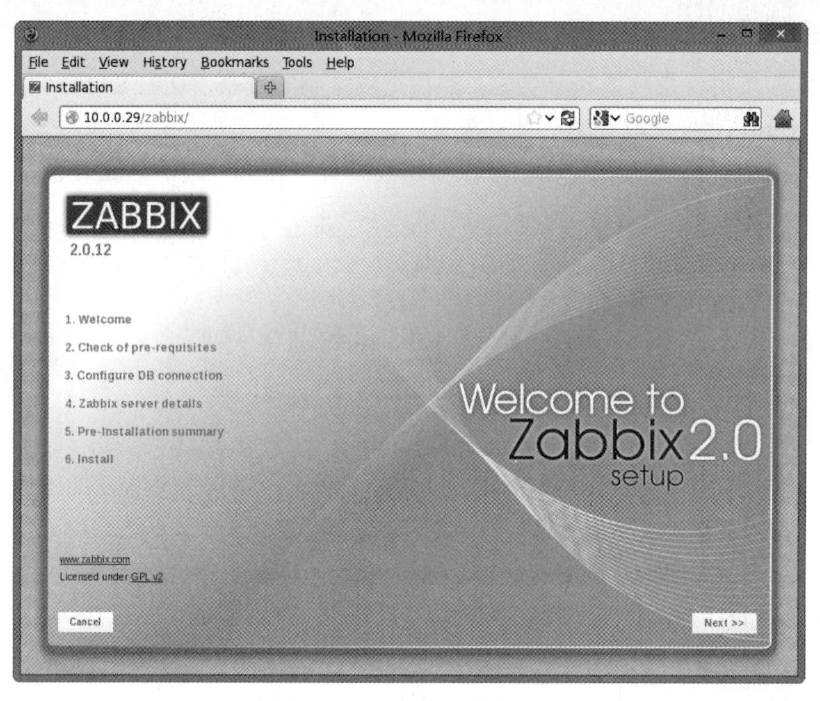

图 10.1　Zabbix 安装界面

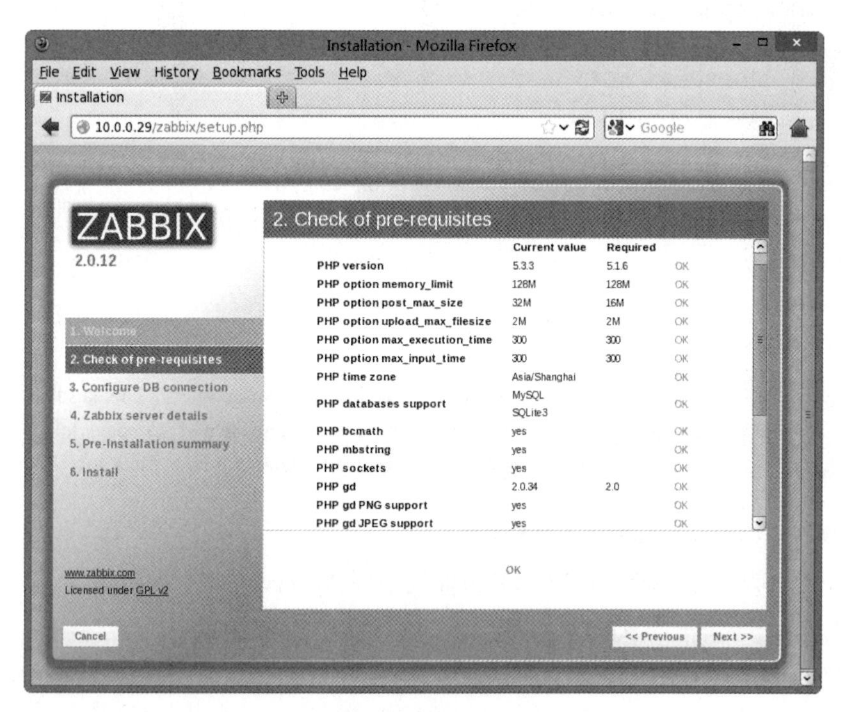

图 10.2　先决条件

填写 MySQL 数据库的授权信息，点击下方 Test connection 测试数据库的连通性，测试连通成功会显示 OK 字样，如图 10.3 所示。

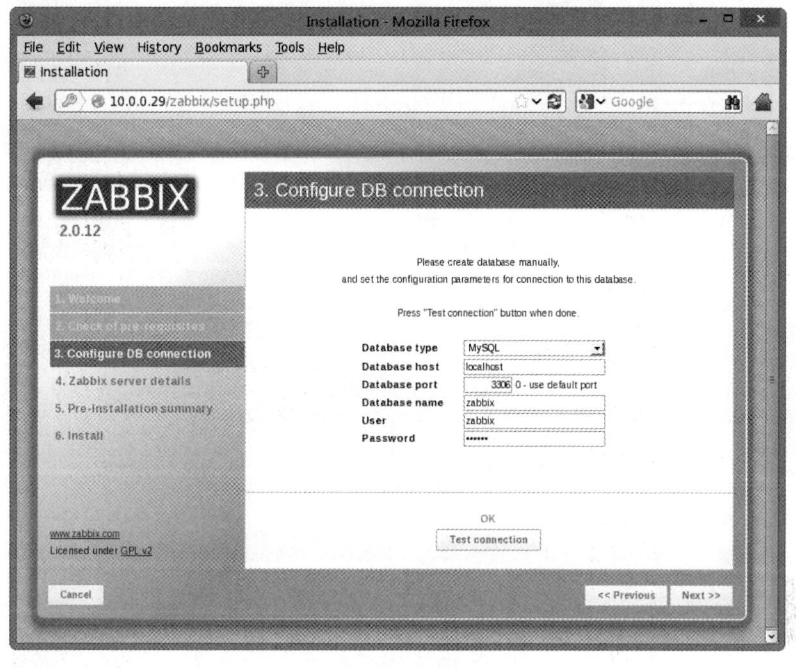

图 10.3　MySQL 授权信息

添加主机信息，如图 10.4 所示。

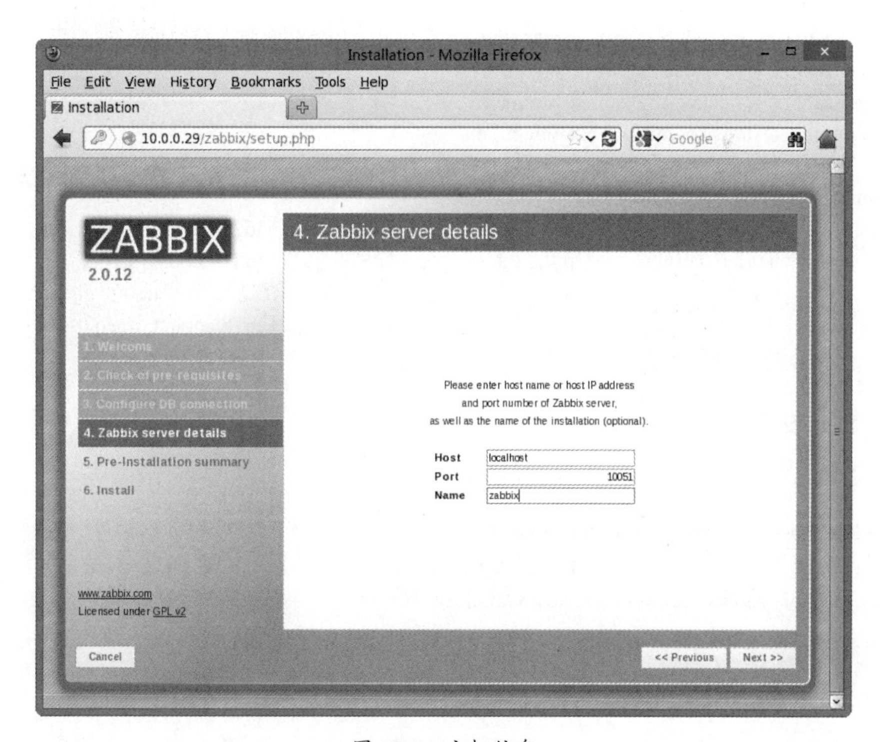

图 10.4　主机信息

安装完毕后，登录界面如图 10.5 所示。

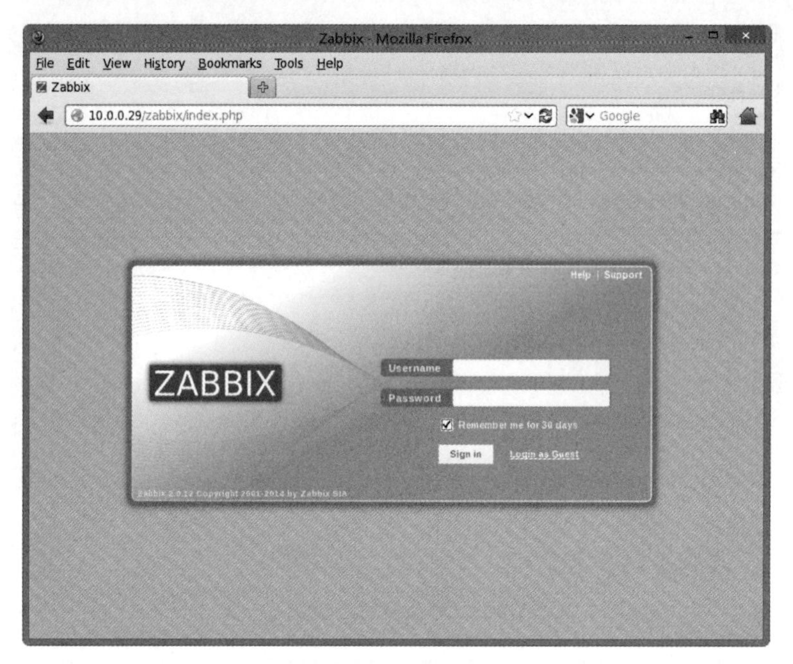

图 10.5　登录界面

7. 启动 zabbix_server 服务

```
[root@zabbix ~]# service zabbix_server start
[root@zabbix ~]# service zabbix_agentd start
[root@zabbix ~]# chkconfig zabbix_server on
[root@zabbix ~]# chkconfig zabbix_agentd on

[root@zabbix conf]#  netstat -anpt | grep zabbix
tcp     0     0 0.0.0.0:10050        0.0.0.0:*            LISTEN      13678/zabbix_agentd
tcp     0     0 0.0.0.0:10051        0.0.0.0:*            LISTEN      15680/zabbix_server
tcp     0     0 10.0.0.29:49072      10.0.0.29:10051      ESTABLISHED 13689/zabbix_agentd
tcp     0     0 :::10050             :::*                 LISTEN      13678/zabbix_agentd
tcp     0     0 :::10051             :::*                 LISTEN      15680/zabbix_server
```

8. 锁定安装页面

安全起见对 Zabbix 安装页面进行锁定。

```
[root@zabbix ~]# cd /var/www/html/zabbix/
[root@zabbix zabbix]# mv setup.php setup.php.lock
[root@zabbix zabbix]# chmod 600 setup.php.lock
```

10.2.2　配置 Zabbix 客户端

1. 定义服务端口（可选）

可以选择添加 Zabbix 服务端口到系统服务文件，若使用 RHEL/CentOS 系统，以下默认是存在的。

```
[root@node1 ~]# vim /etc/services
......
zabbix-agent    10050/tcp       #Zabbix Agent
zabbix-agent    10050/udp       #Zabbix Agent
zabbix-trapper  10051/tcp       #Zabbix Trapper
zabbix-trapper  10051/udp       #Zabbix Trapper
```

2. 安装 zabbix_agentd 代理程序

在需要监控的 Linux 客户机上安装的软件包和在 Zabbix_server 端安装的是同一个，区别在于配置时选取的参数不同。

```
[root@node1 ~]# useradd -s /sbin/nologin -M  zabbix
[root@node1 ~]# mkdir /var/log/zabbix  /etc/zabbix
[root@node1 ~]# chown zabbix.zabbix /var/log/zabbix/
[root@node1 ~]# tar zxf zabbix-2.0.12.tar.gz
[root@node1 ~]# cd zabbix-2.0.12
[root@node1 zabbix-2.0.12]# ./configure --prefix=/usr/local/zabbix/ --sysconfdir=/etc/zabbix/ --enable-agent
[root@node1 zabbix-2.0.12]# make && make install
[root@node1 zabbix-2.0.12]# cp misc/init.d/fedora/core/zabbix_agentd  /etc/init.d/
[root@node1 ~]#chmod 755 /etc/init.d/zabbix_agentd
[root@node1 ~]#vi /etc/zabbix/zabbix_agentd.conf
Server=127.0.0.1,10.0.0.29
ServerActive=10.0.0.29:10051
LogFile=/var/log/zabbix/zabbix_agentd.log
UnsafeUserParameters=1
```

3. 添加 zabbix_agentd 服务

```
[root@node1 ~]#ln -s /usr/local/zabbix/sbin/zabbix_agentd /usr/local/sbin/
[root@node1 ~]# /etc/init.d/zabbix_agentd start
[root@node1 ~]# chkconfig zabbix_agentd on
```

10.2.3　使用 Zabbix 管理平台

通过浏览器访问 http://10.0.0.29/zabbix/ 登录 Zabbix Web 管理页面（默认账号：admin/zabbix）来配置和使用 Zabbix 监控程序。

1. 启用中文界面

Zabbix Web 管理界面自带多种语言包，默认使用的语言为英文。将 Zabbix 语言切换到中文版本，首先要确保系统中已安装支持中文的软件包组。

```
[root@zabbix ~]# yum groupinstall "Chinese Support"
```

通过 Web 管理界面右上角的 Profile 将 User 选项卡中的 Language 改为 Chinese

（CN），如图 10.6 所示。修改后保存、注销后重新登录，登录后效果如图 10.7 所示。

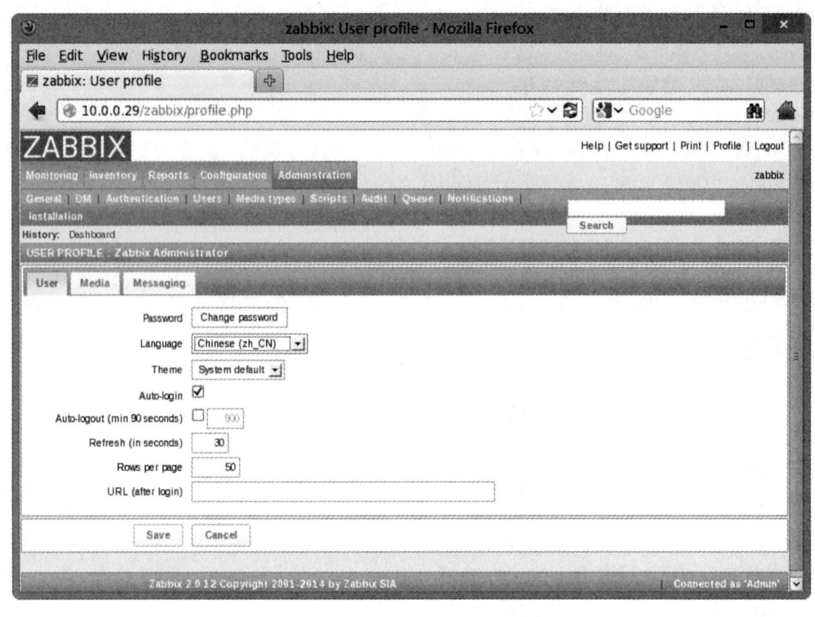

图 10.6 修改中文界面

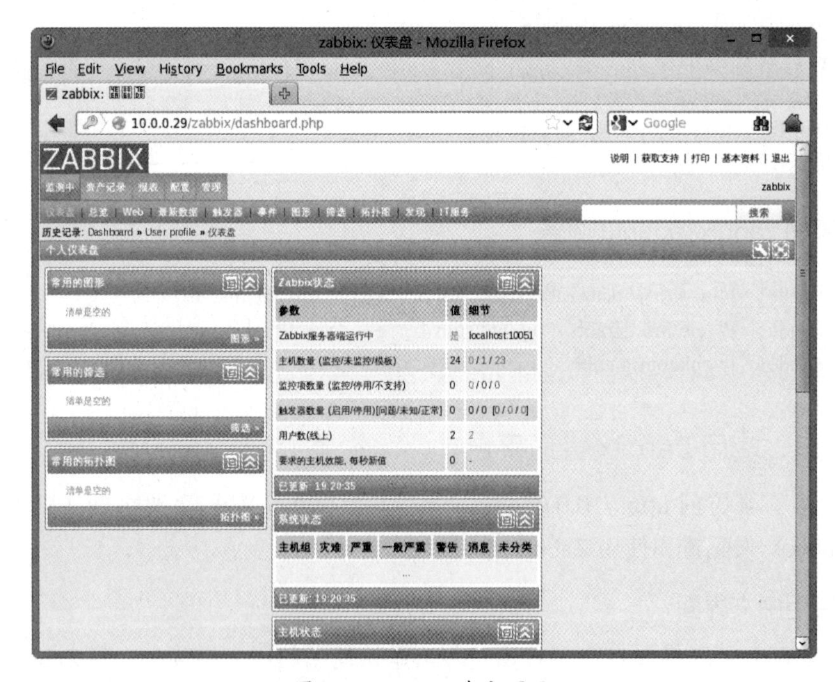

图 10.7 Zabbix 中文页面

2. Zabbix 监控服务器

Zabbix 在实际使用的时候，一般都是采用模板进行监控配置，先添加主机，然后选择对应模板，录入基本信息过一分钟左右就可以看到CPU、内存、硬盘等的使用情况。

（1）创建主机

Host 是 Zabbix 监控的基本载体，所有监控项都是基于 Host 的。

可从“配置（configuration）-> 主机（Host）-> 创建主机（Create host）”添加，填入信息如图 10.8 所示，“主机名称”为在 zabbix_agented.conf 中配置的名称，“可见的名称”为在外部显示的名称即别名。

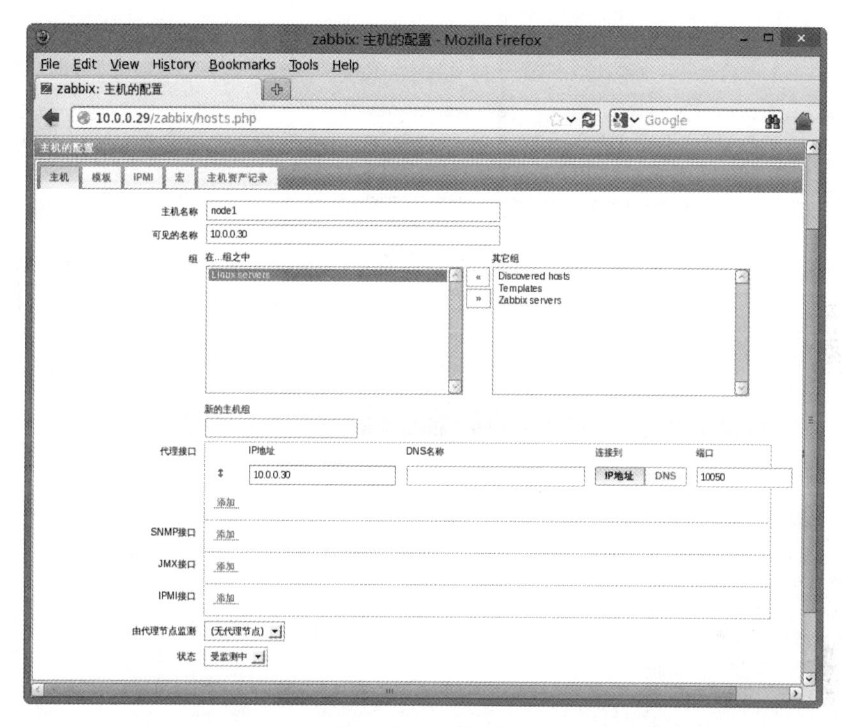

图 10.8　创建主机

这里的主机不单单指 Linux、Windows 等服务器，还包括路由器、交换机等设备。其中主机接口包含代理接口（Agent）、SNMP 接口、JMX 接口 和 IPMI 接口，如果需要增加一个接口，只需点击“添加”，填写客户机的 IP 地址即可（推荐使用），也可以使用域名来监控。Zabbix 代理默认端口 10050，SNMP 161，JMX 12345，IMPI 623。

（2）链接监控模板 Template OS Linux

Zabbix 模板可以包含监控项、触发器、Web 监控、图表等项目，这些项目创建之后，后续的主机直接套用模板，便可以监控模板里配置的监控项目。

这里直接链接自带的监控模板 Template OS Linux，如图 10.9 所示。

（3）查看主机列表

绿色的 Z 表示成功地监控了这台主机，如果是红色的 Z 则表示失败，此时将鼠标移动到红色的 Z 上，会显示有具体的提示，如图 10.10 所示。

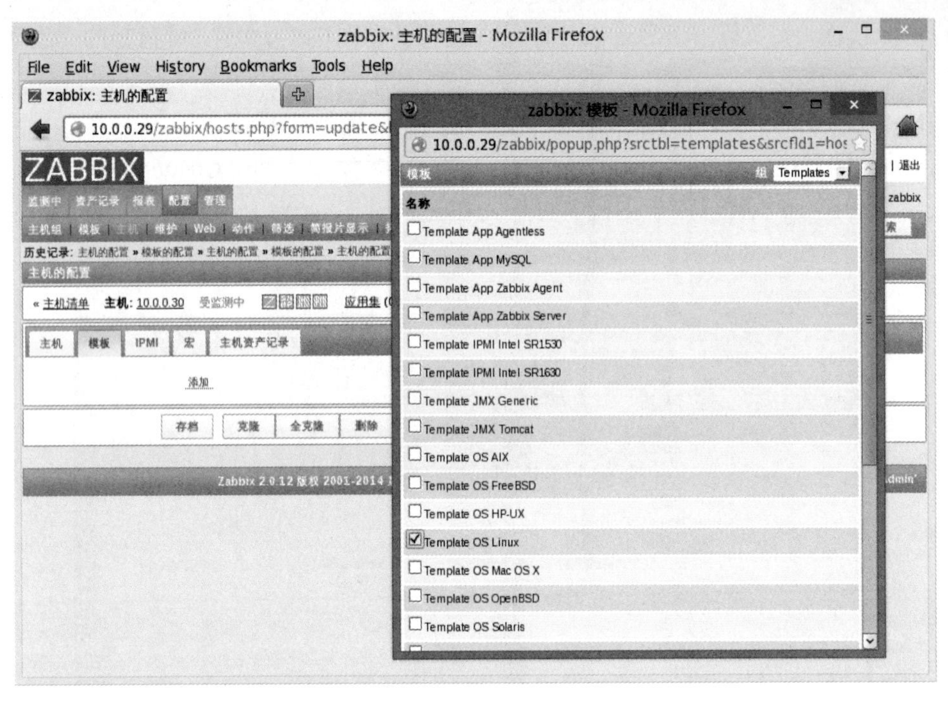

图 10.9　链接监控模板

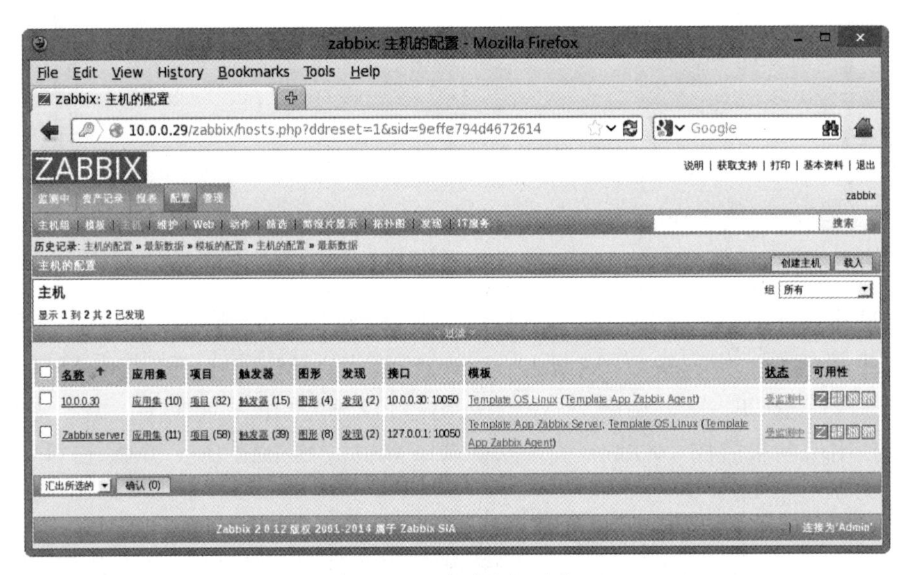

图 10.10　查看主机列表

（4）查看监控数据

主机添加完成之后，便可以在“监测中（Monitoring）-> 最新数据（Latest data）”中查看最新的数据，如图 10.11 所示。

（5）查看监测图表

在“监测中（Monitoring）-> 图形（Graphs）”选择指定的主机，便可查看监测主机的各类图表，如 CPU、内存、网络流量、硬盘使用情况。还可以通过组合不同主机的同一类图形显示、定制出汇总的配置图表。监控 CPU 使用情况如图 10.12 所示。

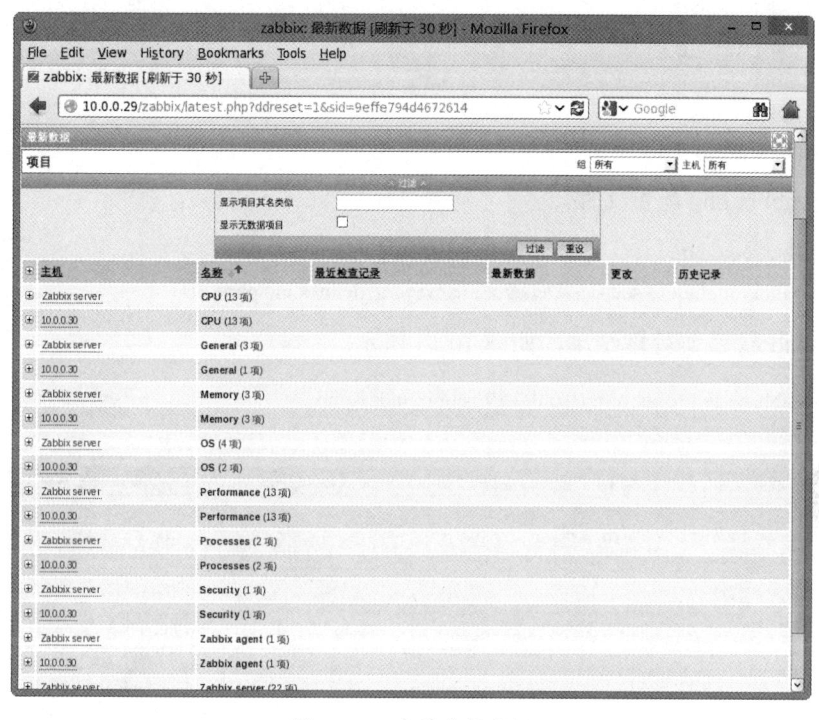

图 10.11　查看监控数据

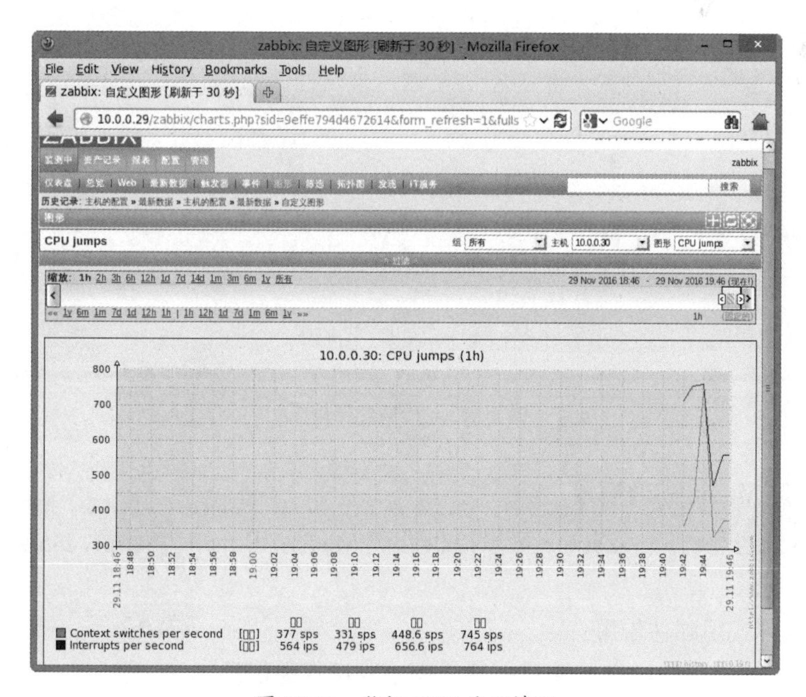

图 10.12　监控 CPU 使用情况

图表中出现中文乱码问题时的解决办法：

上传字体文件到 /var/www/html/zabbix/fonts/。

```
[root@zabbix fonts]# ls
DejaVuSans.ttf  微软雅黑 .ttf
[root@zabbix fonts]# mv  微软雅黑 .ttf  wryh.ttf
[root@zabbix fonts]# ls
DejaVuSans.ttf  wryh.ttf
```

修改 zabbix php 配置文件。

```
[root@zabbix fonts]# cd /var/www/html/zabbix/include/
[root@zabbix include]# sed -i 's/DejaVuSans/wryh/g' defines.inc.php
```

查看 zabbix 乱码处理结果，如图 10.13 所示。

```
[root@zabbix ~]# firefox http://10.0.0.29/zabbix/index.php
```

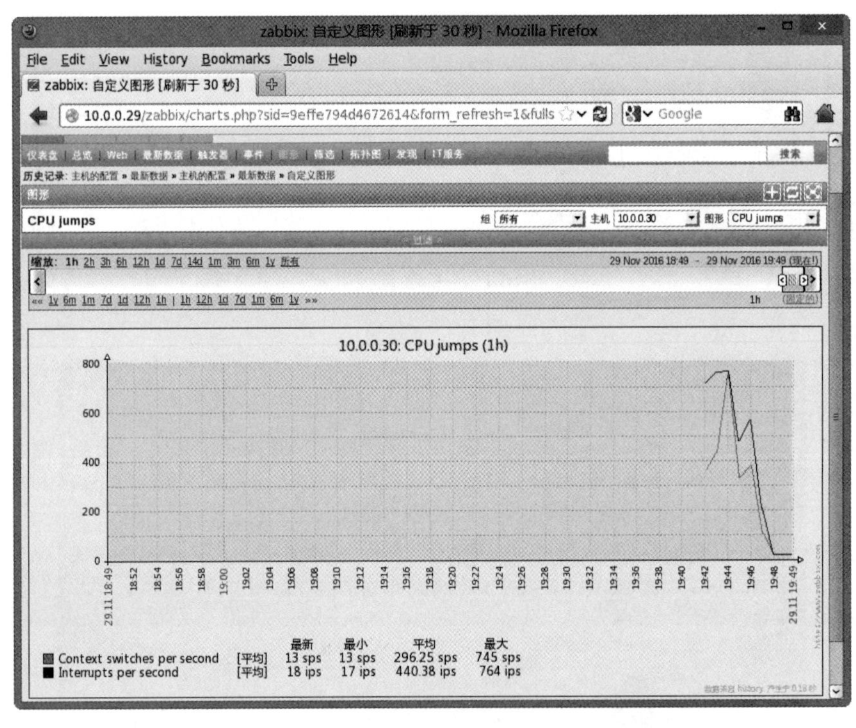

图 10.13　乱码处理结果

3. 使用 Media 邮件报警

Media 即告警方式，Zabbix 可以提供四类 Media：E-mail、Script、Sms、Jabber，如图 10.14 所示。

E-mail 方式用邮件告警。

Script 方式可以通过自己编写程序或脚本发送告警信息。

Sms 方式则要在 Server 主机接入短信 mode。m

Jabber 方式是一种 Linux 下的即时通信工具，通过 Jabber 发送即时消息。

图 10.14　示警媒体类型

通过“管理（Administration）-> 示警媒体类型（Media types）-> 创建示警媒体类型（Create media type）”来修改或者新增警告方式。

E-mail 方式是最常用的，填入相关的 SMTP 信息，即可通过邮件方式发送告警，如图 10.15 所示。

图 10.15　设置邮件发送方式

最后在 Zabbix 中添加用户时选择使用 E-mail 报警方式即可，见下节“Zabbix 用户管理”。

10.3 Zabbix 用户管理

Zabbix 的默认账号是 admin，密码为 zabbix，登录之后在右下角可以看到“connected as admin”汉化后显示的是“连接为 admin”，这是一个超级管理员，如图 10.16 所示。

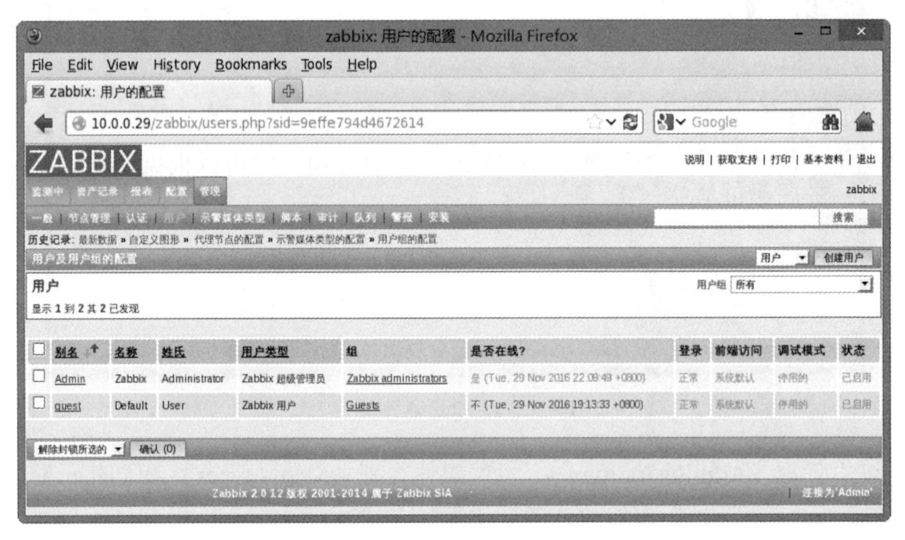

图 10.16　Zabbix 用户

可以通过“管理（Administration）-> 用户（Users）”下拉菜单选择“用户（Users）-> 创建用户（Create user）”来新建和修改 Zabbix 用户信息，如图 10.17 所示。

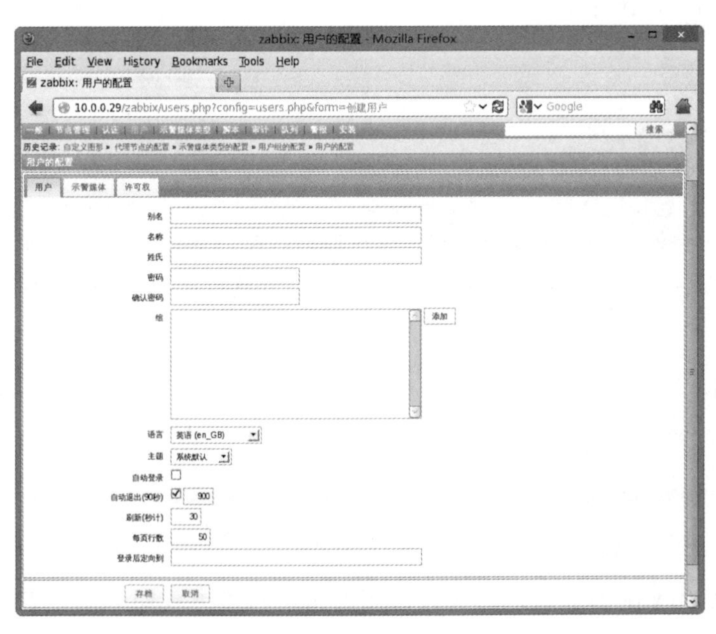

图 10.17　Zabbix 用户配置

主要有三项信息需要填写，如表 10-2 所示。

表 10-2　Zabbix 用户配置信息

属性	描述
用户	账号密码、所属组等基本信息
示警媒体	报警相关信息，如报警的邮箱地址、接收报警的时间段
许可证	权限，当前用户对哪些主机有权限

1. 创建用户

创建用户填写用户信息，如图 10.18 所示。创建用户时可以根据用户的不同作用将其划分到不同的组中。

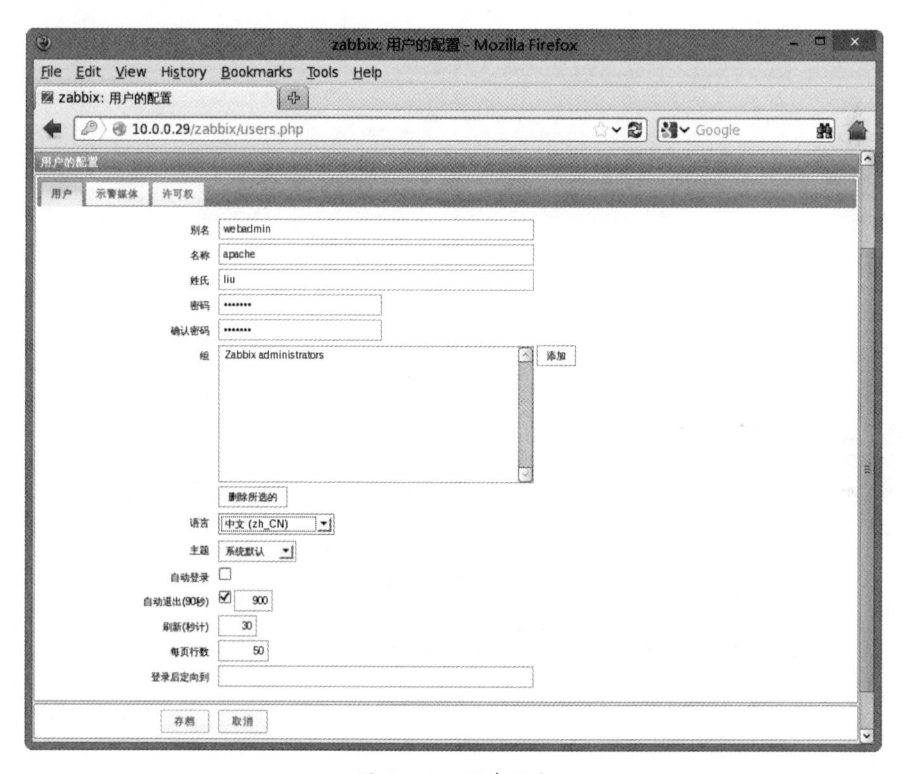

图 10.18　创建用户

2. 填写媒介信息

Zabbix 触发器到了要发送通知的情况，需要一个中间媒介来接收并传递它的消息给运维人员。配置 Zabbix 示警媒体如图 10.19 所示。

3. 配置权限信息

给新创建的用户配置适当的权限，如图 10.20 所示。

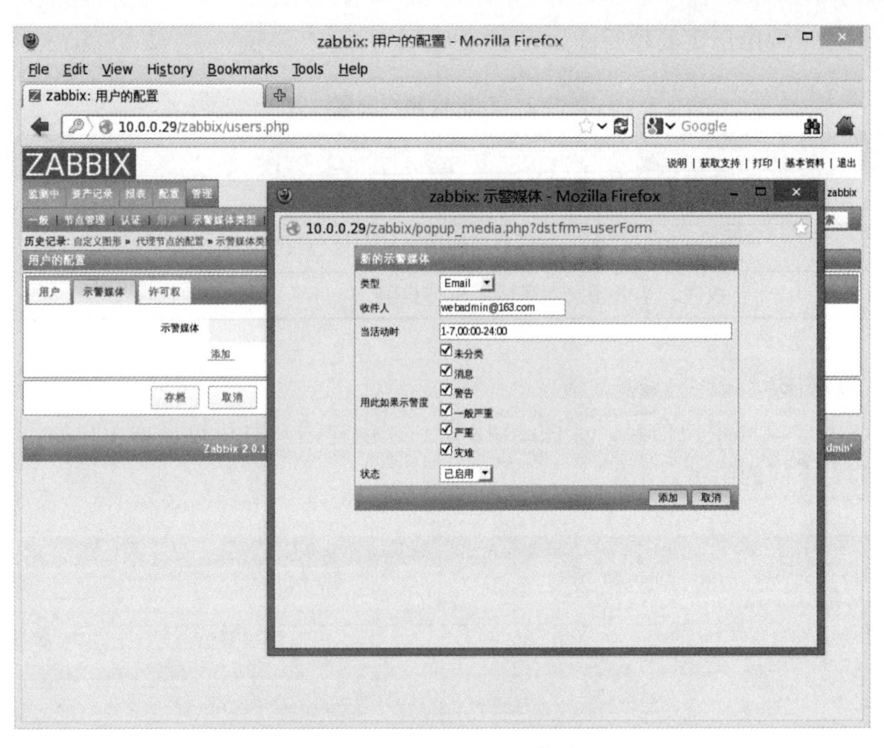

图 10.19　配置 Zabbix 示警媒体

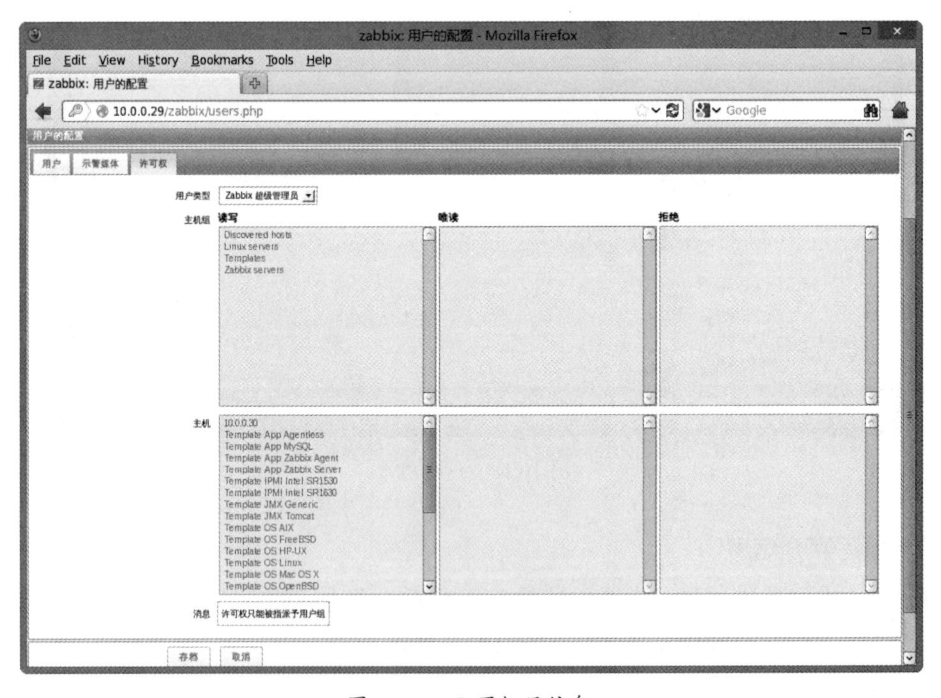

图 10.20　配置权限信息

创建好新的用户之后就可以使用新用户登录，右下角会显示为“链接为

webadmin"，如图 10.21 所示。

图 10.21　zabbix 用户信息

10.4　Zabbix 监控 Web 服务器访问性能

Web Monitoring 是用来监控 Web 程序的，可以监控到 Web 程序任何一个阶段的下载速度、响应时间以及返回代码。

点击"配置（Configuration）->Web -> 主机（Host）"，从下拉列表中选择需要配置方案的主机 -> 点击右上角"创建方案（Create scenario）"来进行创建。

以一个简单的例子来创建监控 Web 方案，首先需要填写方案信息，如图 10.22 所示。

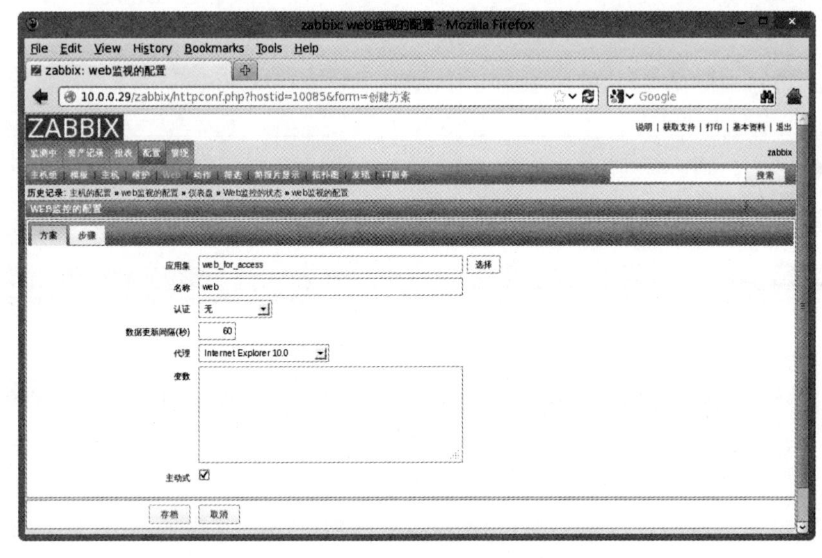

图 10.22　方案信息

然后填写步骤，填入需要进行监控的站点地址，如图 10.23 所示。

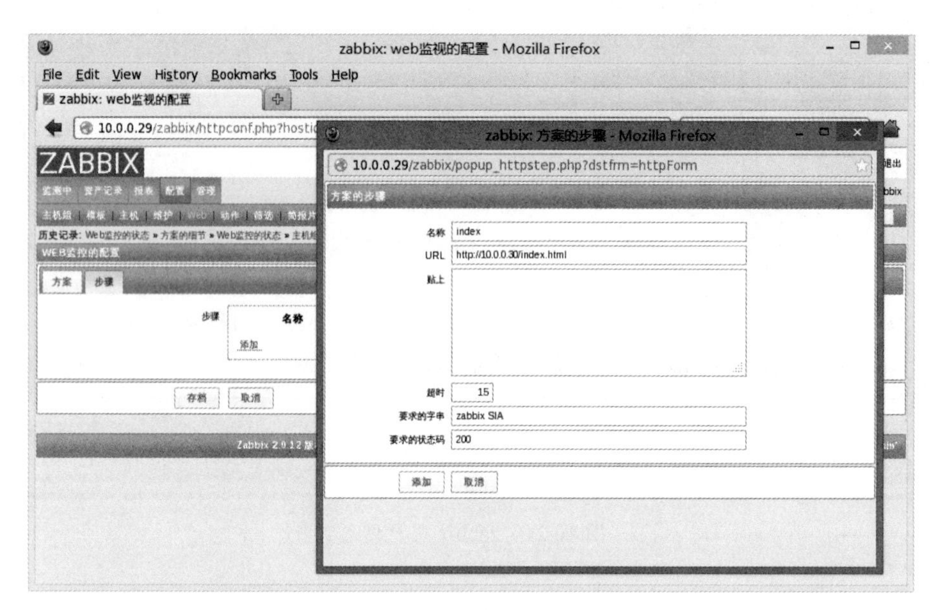

图 10.23　步骤信息

填写信息后依次点击“添加”->“存档”按钮，此时 Web 网站监测已经配置完成，如图 10.24 所示。

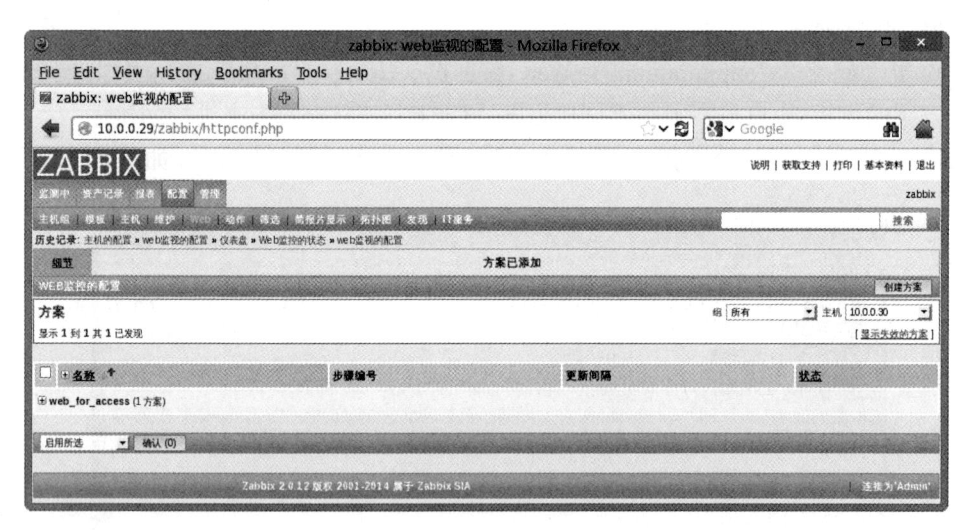

图 10.24　Web 监视的配置

可以在“监测中（Monitoring）->Web-> 筛选出主机（Web checks）-> 查看”，查看监控结果，显示各个阶段的响应时间、速度、返回状态码以及总的响应时间，如图 10.25 所示。

每次执行完之后的数据都会保存到 Zabbix 数据库中，这些数据可以用来绘制图表以及发送报警通知等。

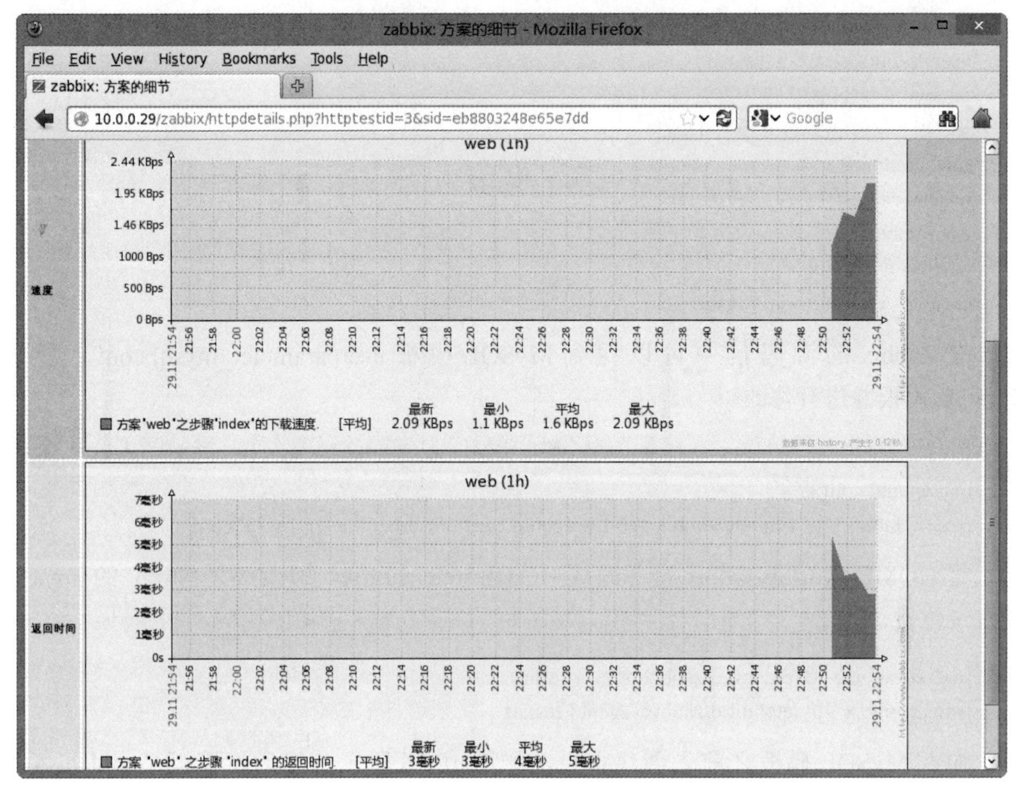

图 10.25　Web 监控结果

10.5　添加 MySQL 监控

如果只需要对 MySQL 数据库做简单的监控，Zabbix 自带的模板完全能够满足要求，如果有更高的需求就需要写脚本。但是 Zabbix 自带的 MySQL 模板是不能直接使用的，需要经过额外的设置才可以使用。这里介绍怎样使用 Zabbix 自带有 MySQL 的监控模板监控数据库。

首先需要授权 Zabbix 用户连接数据库。

```
[root@zabbix ~]# mysql -u root –p
mysql> grant all on *.* to  'zabbix'@'localhost' identified by 'zabbix';
mysql> flush privileges;
mysql> exit;
```

然后建立数据库连接信息文件：/etc/zabbix/.my.cnf。

```
[root@zabbix ~]# vim /etc/zabbix/.my.cnf
```

写入如下信息：

```
[mysql]
```

```
host=localhost
user=zabbix
password=zabbix
socket= /var/lib/mysql/mysql.sock
[mysqladmin]
host=localhost
user=zabbix
password=zabbix
socket= /var/lib/mysql/mysql.sock
```

在 Zabbix 的源码包中可以找到 MySQL 模板 userparameter_mysql.conf，复制 MySQL 模板并进行修改。

```
[root@zabbix ~]# cp zabbix-2.0.12/conf/zabbix_agentd/userparameter_mysql.conf /etc/zabbix/zabbix_
    agentd.conf.d/
[root@zabbix ~]# vim /etc/zabbix/zabbix_agentd.conf.d/userparameter_mysql.conf
```

将 HOME=/var/lib/zabbix 全部改成 HOME=/etc/zabbix，即改成之前建立的 .my.cnf 的目录位置。

```
[root@zabbix ~]# /etc/init.d/zabbix_server restart
[root@zabbix ~]# /etc/init.d/zabbix_agentd restart
```

加入 MySQL 模板之前先创建主机，如图 10.26 所示，然后将模板 Template App MySQL 加入监控，如图 10.27 所示。

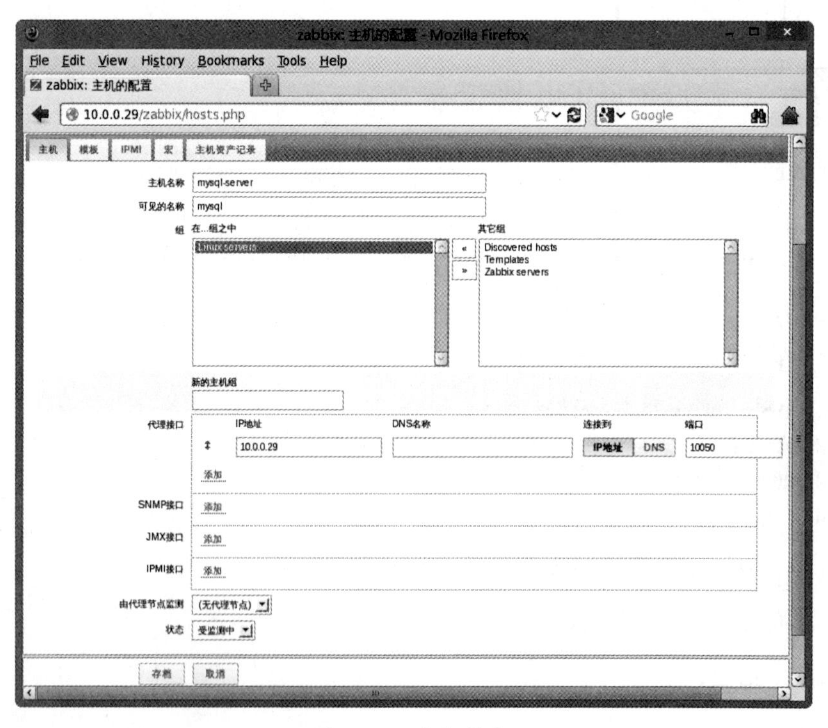

图 10.26　主机信息

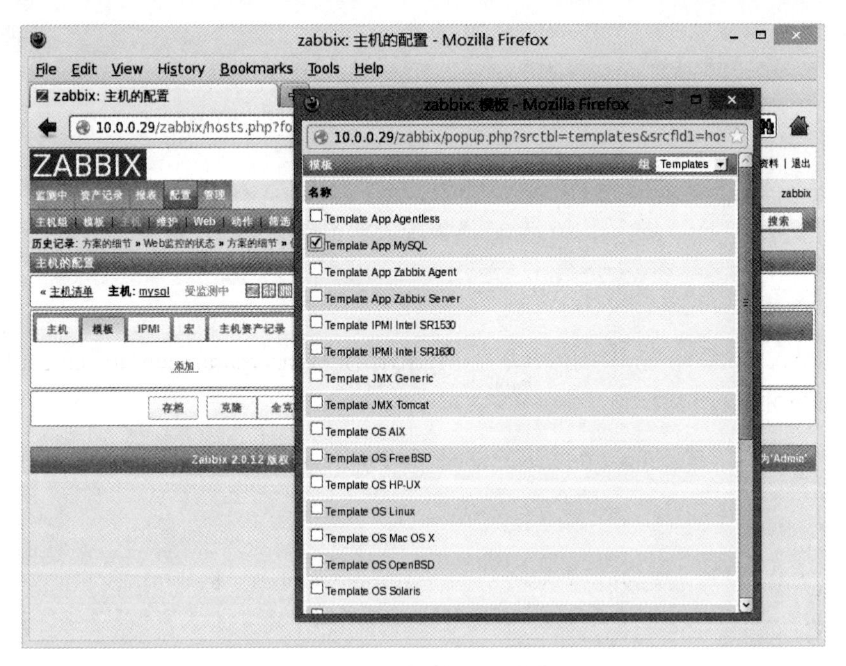

图 10.27　将模板加入监控

查看主机列表，MySQL 主机成功监控，如图 10.28 所示，可以看到 MySQL 主机的状态处于监控状态中。

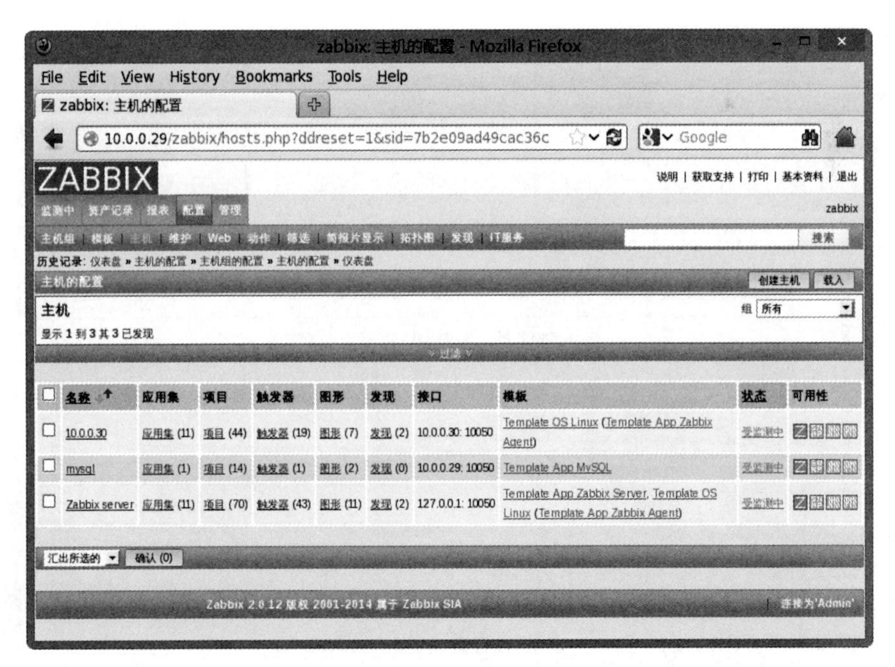

图 10.28　主机列表

开始监控后，主机会生成两个新图形，分别对 MySQL bandwidth 和 MySQL operations 数据进行统计出图，如图 10.29 与图 10.30 所示。

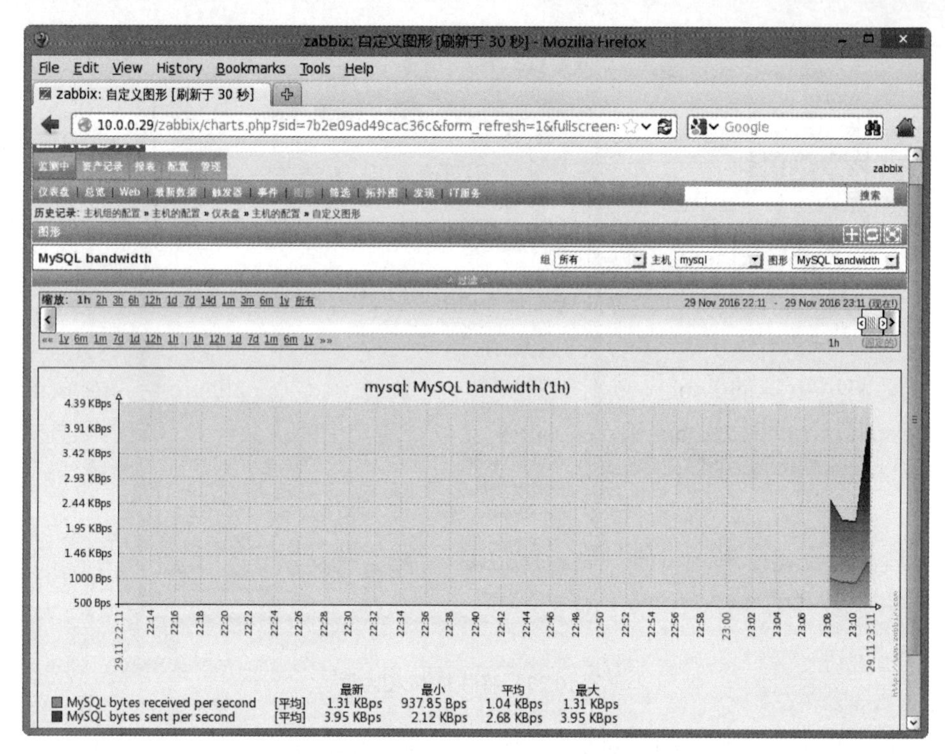

图 10.29 MySQL bandwidth 数据图形

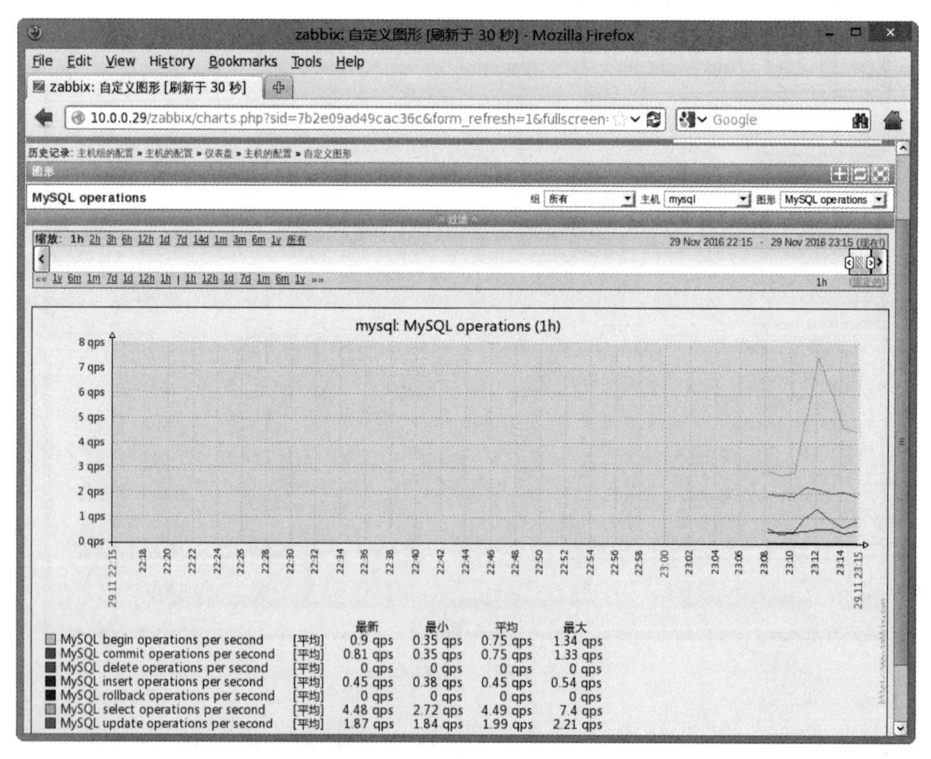

图 10.30 MySQL operations 数据图形

10.6 Zabbix 升级

Zabbix 开发者很活跃，版本更新也比较快，下面简单介绍一下 Zabbix 的升级方法。

首先关闭 zabbix_server 服务，防止有新的数据提交到数据库中（直接关闭数据库效果一样），将旧版本的数据库文件和 Zabbix 配置文件（通常是 /etc/zabbix）、php 网站源码进行备份。

然后将高版本的 Zabbix 重新配置安装一次（也就是 ./configure -... && make && make install），此时 Zabbix_server.conf 配置参数肯定会有变化，修改新的配置文件。启动 zabbix 服务，部署 zabbix php。

本章总结

- Zabbix 是一个企业级的、开源的、分布式的监控套件，可以监控网络和服务的状况。
- Zabbix 可以利用数据提供图形化的报告，还具有灵活的告警机制。
- Zabbix 可以使用 Zabbix Web 管理页面进行管理配置。
- Zabbix 自带多种监控模板可以直接使用。

本章作业

升级 Zabbix 到 3.2 版本，并配置监控服务器。